建筑设备
常用条文速查与解析

本书编委会　编写

U0235951

知识产权出版社
全国百佳图书出版单位

图书在版编目（CIP）数据

建筑设备常用条文速查与解析/《建筑设备常用条文速查与解析》编委会编写 .
—北京：知识产权出版社，2015.5
（建筑工程常用规范条文速查与解析丛书）
ISBN 978-7-5130-3266-7

Ⅰ.①建…　Ⅱ.①建…　Ⅲ.①房屋建筑设备—建筑设计—设计规范—中国　Ⅳ.①TU8-65

中国版本图书馆 CIP 数据核字（2015）第 002028 号

内容提要

本书依据《建筑给水排水设计规范（2009 年版）》GB 50015—2003、《民用建筑供暖通风与空气调节设计规范》GB 50736—2012、《城镇燃气设计规范》GB 50028—2006、《民用建筑电气设计规范》JGJ 16—2008、《建筑照明设计标准》GB 50034—2013 等国家现行标准编写。本书共分为五章，包括给水和排水设备，供暖、通风和空调设备，燃气设备，电气设备，卫浴设备。

本书既可作为建筑设备设计及施工人员的参考用书，也可供大专院校相关专业的学生、研究生和教师参考。

责任编辑：陆彩云　李海波

建筑设备常用条文速查与解析
JIANZHU SHEBEI CHANGYONG TIAOWEN SUCHA YU JIEXI

本书编委会　编写

出版发行：知识产权出版社 有限责任公司	网　　址：http：//www.ipph.cn
电　话：010-82004826	http：//www.laichushu.com
社　　址：北京市海淀区马甸南村 1 号	邮　　编：100088
责编电话：010-82000860 转 8582	责编邮箱：277199578@qq.com
发行电话：010-82000860 转 8101/8029	发行传真：010-82000893/82003279
印　　刷：北京富生印刷厂	经　　销：各大网上书店、新华书店及相关专业书店
开　　本：787mm×1092mm　1/16	印　　张：17
版　　次：2015 年 5 月第 1 版	印　　次：2015 年 5 月第 1 次印刷
字　　数：319 千字	定　　价：48.00 元

ISBN 978-7-5130-3266-7

本书编委会

主　编　　杜　明　　　李　鑫
参　编　　任大海　　谭丽娟　　石敬炜　　李　强
　　　　　吉　斐　　高　超　　刘君齐　　李春娜
　　　　　张　军　　赵　慧　　陶红梅　　夏　欣
　　　　　刘海生　　张　莹

前　言

建筑设备是指安装在建筑物内为人们居住、生活、工作提供便利、舒适、安全等条件的设备。任何建筑如果只有遮风避雨的建筑外壳，缺少相应的建筑设备，其使用价值将是很低的。对使用者来说，建筑物的规格、档次的高低，除了建筑面积大小的因素外，建筑设备功能的完善程度将是决定因素之一。建筑物级别越高，功能越完善，建筑设备的种类越多，系统就越复杂。从经济上看，一座现代化建筑物的初投资中，土建、设备与装修，大约各占1/3。现代化程度越高，建筑设备所占的投资比例越大。从建筑物的使用成本看，建筑设备的设计及其性能的优劣、耗能的多少，是直接影响经济效益的因素。各种建筑设备系统在建筑物中起着不同的作用，完成不同的功能。

近年来，有大批的标准、规范进行了修订，为了建筑设备及相关工程技术人员能够全面系统地掌握最新的规范条文，深刻理解条文的准确内涵，我们策划了本书，以保证相关人员工作的顺利进行。本书是根据《建筑给水排水设计规范（2009年版）》GB 50015—2003、《民用建筑供暖通风与空气调节设计规范》GB 50736—2012、《城镇燃气设计规范》GB 50028—2006、《民用建筑电气设计规范》JGJ 16—2008、《建筑照明设计标准》GB 50034—2013等相关规范和标准编写而成的。

本书根据实际工作需要划分章节，对涉及的条文进行了整理分类，方便读者快速查阅。本书对所列条文进行解释说明，力求有重点、较完整地对常用条文进行解析。本书共分为五章，包括给水和排水设备，供暖、通风和空调设备，燃气设备，电气设备，卫浴设备。本书可作为建筑设备设计及施工人员的参考用书，也可供大专院校相关专业的学生、研究生和教师参考。

由于编者学识和经验有限，虽经编者尽心尽力，但难免存在疏漏或不妥之处，望广大读者批评指正。

编　者
2014年10月

目　录

1 给水和排水设备

1.1 管道布置

1.1.1 生活给水管道布置

《建筑给水排水设计规范（2009 年版）》 GB 50015—2003

3.5.8 室内给水管道不得布置在遇水会引起燃烧、爆炸的原料、产品和设备的上面。

【条文解析】

本条规定室内给水管道敷设的位置不能由于管道的漏水或结露产生的凝结水造成对安全的严重隐患，产生对财物的重大损害。

遇水燃烧物质系指凡是能与水发生剧烈反应放出可燃气体，同时放出大量热量，使可燃气体温度猛升到自燃点，从而引起燃烧爆炸的物质。遇水燃烧物质按遇水或受潮后发生反应的强烈程度及其危害的大小，划分为两个级别。

一级遇水燃烧物质，与水或酸反应时速度快，能放出大量的易燃气体，热量大，极易引起自燃或爆炸。如锂、钠、钾、铷、锶、铯、钡等金属及其氢化物等。

二级遇水燃烧物质，与水或酸反应时的速度比较缓慢，放出的热量也比较少，产生的可燃气体，一般需要有水源接触，才能发生燃烧或爆炸。如金属钙、氢化铝、硼氢化钾、锌粉等。

在实际生产、储存与使用中，将遇水燃烧物质都归为甲类火灾危险品。在储存危险品的仓库设计中，应避免将给水管道（含消防给水管道）布置在上述危险品堆放区域的上方。

3.5.12 塑料给水管道在室内宜暗设。明设时立管应布置在不易受撞击处，如不能避免时，应在管外加保护措施。

【条文解析】

塑料给水管道在室内明装敷设时易受碰撞而损坏，也发生过被人为割伤，尤其是设在公共场所的立管更易受此威胁，因此提倡在室内暗装。另外，在室内虽一般不受到阳光直射（除了位置不当），但暴露在光线下和流通的空气中仍比暗装时易老化。立管不在管井或管窿内敷设时，可在管外加套管，或覆盖铁丝网后用水泥砂浆封闭。户内支管可采用直埋在楼（地）面垫层或墙体管槽内。

3.5.13　塑料给水管道不得布置在灶台上边缘；明设的塑料给水立管距灶台边缘不得小于 0.4m，距燃气热水器边缘不宜小于 0.2m。达不到此要求时，应有保护措施。

塑料给水管道不得与水加热器或热水炉直接连接，应有不小于 0.4m 的金属管段过渡。

【条文解析】

塑料给水管道不得布置在灶台上边缘，是为了防止炉灶口喷出的火焰及辐射热损坏管道。燃气热水器虽无火焰喷出，但其燃烧部位外面仍有较高的辐射热，所以不应靠近。

塑料给水管道不应与水加热器或热水炉直接连接，以防炉体或加热器的过热温度直接传给管道而损害管道，一般应经不少于 0.4m 的金属管过渡后再连接。

3.5.16　给水管道的伸缩补偿装置，应按直线长度、管材的线胀系数、环境温度和管内水温的变化、管道节点的允许位移量等因素经计算确定。应利用管道自身的折角补偿温度变形。

【条文解析】

给水管道因温度变化而引起伸缩，必须予以补偿，过去因使用金属管材，其线膨胀系数较小，在管道直线长度不大的情况下，伸缩量不大而不被重视。在给水管道采用塑料管时，塑料管的线膨胀系数是钢管的 7~10 倍，因此必须予以重视。如无妥善的伸缩补偿措施，将会导致塑料管道的不规则拱起弯曲，甚至断裂等质量事故。常用的补偿方法就是利用管道自身的折角变形来补偿温度变形。

3.5.18　给水管道暗设时，应符合下列要求：

1　不得直接敷设在建筑物结构层内；

2　干管和立管应敷设在吊顶、管井、管窿内，支管宜敷设在楼（地）面的垫层内或沿墙敷设在管槽内；

3　敷设在垫层或墙体管槽内的给水支管的外径不宜大于 25mm；

4　敷设在垫层或墙体管槽内的给水管管材宜采用塑料、金属与塑料复合管材或耐腐蚀的金属管材；

5　敷设在垫层或墙体管槽内的管材，不得有卡套式或卡环式接口，柔性管材宜采用分水器向各卫生器具配水，中途不得有连接配件，两端接口应明露。

【条文解析】

给水管道不论管材是金属管还是塑料管（含复合管），均不得直接埋设在建筑结构层内。如一定要埋设时，必须在管外设置套管，这可以解决在套管内敷设和更换管道的技术问题，且要经结构工种的同意，确认埋在结构层内的套管不会降低建筑结构的安全可靠性。

小管径的配水支管，可以直接埋设在楼板面的垫层内，或在非承重墙体上开凿的管槽内（当墙体材料强度低不能开槽时，可将管道贴墙面安装后抹厚墙体）。这种直埋安装的管道外径，受找平层厚度或管槽深度的限制，一般外径不宜大于25mm。

直埋敷设的管道，除管内壁要求具有优良的防腐性能外，其外壁应还要具有抗水泥腐蚀的能力，以确保管道使用的耐久性。

采用卡套式或卡环式接口的交联聚乙烯管、铝塑复合管，为了避免直埋管因接口渗漏而维修困难，故要求直埋管段不应中途接驳或用三通分水配水，采用软态给水塑料管，分水器集中配水，管接口均明露在外，以便检修。

3.5.24 在室外明设的给水管道，应避免受阳光直接照射，塑料给水管还应有有效保护措施；在结冻地区应做保温层，保温层的外壳应密封防渗。

【条文解析】

室外明设的管道，在结冻地区无疑要做保温层，在非结冻地区亦宜做保温层，以防止管道受阳光照射后管内水温高，导致用水时水温忽热忽冷，水温升高使管内的水受到了"热污染"，还给细菌繁殖提供了有利的环境。

室外明设的塑料给水管道不须保温时，亦应有遮光措施，以防塑料老化缩短使用寿命。

《人民防空地下室设计规范》GB 50038—2005

6.2.13 防空地下室给水管道上防护阀门的设置及安装应符合下列要求：

1 当给水管道从出入口引入时，应在防护密闭门的内侧设置；当从人防围护结构引入时，应在人防围护结构的内侧设置；穿过防护单元之间的防护密闭隔墙时，应在防护密闭隔墙两侧的管道上设置；

2 防护阀门的公称压力不应小于1.0MPa；

3 防护阀门应采用阀芯为不锈钢或铜材质的闸阀或截止阀；

4 人防围护结构内侧距离阀门的近端面不宜大于200mm。阀门应有明显的启闭标志。

【条文解析】

防护阀门是指为防冲击波及核生化战剂由管道进入工程内部而设置的阀门。根据试验，使用公称压力不小于1.0MPa的阀门，能满足防空地下室给水排水管道的防护要求。目前的防爆波阀门只有防冲击波的作用，而该阀门无法防止核生化战剂由室外经管道渗入工程内。所以，在进出防空地下室的管道上单独使用防爆波阀门时，不能同时满足防冲击波和核生化战剂的防护要求。由于防空地下室战时内部贮水能保障7~15天用水，可以在空袭报警时将给水引入管上的防护阀门关闭，截断与外界的连通，以防止冲击波和核生化战剂由管道进入工程内部。

《档案馆建筑设计规范》JGJ 25—2000

7.1.2 档案馆库房内不应设置除消防以外的给水点。给、排水管道不应穿越库区。

【条文解析】

图书馆、档案馆的库区内存放有大量的珍贵历史文献资料和书刊，防潮、防水、防霉、防尘、防污染等要求是库区设计的基本防护要求。设计时必须采取措施，避免给水排水管道漏水或潮湿影响库房安全使用，设计人员要注意库区内不应设置除消防以外的给水点，给水排水管道不应穿越书库，防止因管道泄漏或结露而使图书文献浸渍；在与库区相邻的上方不应设置水箱间或其他用水房间，设计时应注意与建筑专业配合好；当图书馆、档案馆的库区内根据防火规范或消防部门有关规定设置消防设施时，应根据规定尽量采用气体消防。当规范允许采用水消防系统时，应在满足消防规范的前提下，尽量缩短库区内的管道。

《图书馆建筑设计规范》JGJ 38—1999

7.1.2 图书馆书库内不得设置配水点。给、排水管道不应穿过书库。生活污水立管不应安装在与书库相邻的内墙上。

【条文解析】

本条规定是为了防止给水排水配水点、管道及污水立管的泄漏或滴漏，造成书籍受潮或浸水。进一步，给水排水管道也不应设置在与书库相邻的内墙上。

设计中应与建筑专业配合，不要将有水房间设置在与库区相邻的位置，当由于功能要求不得已在与库区相邻的位置设有用水房间时，与书库相邻的内墙处不应设置用水器具和给水排水管道，以防止因管道或用水器具的漏水或喷溅而使墙体浸湿，引起库区内的墙面产生霉变，滋生霉菌，造成文献资料的霉变损失。

《管道直饮水系统技术规程》CJJ 110—2006

5.0.1 管道直饮水系统必须独立设置。

【条文解析】

为了卫生安全和防止污染，本条强调管道直饮水系统要单独设置，不得与市政或建筑供水系统直接相连。

5.0.2 管道直饮水系统中建筑物内部和外部供回水管网的型式应根据居住小区总体规划和建筑物性质、规模、高度以及系统维护管理和安全运行等条件确定。

【条文解析】

为了保证供水和循环回水的合理及安全性，工程建设中管道直饮水系统应根据建设规模、分期建设、建筑物性质和楼层高度，经技术经济综合比较来确定采取集中供水系统或分片区供水系统或在一幢建筑物中设一个或多个供水系统。

5.0.5 高层建筑管道直饮水供水应竖向分区，分区压力应符合下列规定：

1 住宅各分区最低饮水嘴处的静水压力不宜大于0.35MPa；

2 办公楼各分区最低饮水嘴处的静水压力不宜大于0.40MPa。

【条文解析】

管道直饮水供水系统运行使用时，各楼层饮水嘴的流量差异越小越好，所以直饮水系统的分区压力比建筑给水系统的取值小些为宜。

10.4.2 塑料管严禁明火烘弯。

【条文解析】

明火烘弯塑料管时，火候不好控制，易造成塑料管管壁烧损变薄，甚至烧穿，不能满足正常给水水压要求而产生渗漏；烧损部位的残留物含有对人体有害的物质。另外，在明火烘弯塑料管的过程中还会产生有毒烟气，危害操作人员的身体健康。

1.1.2 生活排水管道布置

《建筑给水排水设计规范（2009年版）》GB 50015—2003

4.3.1 小区排水管的布置应根据小区规划、地形标高、排水流向，按管线短、埋深小、尽可能自流排出的原则确定。当排水管道不能以重力自流排入市政排水管道时，应设置排水泵房。

注：特殊情况下，经技术经济比较合理时，可采用真空排水系统。

【条文解析】

本条规定了小区排水管道布置的原则。在不能按重力自流排水的场所，应设置提升泵站。注的规定可采用真空排水的方式。真空排水具有不受地形、埋深等因素制约的优点，但真空机械、真空器具比较昂贵，故应进行技术经济比较。另外，在地下水位较高的地区，埋地管道和检查井应采取有效的防渗技术措施。

4.3.2 小区排水管道最小覆土深度应根据道路的行车等级、管材受压强度、地基承载力等因素经计算确定，并应符合下列要求：

1 小区干道和小区组团道路下的管道，其覆土深度不宜小于 0.70m；

2 生活污水接户管道埋设深度不得高于土壤冰冻线以上 0.15m，且覆土深度不宜小于 0.30m。

注：当采用埋地塑料管道时，排出管埋设深度可不高于土壤冰冻线以上 0.50m。

【条文解析】

本条第 2 款的规定是基于混凝土排水管的刚性混凝土基础防止冰冻而损坏，而埋地塑料排水管的基础是砂垫层柔性基础，具有抗冻性能。另外，塑料排水管具有保温性能，建筑排出管排水温度接近室温，在坡降 0.5m 的管段内，排水不会结冻。本条注系根据寒冷地带工程运行经验，减少管道埋深，具有较好的经济效益。

4.3.3 建筑物内排水管道布置应符合下列要求：

1 自卫生器具至排出管的距离应最短，管道转弯应最少；

2 排水立管宜靠近排水量最大的排水点；

3 排水管道不得敷设在对生产工艺或卫生有特殊要求的生产厂房内，以及食品和贵重商品仓库、通风小室、电气机房和电梯机房内；

4 排水管道不得穿过沉降缝、伸缩缝、变形缝、烟道和风道；当排水管道必须穿过沉降缝、伸缩缝和变形缝时，应采取相应技术措施；

5 排水埋地管道，不得布置在可能受重物压坏处或穿越生产设备基础；

6 排水管道不得穿越住宅客厅、餐厅，并不宜靠近与卧室相邻的内墙；

7 排水管道不宜穿越橱窗、壁柜；

8 塑料排水立管应避免布置在易受机械撞击处；当不能避免时，应采取保护措施；

9 塑料排水管应避免布置在热源附近；当不能避免，并导致管道表面受热温度大于60℃时，应采取隔热措施。塑料排水立管与家用灶具边净距不得小于 0.4m；

10 当排水管道外表面可能结露时，应根据建筑物性质和使用要求，采取防结露措施。

【条文解析】

本条第 4 款对排水管道穿越沉降缝、伸缩缝和变形缝的规定留有必须穿越的余地。

工程中建筑布局造成排水管道非穿越沉降缝、伸缩缝和变形缝不可，随着排水管件的开发，一些橡胶密封的管配件，如球形接头、可变角接头、伸缩接头等产品应市，将这些配件优化组合可适应建筑变形、沉降，但变形、沉降后的排水管道不得平坡或倒坡。

本条第6款中补充了排水管不得穿越住宅客厅、餐厅的规定，排水管也包括雨水管。客厅、餐厅也具卫生、安静要求，排水管穿厅的事例，群众投诉的案例时有发生，这是与建筑设计未协调好的缘故。

4.3.3A 排水管道不得穿越卧室。

【条文解析】

卧室的住宅卫生、安静要求最高。排水管道不得穿越卧室任何部位，包括卧室内壁柜。

4.3.4 排水管道不得穿越生活饮用水池部位的上方。

【条文解析】

穿越水池上方的一般是悬吊在水池上方的排水横管。

4.3.5 室内排水管道不得布置在遇水会引起燃烧、爆炸的原料、产品和设备的上面。

【条文解析】

遇水燃烧物质系指凡是能与水发生剧烈反应放出可燃气体，同时放出大量热量，使可燃气体温度猛升到自燃点，从而引起燃烧爆炸的物质。遇水燃烧物质按遇水或受潮后发生反应的强烈程度及其危害的大小，划分为两个级别。

一级遇水燃烧物质，与水或酸反应时速度快，能放出大量的易燃气体，热量大，极易引起自燃或爆炸。如锂、钠、钾、铷、锶、铯、钡等金属及其氢化物等。

二级遇水燃烧物质，与水或酸反应时的速度比较缓慢，放出的热量也比较少，产生的可燃气体，一般需要有水源接触，才能发生燃烧或爆炸。如金属钙、氢化铝、硼氢化钾、锌粉等。

在实际生产、储存与使用中，将遇水燃烧物质都归为甲类火灾危险品。在储存危险品的仓库设计中，应避免将排水管道（含雨水管道）布置在上述危险品堆放区域的上方。

4.3.6 排水横管不得布置在食堂、饮食业厨房的主副食操作、烹调和备餐的上方。当受条件限制不能避免时，应采取防护措施。

【条文解析】

由于排水横管可能渗漏和受厨房湿热空气影响，管外表易结露滴水，造成污染食品的安全卫生事故。因此，在设计方案阶段就应该避免卫生间布置在厨房间的主副食操作、烹调和备餐的上方。当建筑设计不能避免时，排水横支管设计成同层排水。改建的建筑设计，应在排水支管下方设防水隔离板或排水槽。

4.3.8A 住宅卫生间同层排水形式应根据卫生间空间、卫生器具布置、室外环境气温等因素，经技术经济比较确定。

【条文解析】

本条规定了同层排水形式选用的原则。目前，同层排水形式有装饰墙敷设、外墙敷设、局部降板填充层敷设、全降板填充层敷设、全降板架空层敷设。各种形式均有优缺点，设计人员可根据具体工程情况确定。

4.3.8B 同层排水设计应符合下列要求：

1 地漏设置应符合本规范第 4.5.7~4.5.10A 条的要求；

2 排水管道管径、坡度和最大设计充满度应符合本规范第 4.4.9、4.4.10、4.4.12 条的要求；

3 器具排水横支管布置和设置标高不得造成排水滞留、地漏冒溢；

4 埋设于填层中的管道不得采用橡胶圈密封接口；

5 当排水横支管设置在沟槽内时，回填材料、面层应能承载器具、设备的荷载；

6 卫生间地坪应采取可靠的防渗漏措施。

【条文解析】

本条规定了同层排水的设计原则。

1）地漏在同层排水中较难处理，为了排除地面积水，地漏应设置在易溅水的卫生器具附近，既要满足水封深度，又要有良好的水力自清流速，所以只有楼层全降板或局部降板及立管外墙敷设的情况下才能做到。

2）排水通畅是同层排水的核心，因此排水管管径、坡度、设计充满度均应符合本规范有关条文规定，刻意地为少降板而放小坡度，甚至平坡，则为日后管道埋下堵塞隐患。

3）埋设于填层中的管道接口应严密不得渗漏且能经受时间考验，粘接和熔接的管道连接方式应推荐采用。

4）卫生器具排水性能与其排水口至排水横支管之间落差有关，过小的落差会造成卫生器具排水滞留。如洗衣机排水排入地漏，地漏排水落差过小，则会产生泛溢；浴盆、淋浴盆排水落差过小，则排水滞留积水。

5）本条第5、6款系给水排水专业人员向建筑、结构专业提要求。卫生间同层排水的地坪曾发生由于未考虑楼面负荷而塌陷的情况，故楼面应考虑卫生器具静荷载（盛水浴盆）、洗衣机（尤其滚桶式）动荷载。楼面防水处理至关重要，特别对于局部降板和全降板，如处理不当，降板的填（架空）层变成蓄污层，则造成污染。

4.3.9 室内管道的连接应符合下列规定：

1 卫生器具排水管与排水横支管垂直连接，宜采用90°斜三通；

2 排水管道的横管与立管连接，宜采用45°斜三通或45°斜四通和顺水三通或顺水四通；

3 排水立管与排出管端部的连接，宜采用两个45°弯头、弯曲半径不小于4倍管径的90°弯头或90°变径弯头；

4 排水立管应避免在轴线偏置；当受条件限制时，宜用乙字管或两个45°弯头连接；

5 当排水支管、排水立管接入横干管时，应在横干管管顶或其两侧45°范围内采用45°斜三通接入。

【条文解析】

本条规定的目的在于改善管道内水力条件，避免管道堵塞，方便使用。污水管道经常发生堵塞的部位一般在管道的拐弯或接口处，故对此连接作了规定。

4.3.10 塑料排水管道应根据其管道的伸缩量设置伸缩节，伸缩节宜设置在汇合配件处。排水横管应设置专用伸缩节。

注：1. 当排水管道采用橡胶密封配件时，可不设伸缩节；

2. 室内、外埋地管道可不设伸缩节。

【条文解析】

塑料管伸缩节设置在水流汇合配件（如三通、四通）附近，可使横支管或器具排水管不因为立管或横支管的伸缩而产生错向位移。配件处的剪切应力很小，甚至可忽略不计，保证排水管道长时间运行。

排水管道如采用橡胶密封配件，配件每个接口均有可伸缩余量，故无须再设伸缩节。

4.3.12A 当排水立管采用内螺旋管时，排水立管底部宜采用长弯变径接头，并排出管管径宜放大一号。

【条文解析】

本条系根据对内螺旋排水立管测试结果，在内螺旋管中水流旋转，造成在排出管中水流翻滚而产生较大正压，经放大排出管管径后，正压明显减弱。

4.3.22 排水管道在穿越楼层设套管且立管底部架空时，应在立管底部设支墩或其他固定措施。地下室立管与排水横管转弯处也应设置支墩或固定措施。

【条文解析】

本条规定排水立管底部架空设置支墩等固定措施。第一种情况下由于立管穿越楼板设套管，属非固定支承，层间支承也属活动支承，管道有相当重量作用于立管底部，故必须坚固支承。第二种情况虽每层固定支承，但在地下室立管与排水横管90°转弯，属悬臂管道，立管中污水下落在底部，水流方向改变，产生冲击和横向分力，产生抖动，故须支承固定。立管与排水横干管三通连接或立管靠外墙内侧敷设，排出管悬臂段很短时，则不必支承。

《住宅设计规范》GB 50096—2011

8.2.6 厨房和卫生间的排水立管应分别设置。排水管道不得穿越卧室。

【条文解析】

为防止卫生间排水管道内的污浊有害气体逸入厨房内，对居住者卫生健康造成影响，本条规定当厨房与卫生间相邻布置时，不应共用一根排水立管，而应分别设置各自的立管。

为避免排水管道漏水、噪声或结露产生凝结水影响居住者卫生健康，损坏财产，排水管道（包括排水立管和横管）均不得穿越卧室空间。

8.2.7 排水立管不应设置在卧室内，且不宜设置在靠近与卧室相邻的内墙；当必须靠近与卧室相邻的内墙时，应采用低噪声管材。

【条文解析】

排水立管的设置位置须避免噪声对卧室的影响，本条规定排水立管不应布置在卧室内，也包含利用卧室空间设置排水立管管井的情况。普通塑料排水管噪声较大，有消声功能的管材指橡胶密封圈柔性接口机制的排水铸铁管、双壁芯层发泡塑料排水管和内螺旋消音塑料排水管等。

8.2.8 污废水排水横管宜设置在本层套内；当敷设于下一层的套内空间时，其清扫口应设置在本层，并应进行夏季管道外壁结露验算和采取相应的防止结露的措施。污废水排水立管的检查口宜每层设置。

【条文解析】

推荐住宅的污废水排水横管设置于本层套内及每层设置污废水排水立管的检查口，是为了检修和疏通管道时避免影响下层住户。

排水横管必须敷设于下一层套内空间时，只有采取相应的技术措施，才能在排水管道发生堵塞时，在本层内疏通，而不影响下层住户，如可采用能代替浴缸存水弯并可在本层清掏的多通道地漏等。此外，有些地区在有些季节会出现管道外壁结露滴水，须采取防止的措施。

8.2.10 无存水弯的卫生器具和无水封的地漏与生活排水管道连接时，在排水口以下应设存水弯；存水弯和有水封地漏的水封高度不应小于50mm。

【条文解析】

在工程实践中，尤其是二次装修的住宅工程，经常忽略洗盆等卫生器具存水弯的设置。实际上，在设计中即使采用无水封的直通地漏（包括密封型地漏）时，也须在下部设置存水弯。本条针对此问题强调了存水弯的设置，并针对污水管内臭味外溢的常见现象，强调无论是有水封的地漏，还是管道设置的存水弯，都要保证水封高度不小于50mm。

8.2.11 地下室、半地下室中低于室外地面的卫生器具和地漏的排水管，不应与上部排水管连接，应设置集水设施用污水泵排出。

【条文解析】

低于室外地面的卫生间器具和地漏的排水管，不与上部排水管合并而设置集水设施，用污水泵单独排出，是为了确保当室外排水管道满流或发生堵塞时不造成倒灌。

《中小学校设计规范》 GB 50099—2011

10.2.8 实验室化验盆排水口应装设耐腐蚀的挡污箅，排水管道应采用耐腐蚀管材。

【条文解析】

学生在实验过程中，经常把废品倒入水槽内，致使排水管道堵塞。防止管道堵塞比较简单的方法是在水槽排水口处设置拦污箅。

早期化学实验室内排水管道采用耐腐蚀铅管，有些新（扩）建的学校采用排水铸铁管。当未将酸碱废液倒入废液罐（有的学校未设置废液罐）而倒入水槽内时，导致管道腐蚀。故本条规定排水管道应采用耐腐蚀管材，一般可采用塑料管。

《民用建筑设计通则》 GB 50352—2005

8.1.9 排水管道不得布置在食堂、饮食业的主副食操作烹调备餐部位的上方，也不得穿越生活饮用水池部位的上方。

【条文解析】

为了确保饮食卫生，提出该条要求，防止由于管道漏水、结露滴水而造成污染食品和饮用水水质的事故。另外，设在这些部位的管道也较难维护、检修。

8.1.11 排水立管不得穿越卧室、病房等对卫生、安静有较高要求的房间，并不宜靠近与卧室相邻的内墙。

【条文解析】

减少噪声污染是为了提高居民的生活质量，给人们创造一个良好的生活环境。

《住宅建筑规范》 GB 50368—2005

8.2.7 住宅厨房和卫生间的排水立管应分别设置。排水管道不得穿越卧室。

【条文解析】

为防止卫生间排水管道内的污浊有害气体逸入厨房内，对居住者卫生健康造成影响，当厨房与卫生间相邻布置时，不应共用一根排水立管，而应在厨房内和卫生间内分别设立管。

为避免排水管道漏水、噪声或结露产生凝结水影响居住者卫生健康，损坏财产，排水管道（包括排水立管和横管）均不得穿越卧室。排水立管采用普通塑料排水管时，不应布置在靠近与卧室相邻的内墙；当必须靠近与卧室相邻的内墙时，应采用橡胶密封圈柔性接口机制的排水铸铁管、双壁芯层发泡塑料排水管和内螺旋消音塑料排水管等有消声措施的管材。

8.2.9 地下室、半地下室中卫生器具和地漏的排水管，不应与上部排水管连接。

【条文解析】

本条是为了确保当室外排水管道满流或发生堵塞时，不造成倒灌，以免污染室内环境，影响住户使用。地下室、半地下室中卫生器具和地漏的排水管低于室外地面，故不应与上部排水管道连接，而应设置集水坑，用污水泵单独排出。

《图书馆建筑设计规范》 JGJ 38—1999

7.1.4 缩微照相冲洗室的排水管道应耐酸、碱腐蚀，室外应设污水处理设施。

【条文解析】

缩微底片在冲洗过程中使用的显影剂是酸性溶液，定影剂又属于碱性溶液，对金属管道及金属配件均有腐蚀作用。设计中应考虑上述管道及配件的防腐蚀措施。缩微量大的图书馆，应在缩微复制冲洗间室外设置污水处理设施。

1.1.3 雨水与中水管道布置

《建筑给水排水设计规范（2009 年版）》 GB 50015—2003

4.9.8 建筑屋面雨水排水工程应设置溢流口、溢流堰、溢流管系等溢流设施。溢流排水不得危害建筑设施和行人安全。

【条文解析】

受经济条件限制，管系排水能力是相对按一定重现期设计的，因此，为建筑安全考虑，超设计重现期的雨水应有出路。目前的技术水平，设置溢流设施是最有效的。

4.9.10 建筑屋面雨水管道设计流态宜符合下列状态：

1 檐沟外排水宜按重力流设计；

2 长天沟外排水宜按满管压力流设计；

3 高层建筑屋面雨水排水宜按重力流设计；

4 工业厂房、库房、公共建筑的大型屋面雨水排水宜按满管压力流设计。

【条文解析】

檐沟排水常用于多层住宅或建筑体量与之相似的一般民用建筑，其屋顶面积较小，建筑四周排水出路多，立管设置要服从建筑立面美观要求，故宜采用重力流排水。

长天沟外排水常用于多跨工业厂房，汇水面积大，厂房内生产工艺要求不允许设置雨水悬吊管，由于外排水立管设置数量少，只有采用压力流排水，方可利用其管系通水能力大的特点，将具有一定重现期的屋面雨水排除。

高层建筑，汇水面积较小，采用重力流排水，增加一根立管，便有可能成倍增加屋面的排水重现期，增大雨水管系的宣泄能力。因此，建议采用重力排水。

工业厂房、库房、公共建筑通常汇水面积较大，可敷设立管的地方却较少，只有充分发挥每根立管的作用，方能较好地排除屋面雨水，因此，应积极采用满管压力流排水。

4.9.24 满管压力流屋面雨水排水管道应符合下列规定：

1 悬吊管中心线与雨水斗出口的高差宜大于 1.0m；

2 悬吊管设计流速不宜小于 1m/s，立管设计流速不宜大于 10m/s；

3 雨水排水管道总水头损失与流出水头之和不得大于雨水管进、出口的几何高差；

4 悬吊管水头损失不得大于 80kPa；

5 满管压力流排水管系各节点的上游不同支路的计算水头损失之差，在管径小于等于 DN75 时，不应大于 10kPa；在管径大于等于 DN100 时，不应大于 5kPa；

6 满管压力流排水管系出口应放大管径，其出口水流速度不宜大于 1.8m/s，当其出口水流速度大于 1.8m/s 时，应采取消能措施。

【条文解析】

本条是保障压力流排水状态的基本措施。

一场暴雨的降雨过程是由小到大，再由大到小，即使是满管压力流屋面雨水排水系统，在降雨初期仍是重力流，靠雨水斗出口到悬吊管中心线高差的水力坡降排水，故悬吊管中心线与雨水斗出口应有一定的高差，并应进行计算复核，避免造成屋面积水溢流，甚至发生屋面坍塌事故。

4.9.25 各种雨水管道的最小管径和横管的最小设计坡度宜按表4.9.25确定。

表4.9.25 雨水管道的最小管径和横管的最小设计坡度

管别	最小管径/mm	横管最小设计坡度	
		铸铁管、钢管	塑料管
建筑外墙雨落水管	75（75）	—	—
雨水排水立管	100（110）	—	—
重力流排水悬吊管、埋地管	100（110）	0.01	0.0050
满管压力流屋面排水悬吊管	50（50）	0.00	0.0000
小区建筑物周围雨水接户管	200（225）	—	0.0030
小区道路下干管、支管	300（315）	—	0.0015
13#沟头的雨水口的连接管	150（160）	—	0.0100

注：表中铸铁管管径为公称直径，括号内数据为塑料管外径。

【条文解析】

为防止屋面雨水管道堵塞和淤积，特别对最小管径和横管最小敷设坡度作出规定。

4.9.29 满管压力流屋面雨水排水管系，立管管径应经计算确定，可小于上游横管管径。

【条文解析】

在满管压力流屋面排水系统中，立管流速是形成管系压力流排水的重要条件之一，立管管径应经计算确定，并且流速不应小于2.2m/s。

《建筑与小区雨水利用工程技术规范》GB 50400—2006

1.0.6 严禁回用雨水进入生活饮用水给水系统。

【条文解析】

雨水利用系统作为项目配套设施进入建筑区和室内，安全措施十分重要。回用雨水是非饮用水，必须严格限制其使用范围。根据不同的水质标准要求，用于不同的使用目标。必须保证使用安全，采取严格的安全防护措施，严禁雨水管道与生活饮用水管道有任何方式的连接，避免发生误接、误用。

7.3.1 雨水供水管道应与生活饮用水管道分开设置。

【条文解析】

本条是落实"严禁回用雨水进入生活饮用水给水系统"要求的具体措施之一。

管道分开设置禁止两类管道有任何形式的连接，包括通过倒流防止器等连接。管道包括配水管和水泵吸水管等。

7.3.7 供水管道和补水管道上应设水表计量。

【条文解析】

本条规定补水管和供水管设置水表。

设置水表的主要作用是核查雨水回用量及经济核算。

7.3.9 供水管道上不得装设取水龙头，并应采取下列防止误接、误用、误饮的措施：

1 供水管外壁应按设计规定涂色或标识；

2 当设有取水口时，应设锁具或专门开启工具；

3 水池（箱）、阀门、水表、给水栓、取水口均应有明显的"雨水"标识。

【条文解析】

本条规定保证雨水安全使用的措施。

《建筑中水设计规范》GB 50336—2002

5.4.7 中水管道上不得装设取水龙头。当装有取水接口时，必须采取严格的防止误饮、误用的措施。

【条文解析】

本条是为了保证中水的使用安全，防止中水的误饮、误用而提出的使用要求。中水管道上不得装设取水龙头，指的是不得在人员出入较多的公共场所安装易开式水龙头。当根据使用要求需要装设取水接口（或短管）时，如在处理站内安装的供工作人员使用的取水龙头，在其他地方安装浇洒、绿化等用途的取水接口等，应采取严格的技术管理措施，措施包括明显标示不得饮用、安装供专人使用的带锁龙头等。

8.1.1 中水管道严禁与生活饮用水给水管道连接。

【条文解析】

中水管道不仅禁止与生活饮用水给水管道直接连接，还包括禁止通过倒流防止器或防污隔断阀连接。

8.1.2 除卫生间外，中水管道不宜暗装于墙体内。

【条文解析】

中水管道宜明装，有要求时亦可敷设在管井、吊顶内。若直埋于墙体和楼面内，不但影响检修，而且一旦需要改建时，管道外壁标记不清或色标脱落，管道的走向亦不易搞清，容易发生误接。

8.1.6 中水管道应采取下列防止误接、误用、误饮的措施：

1 中水管道外壁应按有关标准的规定涂色和标志；

2 水池（箱）、阀门、水表及给水栓、取水口均应有明显的"中水"标志；

3 公共场所及绿化的中水取水口应设带锁装置；

4 工程验收时应逐段进行检查，防止误接。

【条文解析】

防止中水误接、误饮、误用，保证中水的使用安全是中水工程设计中必须特殊考虑的问题，也是采取安全防护措施的主要内容，设计时必须给予高度的重视。

由于我国目前对于给水排水管道的外壁尚未作出统一的涂色和标志要求，中水管道外壁的颜色采用浅绿色是多年来已约定俗成的。当中水管道采用外壁为金属的管材时，其外壁的颜色应涂浅绿色；当采用外壁为塑料的管材时，应采用浅绿色的管道，并应在其外壁模印或打印明显耐久的"中水"标志，避免与其他管道混淆。

对于设在公共场所的中水取水口，设置带锁装置后，可防止任何人，包括不能认字的人群误用。车库中用于冲洗地面和洗车用的中水龙头也应上锁或明示不得饮用，以防停车人误用。

《住宅设计规范》GB 50096—2011

8.2.12 采用中水冲洗便器时，中水管道和预留接口应设明显标识。坐便器安装洁身器时，洁身器应与自来水管连接，严禁与中水管连接。

【条文解析】

使用中水冲厕具有很好的节水效益。我国水资源短缺的形势非常严峻，缺水城镇的住宅应推广使用中水冲厕。中水的水质要求低于生活饮用水，因此为了保障用水安全，在中水管道上和预留接口部位应设明显标识，主要是为了防止洁身器用水与中水管误接，对健康产生不良影响。

1.2 设备与水处理

1.2.1 给水排水设备设置

《建筑给水排水设计规范（2009年版）》GB 50015—2003

4.2.6 当构造内无存水弯的卫生器具与生活污水管道或其他可能产生有害气体的

排水管道连接时，必须在排水口以下设存水弯。存水弯的水封深度不得小于 50mm。严禁采用活动机械密封替代水封。

【条文解析】

本规定是建筑给水排水设计安全卫生的重要保证，必须严格执行。

排水中大量的有机物排入生活污水管道，在水中发生厌氧反应，产生沼气、硫化氢等有害有毒气体。存水弯是具有水封装置的管道附件，它能有效地隔断排水管道内的有害有毒气体逸入室内，从而保证室内环境卫生，保障居民身体健康，防止事故发生。

存水弯、水封盒、水封井等的水封装置能有效地隔断排水管道内的有害有毒气体逸入室内，从而保证室内环境卫生，保障居民身体健康，防止中毒窒息事故发生。

存水弯水封必须保证一定深度，考虑到水分蒸发损失、自虹吸损失及管道内气压波动等因素，水封深度不得小于 50mm 的规定是国际上对污水、废水、通气的重力排水管道系统（DWV）排水时内压波动不至于把存水弯水封破坏的要求。在工程中发现以活动的机械密封替代水封，这是十分危险的做法，一是活动的机械寿命问题，二是排水中杂物卡堵问题，保证不了"可靠密封"，为此，以活动的机械密封替代水封的做法应予以禁止。

设计时应注意，构造内无存水弯的卫生器具，如洗涤盆、洗脸盆、某些蹲便器和小便器等，当其与排水管道连接时，排水口下必须设置存水弯。存水弯有时可采用共用方式，即两个或两个以上的卫生器具共用一个存水弯，此时不仅要考虑防止有害气体逸入室内，还要注意不能造成交叉感染，因此，医院内的病房、医疗室、手术室等医疗病区的卫生器具不得共用存水弯。

4.2.7A　卫生器具排水管段上不得重复设置水封。

【条文解析】

本条针对排水设计中的误区及工程运行反馈信息而立条规定。有人认为设置双水封能加强水封保护，隔绝排水管道中有害气体，结果适得其反，双水封会形成气塞，造成气阻现象，排水不畅且产生排水噪声。如在排出管上加装水封，楼上卫生器具排水时，则会造成下层卫生器具冒泡、泛溢、水封破坏等现象。

4.5.9　带水封的地漏水封深度不得小于 50mm。

【条文解析】

本条是对地漏产品提出的技术要求。50mm 的水封深度是重力流排水系统内压波动不至于破坏存水弯水封的要求，是确定重力流排水系统的通气管管径和排水管管径的基础。另外，地漏水封深度过小时，容易蒸发干涸，使有害有毒气体逸入室内。

4.5.10A 严禁采用钟罩（扣碗）式地漏。

【条文解析】

钟罩式地漏具有水力条件差、易淤积堵塞等弊端，为清通淤积泥沙垃圾，钟罩（扣碗）移位，水封丧尽，则下水道有害气体逸入室内，污染环境，损害健康，应予禁用。

《建筑中水设计规范》GB 50336—2002

1.0.4 缺水城市和缺水地区在进行各类建筑物和建筑小区建设时，其总体规划设计应包括污水、废水、雨水资源的综合利用和中水设施建设的内容。

【条文解析】

本条对规划设计提出要求。在建筑和建筑小区建设时，各种污废水、雨水资源的综合利用和配套中水设施的建设与建筑和建筑小区的水景观和生态环境建设紧密相关，是总体规划设计的重要内容，应引起主体工程设计单位和规划建筑师的足够重视和相关专业的紧密配合。只有在总体规划设计的指导下，才能使这些设施建设合理可行、成功有效，才能把环境建设好，使效益（节水、环境、经济）得以充分发挥。

1.0.5 缺水城市和缺水地区适合建设中水设施的工程项目，应按照当地有关规定配套建设中水设施。中水设施必须与主体工程同时设计，同时施工，同时使用。

【条文解析】

将污水处理后进行回用，是保护环境、节约用水、开发水资源的一项具体措施。中水设施必须与主体工程同时设计、同时施工、同时使用的"三同时"要求，是国家有关环境工程建设的成功经验，也是国家对城市节水的具体要求。

在缺水城市和缺水地区，当政府有关部门颁布有建设中水设施的规定和要求时，对于符合建设中水设施要求的工程项目，在设计时，设计人员应根据规定向建设单位和相关专业人员提出要求，并应与该工程项目同时设计。

1.0.10 中水工程设计必须采取确保使用、维修的安全措施，严禁中水进入生活饮用水给水系统。

【条文解析】

本条提出安全性要求。中水作为建筑配套设施进入建筑或建筑小区内，安全性保障十分重要。

1）设施维修、使用的安全，特别是埋地式或地下式设施的使用和维修。

2）用水安全，因中水是非饮用水，必须严格限制其使用范围，根据不同的水质标准要求，用于不同的使用目标，必须保障使用安全，采取严格的安全防护措施，严禁中水管道与生活饮用水管道有任何方式的连接，避免发生误接、误用。

《剧场建筑设计规范》JGJ 57—2000

10.1.3 观众厅、乐池、台仓和机械化台仓底部应设置相应的消防排水设施。

【条文解析】

据调查，很多设置了消防设施的剧场，未设置消防排水设施，因而在设备试车时和火灾后，造成大量积水而无法排除，或根本无法进行试车，故作本条规定。

1.2.2 水处理工艺

《建筑给水排水设计规范（2009年版）》GB 50015—2003

4.8.5 化粪池的设置应符合下列要求：

1 化粪池宜设置在接户管的下游端，便于机动车清掏的位置；

2 化粪池池外壁距建筑物外墙不宜小于5m，并不得影响建筑物基础。

注：当受条件限制化粪池设置于建筑物内时，应采取通气、防臭和防爆措施。

【条文解析】

化粪池距建筑物距离不宜小于5m，以保持环境卫生的最低要求。根据各地来函意见，一般都不能达到这一要求，主要是由于建筑用地有限，连5m距离都不能达到，考虑在化粪池挖掘土方时，以不影响已建房屋基础为准，应与土建专业协调，保证建筑安全，防止建筑基础产生不均匀沉陷。一些建筑物沿规划的红线建造，连化粪池设置的位置也没有，在这种情况下只能设于地下室或室内楼梯间底下，但一定要做好通气、防臭和防爆措施。

4.8.8 医院污水必须进行消毒处理。

【条文解析】

医院（包括传染病医院、综合医院、专科医院、疗养病院）和医疗卫生研究机构等病原体（病毒、细菌、螺旋体和原虫等）污染了污水，如不经过消毒处理，会污染水源、传染疾病，危害很大。为了保护人民身体健康，医院污水必须进行消毒处理后才能排放。

4.8.9 医院污水处理流程应根据污水性质、排放条件等因素确定，当排入终端已建有正常运行的二级污水处理厂的城市下水道时，宜采用一级处理；直接或间接排入地表水体或海域时，应采用二级处理。

【条文解析】

本条规定医院污水选择处理流程的原则。医院污水与普通生活污水主要区别在于前者带有大量致病菌，其 BOD_5 与 SS 基本类同。如城市有污水处理厂且有城镇污水管道时，污水排入城镇污水管道前主要任务是消毒杀菌，除当地环保部门另有要求外，则采用一级处理即可。但医院污水排至地表水体时，根据排入水体的要求则应进行二级处理或深度处理。

4.8.10 医院污水处理构筑物与病房、医疗室、住宅等之间应设置卫生防护隔离带。

【条文解析】

医院污水处理构筑物在处理污水过程中有臭味、氯气等有害气体逸出的地方，如靠近病房、住宅等居住建筑的人口密集之处，对人们身体健康有影响，故应有一定防护距离。由于医院一般在城市市区，占地面积有限，有的医院甚至用地十分紧张，故防护距离具体数据不能规定，只作提示。所谓隔离带即围墙、绿化带等。

4.8.11 传染病房的污水经消毒后方可与普通病房污水进行合并处理。

【条文解析】

传染病房的污水主要指肝炎、痢疾、肺结核病等污水，现行国家标准《医疗机构水污染物排放标准》GB 18466—2005 中规定总余氯量、粪便大肠菌群数、采用氯化消毒时的接触时间均不同。如将一般污水与肠道病毒污水一同处理，则加氯量均应按传染病污水处理的投加量。这样会增加医院污水处理经常运转费用。如果将传染病污水单独处理，既能保证传染病污水的消毒效果，又能节省经常运行费用，减轻消毒后产生的二次污染。当然，这样也会增加医院污水处理构筑物的基建投资，故要进行经济技术的比较后方能确定。

4.8.15 医院建筑内含放射性物质、重金属及其他有毒、有害物质的污水，当不符合排放标准时，需进行单独处理达标后，方可排入医院污水处理站或城市排水管道。

【条文解析】

医院污水中除含有细菌、病毒、虫卵等致病的病原体外，还含有放射性同位素。如在临床医疗部门使用同位素药杯、注射器，高强度放射性同位素分装时的移液管、试管等器皿清洗的废水，以碘131、碘132为最多，放射性元素一般要经过处理后才能达到排放标准，一般的处理方法有衰变法、凝聚沉淀法、稀释法等。医院污水中含有的酚，来源于医院消毒剂采用的煤酚皂，还有铬、汞、氯甲苯等重金属离子、有毒有害物质，这些物质大都来源于医院的检验室、消毒室废液，其处理方法是，将其收集专门处理或委托专门处理机构处理。

4.8.16 医院污水处理系统的污泥，宜由城市环卫部门按危险废物集中处置。当城镇无集中处置条件时，可采用高温堆肥或石灰消化方法处理。

【条文解析】

医院污水处理系统产生的污泥中含有大量细菌和虫卵，必须进行处置，不应随意堆放和填埋，应由城市环卫部门统一集中处置。在城镇无条件集中处置时，采用高温堆肥和石灰消化法，实践证明也是有效的。

《建筑中水设计规范》GB 50336—2002

3.1.6 综合医院污水作为中水水源时，必须经过消毒处理，产出的中水仅可用于独立的不与人直接接触的系统。

【条文解析】

综合医院的污水含有较多病菌，作为中水水源时，应将安全因素放在首位，故要求其应先进行消毒处理，并对其出水应用作出严格限定，由其而产出的中水不得与人体直接接触，如作为不与人直接接触的绿化用水等。冲厕、洗车等用途有可能与人体直接接触，不应作为其出水用途。

3.1.7 传染病医院、结核病医院污水和放射性废水，不得作为中水水源。

【条文解析】

传染病和结核病医院的污水中含有多种传染病菌、病毒，虽然医院中有消毒设备，但不可能保证任何时候的绝对安全性，稍有疏忽便会造成严重危害，而放射性废水对人体造成伤害的危险程度更大。考虑到安全因素，因此规定这几种污水和废水不得作为中水水源。

6.1.7 中水用于采暖系统补充水等用途，采用一般处理工艺不能达到相应水质标准要求时，应增加深度处理设施。

【条文解析】

中水用于采暖系统的补充水等用途时，其水质要求高于杂用水，因此，应根据水质需要增加深度处理，如活性炭、超滤或离子交换处理等。

6.1.8 中水处理产生的沉淀污泥、活性污泥和化学污泥，当污泥量较小时，可排至化粪池处理，当污泥量较大时，可采用机械脱水装置或其他方法进行妥善处理。

【条文解析】

污泥脱水前应经过污泥浓缩池，然后再进行机械脱水。小型处理站可将污泥直接排入化粪池处理。

6.2.2 以生活污水为原水的中水处理工程，应在建筑物粪便排水系统中设置化粪池，化粪池容积按污水在池内停留时间不小于12h计算。

【条文解析】

本条强调生活污水作为中水水源应经过化粪池处理。当以生活污水作为中水时，化粪池可以看做中水处理的前处理设施。为使含有较多的固体悬浮物质的水不致堵塞原水收集管道，并把它们带入中水处理系统，仍须利用原有或新建化粪池。

6.2.18 中水处理必须设有消毒设施。

【条文解析】

中水是由各种排水经处理后，达到规定的水质标准，并在一定范围内使用的非饮用水，消毒则是保障中水卫生指标的重要环节，它直接影响中水的使用安全。

1.3 水质和防回流污染

1.3.1 给水

《建筑给水排水设计规范（2009 年版）》GB 50015—2003

3.2.3 城镇给水管道严禁与自备水源的供水管道直接连接。

【条文解析】

所谓自备水源供水管道，即设计工程基地内设有一套从水源（非城镇给水管网，可以是地表水或地下水）取水，经水质处理后供基地内生活、生产和消防用水的供水系统。

城市给水管道（城市自来水管道）严禁与用户的自备水源的供水管道直接连接，这是国际上通用的规定。当用户需要将城市给水作为自备水源的备用水或补充水时，只能将城市给水管道的水放入自备水源的贮水（或调节）池，经自备系统加压后使用。放水口与水池溢流水位之间必须有有效的空气隔断。

本规定与自备水源水质是否符合或优于城市给水水质无关。

3.2.3A 中水、回用雨水等非生活饮用水管道严禁与生活饮用水管道连接。

【条文解析】

用生活饮用水作为中水、回用雨水补充水时，不应用管道连接（即使装倒流防止器也不允许），应补入中水、回用雨水贮存池内，且应有规范 3.2.4C 条规定的空气间隙。

3.2.4 生活饮用水不得因管道内产生虹吸、背压回流而受污染。

【条文解析】

造成生活饮用水管内回流的原因具体可分为虹吸回流和背压回流两种情况。虹吸回流是由于供水系统供水端压力降低或产生负压（真空或部分真空）而引起的回流。例如，由于附近管网救火、爆管、修理造成的供水中断。背压回流是由于供水系统的下游压力变化，用水端的水压高于供水端的水压，出现大于上游压力而引起的回流，可能出现在热水或压力供水等系统中。例如，锅炉的供水压力低于锅炉的运行压力时，锅炉内的水会回流入供水管道。因为回流现象的产生而造成生活饮用水系统的水质劣化，称为回流污染，也称倒流污染。

防止回流污染产生的技术措施一般可采用空气隔断、倒流防止器、真空破坏器等措施和装置。

3.2.4A 卫生器具和用水设备、构筑物等的生活饮用水管配水件出水口应符合下列规定：

1 出水口不得被任何液体或杂质所淹没；

2 出水口高出承接用水容器溢流边缘的最小空气间隙，不得小于出水口直径的2.5倍。

【条文解析】

对于卫生器具或用水设备的防止回流污染，本条文明确予以要求。已经从配水口流出的并经洗涤过的污废水，不得因生活饮用水水管产生负压而被吸回生活饮用水管道，使生活饮用水水质受到严重污染，这种事故是必须严格防止的。

3.2.4B 生活饮用水水池（箱）的进水管口的最低点高出溢流边缘的空气间隙应等于进水管管径，但最小不应小于25mm，最大可不大于150mm。当进水管从最高水位以上进入水池（箱），管口为淹没出流时，应采取真空破坏器等防虹吸回流措施。

注：不存在虹吸回流的低位生活饮用水贮水池，其进水管不受本条限制，但进水管仍宜从最高水面以上进入水池。

【条文解析】

对于生活饮用水水池（箱）补水时的防止回流污染，本条文明确予以要求。本条文空气间隙仍以高出溢流边缘的高度来控制。对于管径小于25mm的进水管，空气间隙不能小于25mm；对于管径在25~150mm的进水管，空气间隙等于管径；管径大于150mm的进水管，空气间隙可取150mm，这是经过测算的，当进水管径为350mm时，喇叭口上的溢流水深约为149mm。而建筑给水水池（箱）进水管管径大于200mm者已少见。生活饮用水水池（箱）进水管采用淹没出流是为了降低进水的噪声，但如果进水管不采取相应的技术措施会产生虹吸回流。可在进水管顶安装真空破坏器。

3.2.4C 从生活饮用水管网向消防、中水和雨水回用水等其他用水的贮水池（箱）补水时，其进水管口最低点高出溢流边缘的空气间隙不应小于150mm。

【条文解析】

对于消防水、中水和雨水回用水池（箱）补水时的防止回流污染，本条文明确予以要求。贮存消防用水的贮水池（箱）内贮水的水质虽低于生活饮用水水池（箱），但与本规范第3.2.4A条中"卫生器具和用水设备"内的"液体"或"杂质"是有区别的，同时消防水池补水管的管径较大，因此进水管口的最低点高出溢流边缘的空气间隙高度控制在不小于150mm。

对于贮存中水、雨水回用水的贮水池（箱），当采用生活饮用水作为补充水时，也应按此条规定执行。

3.2.5 从生活饮用水管道上直接供下列用水管道时，应在这些用水管道的下列部位设置倒流防止器：

1 从城镇给水管网的不同管段接出两路及两路以上的引入管，且与城镇给水管形成环状管网的小区或建筑物，在其引入管上；

2 从城镇生活给水管网直接抽水的水泵的吸水管上；

3 利用城镇给水管网水压且小区引入管无防回流设施时，向商用的锅炉、热水机组、水加热器、气压水罐等有压容器或密闭容器注水的进水管上。

【条文解析】

本条的规定适用于城镇生活饮用水管道与小区或建筑物的生活饮用水管道连接。第1款补充了有两路进水的建筑物。第2款是针对叠压供水系统。第3款是针对商用有温有压容器设备的，住宅户内使用的热水机组（含热水器、热水炉）不受本条款约束。如果建筑小区引入管上已设置了防回流设施（空气间隙、倒流防止器），可不在区内商用有温有压容器设备的进水管上重复设置。

3.2.5A 从小区或建筑物内生活饮用水管道系统上接至下列用水管道或设备时，应设置倒流防止器：

1 单独接出消防用水管道时，在消防用水管道的起端；

2 从生活饮用水贮水池抽水的消防水泵出水管上。

【条文解析】

本条规定适用于生活饮用水与消防用水管道的连接。第1款中接出消防管道不含室外生活饮用水给水管道接出的室外消火栓那一段短管。第2款是对小区生活用水与消防用水合用贮水池中抽水的消防水泵，由于倒流防止器阻力较大，水泵吸程有限，故倒流防止器可装在水泵的出水管上。

3.2.5B 生活饮用水管道系统上接至下列含有对健康有危害物质等有害有毒场所或设备时，应设置倒流防止设施：

1 贮存池（罐）、装置、设备的连接管上；

2 化工剂罐区、化工车间、实验楼（医药、病理、生化）等除按本条第1款设置外，还应在其引入管上设置空气间隙。

【条文解析】

本条适用于生活饮用水与有害有毒污染的场所和设备的连接。第1款是关于与设备、设施的连接；第2款是关于有害有毒污染的场所。实施双重设防要求，目的是防止防护区域内交叉污染。

3.2.5C 从小区或建筑物内生活饮用水管道上直接接出下列用水管道时，应在这些用水管道上设置真空破坏器：

1 当游泳池、水上游乐池、按摩池、水景池、循环冷却水集水池等的充水或补水管道出口与溢流水位之间的空气间隙小于出口管径2.5倍时，在其充（补）水管上；

2 不含有化学药剂的绿地喷灌系统，当喷头为地下式或自动升降式时，在其管道起端；

3 消防（软管）卷盘；

4 出口接软管的冲洗水嘴与给水管道连接处。

【条文解析】

生活饮用水给水管道中存在负压虹吸回流的可能，而解决方法就是设真空破坏器，消除管道内真空度而使其断流。本条四款所述场合中均存在负压虹吸回流的可能性。

3.2.6 严禁生活饮用水管道与大便器（槽）、小便斗（槽）采用非专用冲洗阀直接连接冲洗。

【条文解析】

国家标准《二次供水设施卫生规范》GB 17051—1997第5.2条规定：二次供水设施管道不得与大便器（槽）、小便斗直接连接，须采用冲洗水箱或用空气隔断冲洗阀。本条文与该标准协调一致，严禁生活饮用水管道与大便器（槽）采用普通阀门直接连接冲洗。

本条是指严禁生活饮用水管道采用普通阀门或其他不具有虹吸破坏装置的冲洗设备控制直接冲洗大便器或大便槽，是防止生活饮用水被回流污染的重要措施。设计时还应注意，采用普通阀门并在阀门出口段上加装虹吸破坏装置，也不得用于大便器（槽）的直接冲洗，因其没有自闭功能，费水严重。可采用大便器由水箱供水或有隔离措施的专用阀门，使饮用水管与大便器（槽）冲洗管隔开，确保水质不受污染。

3.2.7 生活饮用水管道应避开毒物污染区，当条件限制不能避开时，应采取防护措施。

【条文解析】

本条主要是针对生活饮用水水质安全的重要性而提出的规定。由于有毒污染的危害性较大，有毒污染区域内的环境情况较为复杂，一旦穿越有毒污染区域内的生活饮用水管道产生爆管、维修等情况，极有可能会影响与之连接的其他生活饮用水管道内的水质安全，在规划和设计过程中应尽量避开。当无法避免时，可采用独立明管铺设，加强管材强度和防腐蚀、防冻等级，采取避开道路设置等减少管道损坏和便于管理的措施，重点管理和监护。

3.2.10 建筑物内的生活饮用水水池（箱）体，应采用独立结构形式，不得利用建筑物的本体结构作为水池（箱）的壁板、底板及顶盖。

生活饮用水水池（箱）与其他用水水池（箱）并列设置时，应有各自独立的分隔墙。

【条文解析】

本条是对生活饮用水水池（箱）体的结构要求：明确与建筑本体结构完全脱开，生活饮用水水池（箱）体不论什么材质均不应与其他用水水池（箱）共用分隔墙。

3.2.11 建筑物内的生活饮用水水池（箱）宜设在专用房间内，其上层的房间不应有厕所、浴室、盥洗室、厨房、污水处理间等。

【条文解析】

位于地下室的生活饮用水水池设在专用房间内，有利于水池配管及仪表的保护，防止非管理人员误操作而引发事故。生活饮用水贮水池上方，应是洁净且干燥的用房，不应设置厕所、浴室、盥洗室、厨房、污水处理间等需要经常冲洗地面的用房，以免楼板产生渗漏时污染生活饮用水水质。

《住宅设计规范》GB 50096—2011

8.2.1 住宅各类生活供水系统水质应符合国家现行有关标准的规定。

【条文解析】

住宅各类生活供水系统的水源，无论来自市政管网还是自备水源井，生食品的洗涤、烹饪、盥洗、淋浴、衣物的洗涤及家具的擦洗用水水质都要符合国家现行标准《生活饮用水卫生标准》GB 5749—2006、《城市供水水质标准》CJ/T 206—2005 中的相关要求。当采用二次供水设施来保证住宅正常供水时，二次供水设施的水质卫生标准要符合现行国家标准《二次供水设施卫生规范》GB 17051—1997 的规定。生活热水系统的水质要求与生活给水系统的水质相同。管道直饮水水质要符合行业标准《饮用净水水质标准》CJ 94—2005 的规定。生活杂用水用于便器冲洗、绿化浇洒、室内车库地面和室外地面冲洗的，可使用建筑中水或市政再生水，其水质要符合国家现行标准《城市污水再生利用 城市杂用水水质》GB/T 18920—2002、《城市污水再生利用 景观环境用水水质》GB/T 18921—2002 的相关规定。

《管道直饮水系统技术规程》CJJ 110—2006

3.0.1 管道直饮水系统用户端的水质应符合国家现行标准《饮用净水水质标准》CJ 94—2005 的规定。

【条文解析】

随着生活环境的不断改善，生活水平的不断提高，人们对饮用净水提出了更高的要求。

8.0.1 管道直饮水系统应进行日常供水水质检验。水质检验项目及频率应符合表8.0.1 的规定。

表 8.0.1 水质检验项目及频率

检验频率	日检	周检	年检	备注
检验项目	色 浑浊度 臭和味 肉眼可见物 pH 值 耗氧量（未采用纳滤、反渗透技术） 余氯 臭氧（适用于臭氧消毒） 二氧化氯（适用于二氧化氯消毒）	细菌总数 总大肠菌群 粪大肠菌群 耗氧量（采用纳滤、反渗透技术）	《饮用净水水质标准》全部项目	必要时另增加检验项目

【条文解析】

为保证供水质量和安全，供水单位应对供水进行日常水质检验。检验项目和频率以能保证供水水质和供水安全为出发点，并考虑所需费用。

管道直饮水供水可能发生的问题有以下几类：

1）细菌滋长，为了防止微生物生长，在供水系统中须持续添加消毒剂。

2）在理化指标中，用色、浑浊度、臭和味、肉眼可见物、pH值、耗氧量（未采用纳滤、反渗透技术）、余氯、二氧化氯（适用于二氧化氯消毒）、电导率（纯水）能够反映总体水质状况，检验操作比较简易，又可以用在线仪表。

3）在每周一次的检验项目中，设有细菌总数、总大肠菌群、粪大肠菌群、耗氧量（采用纳滤、反渗透技术），用以分别说明肠道致病菌和有机污染总量。

4）每年检验一次全分析是必要的，用以说明供水的全面情况。检验项目按供水执行的标准。如供水是饮用净水，则按《饮用净水水质标准》CJ 94—2005规定的项目检验；如供水是纯水，则按《饮用瓶装纯净水标准》CJ 94—2005规定的项目检验。

5）如果企业标准所设的检验项目和频率大于本规程所规定的可按企业标准执行，但不应少于本规程所规定检验项目及频率要求。

6）供水种类除饮用净水和饮用纯净水两类外还可能供应其他种类的饮水等，则检验项目应按各自标准设定。

8.0.3 以下四种情况之一，应按国家现行标准《饮用净水水质标准》CJ 94—2005的全部项目进行检验：

1 新建、改建、扩建管道直饮水工程；

2 原水水质发生变化；

3 改变水处理工艺；

4 停产30d后重新恢复生产。

【条文解析】

当供水水质发生重大变化时应对供水进行全面检验。可能造成水质发生重大变化的原因有供水原水发生变化，水处理工艺改变，供水系统进行改扩建工程，停产多日后重新启用及发生其他重大事故，遇到上述情况时应对供水水质作全面检验。

11.2.1 管道直饮水系统试压合格后应对整个系统进行清洗和消毒。

【条文解析】

直饮水系统经冲洗后，应采用消毒液对管网灌洗消毒。采用的消毒液应安全卫生，易于冲洗干净。

1.3.2 游泳池和水上游乐池

《建筑给水排水设计规范（2009年版）》GB 50015—2003

3.9.6 不同使用功能的游泳池应分别设置各自独立的循环系统。水上游乐池循环水系统应根据水质、水温、水压和使用功能等因素，设计成一个或若干个独立的循环系统。

【条文解析】

一个完善的水上游乐池不仅具有多种功能的运动休闲项目以达到健身目的，还应利用各种特殊装置模拟自然水流形态增加趣味性，而且根据水上游乐池的艺术特征和特定的环境要求，因势就形，融入自然。要达到各项功能的预期效果，应根据各自的水质、水温和使用功能要求，设计成独立的循环系统和水质净化系统。

3.9.7 循环水应经过滤、加药和消毒等净化处理，必要时还应进行加热。

【条文解析】

游泳池池水的净化工艺应包括预净化（设置毛发聚集器）和过滤两个部分。

3.9.8A 循环水净化工艺流程应根据游泳池和水上游乐池的用途、水质要求、游泳负荷、消毒方法等因素经技术经济比较后确定。

【条文解析】

本条规定了确定泳池净化工艺要考虑的因素。

3.9.9 水上游乐池滑道润滑水系统的循环水泵，必须设置备用泵。

【条文解析】

为滑道表面供水的目的是起到润滑作用，避免下滑游客因无水而擦伤皮肤发生安全事故，故循环水泵必须设置备用泵。

3.9.10 循环水过滤宜采用压力过滤器，压力过滤器应符合下列要求：

1 过滤器的滤速应根据泳池的类型、滤料种类确定。专用游泳池、公共游泳池、水上游乐池等宜采用滤速 15m/h～25m/h 石英砂中速过滤器或硅藻土低速过滤器；

2 过滤器的个数及单个过滤器面积，应根据循环流量的大小、运行维护等情况，通过技术经济比较确定，且不宜少于两个；

3 过滤器宜采用水进行反冲洗，石英砂过滤器宜采用气、水组合反冲洗。过滤器反冲洗宜采用游泳池水；当采用生活饮用水时，冲洗管道不得与利用城镇给水管网水压的给水管道直接连接。

【条文解析】

过滤是游泳池和水上游乐池池水净化的关键性工序。目前采用的过滤设备主要有石英砂压力过滤器、硅藻土过滤器、多层滤料过滤器等。石英砂滤料过滤器具有过滤效率高、纳污能力强、再生简单、滤料经济易获得，且能适应公共游泳池和水上游乐池负荷变化幅度大等特点，故在国内、外得到较广泛的应用。

过滤速度由滤料的组成和级配、滤料层厚度、出水水质等因素决定。本条根据公共游泳池和水上游乐池人数负荷不均匀、池水易脏等特点，规定采用中速过滤；比赛游泳池和专用游泳池虽然使用人数较少，人员相对稳定，但在非比赛和非训练期间一般都向公众开放，通过提高使用率而产生较好的社会效益和经济效益，因此也宜采用中速过滤；家庭游泳池由于人数负荷少、人员较稳定，为节省投资可选用较高的滤速。

滤池反冲洗强度有一定要求并实施自动化，由于市政给水管网水压有变化，利用其水压反冲洗，会影响冲洗效果。

3.9.12 游泳池和水上游乐池的池水必须进行消毒杀菌处理。

【条文解析】

消毒杀菌是游泳池水处理中极重要的步骤。游泳池池水因循环使用，水中细菌会不断增加，必须投加消毒剂以减少水中细菌数量，使水质符合卫生要求。

3.9.13 消毒剂的选用应符合下列要求：

1 杀菌消毒能力强，并有持续杀菌功能；

2 不造成水和环境污染，不改变池水水质；

3 对人体无刺激或刺激性很小；

4 对建筑结构、设备和管道无腐蚀或轻微腐蚀；

5 费用低，且能就地取材。

【条文解析】

消毒剂选择、消毒方法、投加量等应根据游泳池和水上游乐池的使用性质确定。如公共游泳池与水上游乐池的人员构成复杂，有成人也有儿童，人们的卫生习惯也不相同；而家庭游泳池和家庭及宾馆客房的按摩池人员较单一，使用人数较少。两者在消毒剂选择、消毒方法等方面可能完全不同。

3.9.14 使用瓶装氯气消毒时，氯气必须采用负压自动投加方式，严禁将氯直接注入游泳池水中的投加方式。加氯间应设置防毒、防火和防爆装置，并应符合国家现行有关标准的规定。

【条文解析】

氯气是很有效的消毒剂。在我国，大型游泳池以往都采用氯气消毒，虽然保证了消毒效果，但也带来了一些难以克服的问题。氯气是有毒气体，在处理、贮存和使用的过程中必须注意安全问题。

氯气投加系统只有处于真空（负压）状态下，才能保证氯气不会向外泄漏，保证人员的安全。

3.9.18A　家庭游泳池等小型游泳池当采用生活饮用水直接补（充）水时，补充水管应采取有效的防止回流污染的措施。

【条文解析】

家庭游泳池等小型游泳池一般不设置平（均）衡水箱及补水水箱，通常采用生活饮用水直接补（充）水的方式。为防止污染城市自来水，规定直接用生活饮用水做补（充）水时要设倒流防止器等防止回流污染的措施。

3.9.20A　游泳池和水上游乐池的进水口、池底回水口和泄水口的格栅孔隙的大小，应防止卡入游泳者手指、脚趾。泄水口的数量应满足不会产生负压造成对人体的伤害。

【条文解析】

本条文是关于进水口、回水口和泄水口的要求。它们对保证池水的有效循环和水净化处理效果十分重要。规定格栅空隙的宽度是考虑防止游泳者手指、脚趾被卡入造成伤害；控制回（泄）水口流速避免产生负压造成吸住幼儿四肢，发生安全事故。具体数值和要求可参考城镇建设行业标准《游泳池给水排水工程技术规程》CJJ 122—2008 的有关规定。

3.9.22　进入公共游泳池和水上游乐池的通道，应设置浸脚消毒池。

【条文解析】

为保证游泳池和水上游乐池的池水不被污染，防止池水产生传染病菌，必须在游泳池和水上游乐池的入口处设置浸脚消毒池，使每一位游泳者或游乐者在进入池子之前，对脚部进行洗净消毒。

3.9.24　比赛用跳水池必须设置水面制波和喷水装置。

【条文解析】

跳水池的水表面利用人工方法制造一定高度的水波浪，是为了防止跳水池的水表面产生眩光，使跳水运动员从跳台（板）起跳后在空中完成各种动作的过程中，能准确地识别水面位置，从而保证空中动作的完成和不发生被水击伤或摔伤等现象。

1.3.3　雨水与中水

《建筑给水排水设计规范（2009 年版）》GB 50015—2003

4.9.7　雨水汇水面积应按地面、屋面水平投影面积计算。高出屋面的毗邻侧墙，应附加其最大受雨面正投影的一半作为有效汇水面积计算。窗井、贴近高层建筑外墙的地下汽车库出入口坡道应附加其高出部分侧墙面积的二分之一。

【条文解析】

本条规定雨水汇水面积按屋面的汇水面积投影面积计算，还须考虑高层建筑高出裙房屋面的侧墙面（最大受雨面）的雨水排到裙房屋面上；窗井及高层建筑地下汽车库出入口的侧墙，由于风力吹动，造成侧墙兜水，因此，将此类侧墙面积的1/2纳入其下方屋面（地面）排水的汇水面积。

《建筑与小区雨水利用工程技术规范》GB 50400—2006

7.3.3 当采用生活饮用水补水时，应采取防止生活饮用水被污染的措施，并符合下列规定：

1 清水池（箱）内的自来水补水管出水口应高于清水池（箱）内溢流水位，其间距不得小于2.5倍补水管管径，严禁采用淹没式浮球阀补水；

2 向蓄水池（箱）补水时，补水管口应设在池外。

【条文解析】

本条规定生活饮用水做补水的防污染要求。

生活饮用水补水管出口，最好不进入雨水池（箱）之内，即使设有空气隔断措施。补水可在池（箱）外间接进入，特别是向雨水蓄水池补水时。池外补水方式可参见图1-1。

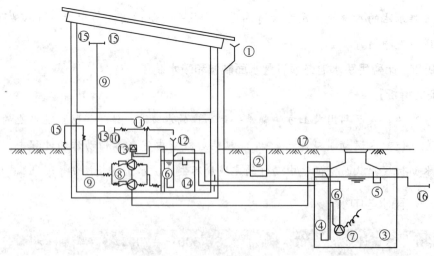

图 1-1 雨水蓄存利用系统示意

①屋面集水与落水管；②滤网；③雨水蓄水池；④稳流进水管；⑤带水封的溢流管；⑥水位计；

⑦吸水管与水泵；⑧泵组；⑨回用水供水管；⑩自来水管；⑪电磁阀；⑫自由出流补水口；

⑬控制器；⑭补水混合水池；⑮用水点；⑯渗透设施或下水道；⑰室外地面

7.3.5 供水系统供应不同水质要求的用水时，是否单独处理应经技术经济比较后确定。

【条文解析】

本条推荐不同水质的用水分质供水。

这是一种比较特殊的情况。雨水一般可有多种用途，有不同的水质标准，大多采用同一个管网供水，同一套水质处理装置，水质取其中的最高要求标准。但是有这样一种情况：标准要求最高的那种用水的水量很小，这时再采用上述做法可能不经济，宜分开处理和分设管网。

《建筑中水设计规范》GB 50336—2002

5.4.1 中水供水系统必须独立设置。

【条文解析】

本条强调了中水系统的独立性，首先是为了防止对生活供水系统的污染，中水供水系统不能以任何形式与自来水系统连接，单流阀、双阀加泄水等连接都是不允许的。同时也是在强调中水系统的独立性功能，中水系统一经建立，就应保障其使用功能，不能总是依靠自来水补给。自来水的补给只能是应急的、有计量的，并应确保不污染自来水的措施。

8.1.3 中水池（箱）内的自来水补水管应采取自来水防污染措施，补水管出水口应高于中水贮存池（箱）内溢流水位，其间距不得小于 2.5 倍管径。严禁采用淹没式浮球阀补水。

【条文解析】

本条规定是为了防止中水回流污染，是关系人们身体健康的卫生安全要求。生活饮用水补水口的启闭应由中水池的补水液位控制，设计中多采用电磁阀进行水位控制，但由于电磁阀使用寿命较短，设计中亦可采用定水位水力控制阀。

1.4 给水排水工程施工质量

1.4.1 室内给水排水系统

《建筑给水排水及采暖工程施工质量验收规范》GB 50242—2002

4.1.2 给水管道必须采用与管材相适应的管件。生活给水系统所涉及的材料必须达到饮用水卫生标准。

【条文解析】

目前市场上可供选择的给水系统管材种类繁多，每种管材均有自己的专用管道配件及连接方法，故强调给水管道必须采用与管材相适应的管件，以确保工程质量。为防止生活饮用水在输送中受到二次污染，也强调了生活给水系统所涉及的材料必须达到饮用水卫生标准。

4.2.3 生活给水系统管道在交付使用前必须冲洗和消毒，并经有关部门取样检查，符合国家《生活饮用水标准》方可使用。

检验方法：检查有关部门提供的检测报告。

【条文解析】

为保证水质、使用安全，强调生活饮用水管道在竣工后或交付使用前必须进行吹洗，除去杂物，使管道清洁，并经有关部门取样化验，达到国家《生活饮用水标准》才能交付使用。

4.3.1 室内消火栓系统安装完成后应取屋顶层（或水箱间内）试验消火栓和首层取二处消火栓做试射试验，达到设计要求为合格。

检验方法：实地试射检查。

【条文解析】

室内消火栓给水系统在竣工后均应做消火栓试射试验，以检验其使用效果，但不能逐个试射，故选取有代表性的三处：屋顶（北方一般在屋顶水箱间等室内）试验消火栓和首层取两处消火栓。屋顶试验消火栓试射可测出流量和压力（充实水柱）；首层两处消火栓试射可检验两股充实水柱同时到达本消火栓应到达的最远点的能力。

5.2.1 隐蔽或埋地的排水管道在隐蔽前必须做灌水试验，其灌水高度应不低于底层卫生器具的上边缘或底层地面高度。

检验方法：满水15min水面下降后，再灌满观察5min，液面不降，管道及接口无渗漏为合格。

【条文解析】

隐蔽或埋地的排水管道在隐蔽前做灌水试验，主要是防止管道本身及管道接口渗漏。灌水高度不低于底层卫生器具的上边缘或底层地面高度，主要是按施工程序确定的，安装室内排水管道一般均采取先地下后地上的施工方法。从工艺要求看，铺完管道后，经试验检查无质量问题，为保护管道不被砸碰和不影响土建及其他工序，必须进行回填。如果先隐蔽，待一层主管做完再补做灌水试验，一旦有问题，就不好查找是哪段管道或接口漏水。

1.4.2　室外给水排水系统

《建筑给水排水及采暖工程施工质量验收规范》GB 50242—2002

9.2.7　给水管道在竣工后，必须对管道进行冲洗，饮用水管道还要在冲洗后进行消毒，满足饮用水卫生要求。

检验方法：观察冲洗水的浊度，查看有关部门提供的检验报告。

【条文解析】

对输送饮用水的管道进行冲洗和消毒是保证人们饮用到卫生水的两个关键环节，要求不仅要做到而且要做好。

10.2.1　排水管道的坡度必须符合设计要求，严禁无坡或倒坡。

检验方法：用水准仪、拉线和尺量检查。

【条文解析】

找好坡度直接关系到排水管道的使用功能，故严禁无坡或倒坡。

2 供暖、通风和空调设备

2.1 供暖

2.1.1 散热器供暖

《民用建筑供暖通风与空气调节设计规范》GB 50736—2012

5.3.1 散热器供暖系统应采用热水作为热媒；散热器集中供暖系统宜按75℃/50℃连续供暖进行设计，且供水温度不宜大于85℃，供回水温差不宜小于20℃。

【条文解析】

本条规定了散热器供暖系统的热媒选择及热媒温度。

采用热水作为热媒，不仅对供暖质量有明显的提高，而且便于进行调节。因此，明确规定散热器供暖系统应采用热水作为热媒。

以前的室内供暖系统设计，基本是按95℃/70℃热媒参数进行设计，实际运行情况表明，合理降低建筑物内供暖系统的热媒参数，有利于提高散热器供暖的舒适程度和节能降耗。近年来，国内已开始提倡低温连续供热，出现降低热媒温度的趋势。研究表明：对采用散热器的集中供暖系统，综合考虑供暖系统的初投资和年运行费用，当二次网设计参数取75℃/50℃时，方案最优，其次是取85℃/60℃时。

5.3.2 居住建筑室内供暖系统的制式宜采用垂直双管系统或共用立管的分户独立循环双管系统，也可采用垂直单管跨越式系统；公共建筑供暖系统宜采用双管系统，也可采用单管跨越式系统。

【条文解析】

本条规定了供暖系统制式选择。

由于双管制系统可实现变流量调节，有利于节能，因此室内供暖系统推荐采用双管制系统。采用单管系统时，应在每组散热器的进出水支管之间设置跨越管，实现室温调节功能。公共建筑选择供暖系统制式的原则，是在保持散热器有较高散热效率的前提下，保证系统中除楼梯间以外的各个房间（供暖区），能独立进行温度调节。公共建筑供暖系统可采用上、下分式垂直双管、下分式水平双管、上分式带跨越管的垂直单管、下分式带跨越管的水平单管制式，由于公共建筑往往分区出售或出租，由不同单位使用，因此，在设计和划分系统时，应充分考虑实现分区热量计量的灵活性、方便性和可能性，确保实现按用热量多少进行收费。

5.3.3 既有建筑的室内垂直单管顺流式系统应改成垂直双管系统或垂直单管跨越式系统，不宜改造为分户独立循环系统。

【条文解析】

本条规定了既有建筑供暖系统改造制式选择。

在北方一些城市大面积推行的既有建筑供暖系统热计量改造，多数改为分户独立循环系统，室内管道须重新布置，实施困难，对居民影响较大。根据既有建筑改造应尽可能减少扰民和投入为原则，建议采用改为垂直双管或加跨越管的形式，实现分户计量要求。

5.3.4 垂直单管跨越式系统的楼层层数不宜超过 6 层，水平单管跨越式系统的散热器组数不宜超过 6 组。

【条文解析】

本条规定了单管跨越式系统适用层数和散热器连接组数。

散热器流量和散热器的关系与进出口温差有关，温差越大越接近线性。散热器串联组数过多，每组散热温差过小，不仅散热器面积增加较大，恒温阀调节性能也很难满足要求。

5.3.5 管道有冻结危险的场所，散热器的供暖立管或支管应单独设置。

【条文解析】

本条规定了有冻结危险场所的散热器设置。

对于管道有冻结危险的场所，不应将其散热器同邻室连接，立管或支管应独立设置，以防散热器冻裂后影响邻室的供暖效果。

5.3.6 选择散热器时，应符合下列规定：

1 应根据供暖系统的压力要求，确定散热器的工作压力，并符合国家现行有关产品标准的规定；

2 相对湿度较大的房间应采用耐腐蚀的散热器；

3 采用钢制散热器时，应满足产品对水质的要求，在非供暖季节供暖系统应充水保养；

4 采用铝制散热器时，应选用内防腐型，并满足产品对水质的要求；

5　安装热量表和恒温阀的热水供暖系统不宜采用水流通道内含有粘砂的铸铁散热器;

6　高大空间供暖不宜单独采用对流型散热器。

【条文解析】

本条规定了散热器的选择。

散热器产品标准中规定了不同种类散热器的工作压力,即便是同一种类的散热器也有因加工材质厚度不同,工作压力不同的情况,而不同系统要求散热器的压力也不同,因此,强调了本条第1款的内容。

供暖系统在非供暖季节应充水湿保养,不仅是使用钢制散热器供暖系统的基本运行条件,也是热水供暖系统的基本运行条件,在设计说明中应加以强调。

公共建筑内的高大空间,如大堂、候车(机)厅、展厅等处的供暖,采用常规的对流供暖方式供暖时,室内沿高度方向会形成很大的温度梯度,不但建筑热损耗增大,而且人员活动区的温度往往偏低,很难保持设计温度。采用辐射供暖时,室内高度方向的温度梯度小;同时,由于有温度和辐射照度的综合作用,既可以创造比较理想的热舒适环境,又可以比对流供暖时减少能耗。

5.3.7　布置散热器时,应符合下列规定:

1　散热器宜安装在外墙窗台下,当安装或布置管道有困难时,也可靠内墙安装;

2　两道外门之间的门斗内,不应设置散热器;

3　楼梯间的散热器,应分配在底层或按一定比例分配在下部各层。

【条文解析】

本条规定了散热器的布置。

1)散热器布置在外墙的窗台下,从散热器上升的对流热气流能阻止从玻璃窗下降的冷气流,使流经生活区和工作区的空气比较暖和,给人以舒适的感觉,因此推荐把散热器布置在外墙的窗台下;为了便于户内管道的布置,散热器也可靠内墙安装。

2)为了防止把散热器冻裂,在两道外门之间的门斗内不应设置散热器。

3)把散热器布置在楼梯间的底层,可以利用热压作用,使加热了的空气自行上升到楼梯间的上部补偿其耗热量,因此规定楼梯间的散热器应尽量布置在底层或按一定比例分配在下部各层。

5.3.8　铸铁散热器的组装片数,宜符合下列规定:

1　粗柱型(包括柱翼型)不宜超过20片;

2　细柱型不宜超过25片。

【条文解析】

本条规定了散热器的组装片数。主要是考虑散热器组片连接强度及施工安装的限制要求。

5.3.9　除幼儿园、老年人和特殊功能要求的建筑外，散热器应明装。必须暗装时，装饰罩应有合理的气流通道、足够的通道面积，并方便维修。散热器的外表面应刷非金属性涂料。

【条文解析】

散热器暗装在罩内时，不但散热器的散热量会大幅度减少，而且由于罩内空气温度远远高于室内空气温度，从而使罩内墙体的温差传热损失大大增加，应避免这种错误做法。实验证明：散热器外表面涂刷非金属性涂料时，其散热量比涂刷金属性涂料时能增加10％左右。"特殊功能要求的建筑"指精神病院、法院审查室等。

5.3.10　幼儿园、老年人和特殊功能要求的建筑的散热器必须暗装或加防护罩。

【条文解析】

规定本条是为了保护儿童、老年人、特殊人群的安全健康，避免烫伤和碰伤。

5.3.12　供暖系统非保温管道明设时，应计算管道的散热量对散热器数量的折减；非保温管道暗设时宜考虑管道的散热量对散热器数量的影响。

【条文解析】

管道明设时，非保温管道的散热量可补偿一部分耗热量，有提高室温的作用，其值应通过明装管道外表面与室内空气的传热计算确定。管道暗设于管井、吊顶等处时，均应保温，可不考虑管道中水的冷却温降；对于直接埋设于墙内的不保温立、支管，散入室内的热量、无效热损失、水温降等较难准确计算，设计人可根据暗设管道长度等因素，适当考虑对散热器数量的影响。

《住宅设计规范》GB 50096—2011

8.3.9　室内采用散热器采暖时，室内采暖系统的制式宜采用双管式；如采用单管式，应在每组散热器的进出水支管之间设置跨越管。

【条文解析】

住宅集中采暖设置分户热计量设施时，一般采用共用立管的分户独立循环的双管或单管系统。采用散热器热分配计法等进行分户热计量时，可以采用垂直双管或单管系统。住宅各户设置独立采暖热源时，分户独立系统可以是水平双管或单管式。

无论何种形式，双管系统各组散热器的进出口温差大，恒温控制阀的调节性能好（接近线性），而单管系统串联的散热器越多，各组散热器的进出口温差越小，恒温控制阀的调节性能越差（接近快开阀）。双管系统能形成变流量水系统，循环水泵可采用变频调节，有利于节能。设置散热器恒温控制阀时，双管系统应采用高阻力型可利于系统的水力平衡，因此，推荐采用双管式系统。

当采用单管系统时，为了改善恒温控制阀的调节性能，应设跨越管，减少散热器流量，增大温差。但减小流量使散热器平均温度降低，则须增加散热器面积，也是单管系统的缺点之一。单管系统本身阻力较大，各组散热器之间无水力平衡问题，因此采用散热器恒温控制阀时应采用低阻力型。

8.3.11 应采用体型紧凑、便于清扫、使用寿命不低于钢管的散热器，并宜明装，散热器的外表面应刷非金属性涂料。

【条文解析】

要求采用瓦工型紧凑的散热器，是为了少占用住宅户内的使用空间。为改善卫生条件，散热器要便于清扫。针对部分钢制散热器的腐蚀穿孔，在住宅中采用后造成漏水的问题，本条强调了采用散热器耐腐蚀的使用寿命，应不低于钢管。

《公共建筑节能设计标准》 GB 50189—2005

5.2.4 散热器宜明装，散热器的外表面应刷非金属性涂料。

【条文解析】

散热器暗装在罩内时，不但散热器的散热量会大幅度减少，而且由于罩内空气温度远远高于室内空气温度，从而使罩内墙体的温差传热损失大大增加。为此，应避免这种错误做法。

散热器暗装时，还会影响温控阀的正常工作。如工程确实需要暗装时（如幼儿园），则必须采用带外置式温度传感器的温控阀，以保证温控阀能根据室内温度进行工作。

实验证明：散热器外表面涂刷非金属性涂料时，其散热量比涂刷金属性涂料时能增加10%左右。

另外，散热器的单位散热量、金属热强度指标（散热器在热媒平均温度与室内空气温度差为1℃时，每1kg重散热器每小时所放散的热量）和单位散热量的价格这三项指标，是评价和选择散热器的主要依据，特别是金属热强度指标，是衡量同一材质散热器节能性和经济性的重要标志。

5.2.5 散热器的散热面积，应根据热负荷计算确定。确定散热器所需散热量时，应扣除室内明装管道的散热量。

【条文解析】

散热器的安装数量，应与设计负荷相适应，不应盲目增加。有些人以为散热器装得越多就越安全，殊不知实际效果并非如此；盲目增加散热器数量，不但浪费能源，还很容易造成系统热力失匀和水力失调，使系统不能正常供暖。

扣除室内明装管道的散热量，也是防止供热过多的措施之一。

《图书馆建筑设计规范》JGJ 38—1999

7.2.2 书库集中采暖时，热媒宜采用温度低于100℃的热水，管道及散热器应采取可靠措施，严禁渗漏。

【条文解析】

由于图书馆是人员集中学习的场所，从卫生条件考虑热媒宜采用温度不超过100℃的热水采暖系统为妥。

图书馆的采暖系统要求管道无漏水，尤其是书库更不允许漏水现象发生。

例如，采用焊接代替螺纹连接、采用严密性较好的散热器等比较可靠。在条件允许的情况下采用热风采暖更好。

2.1.2 热水辐射供暖

《民用建筑供暖通风与空气调节设计规范》GB 50736—2012

5.4.3 热水地面辐射供暖系统地面构造，应符合下列规定：

1 直接与室外空气接触的楼板、与不供暖房间相邻的地板为供暖地面时，必须设置绝热层；

2 与土壤接触的底层，应设置绝热层；设置绝热层时，绝热层与土壤之间应设置防潮层；

3 潮湿房间，填充层上或面层下应设置隔离层。

【条文解析】

为减少供暖地面的热损失，直接与室外空气接触的楼板、与不供暖房间相邻的地板，必须设置绝热层。与土壤接触的底层，应设置绝热层；当地面荷载特别大时，与土壤接触的底层的绝热层有可能承载力不够，考虑到土壤热阻相对楼板较大，散热量较小，可根据具体情况酌情处理。为保证绝热效果，规定绝热层与土壤间设置防潮层。对于潮湿房间，混凝土填充式供暖地面的填充层上，预制沟槽保温板或预制轻薄供暖板供暖地面的地面面层下设置隔离层，以防止水渗入。

5.4.4 毛细管网辐射系统单独供暖时，宜首先考虑地面埋置方式，地面面积不足时再考虑墙面埋置方式；毛细管网同时用于冬季供暖和夏季供冷时，宜首先考虑顶棚安装方式，顶棚面积不足时再考虑墙面或地面埋置方式。

【条文解析】

本条规定毛细管网辐射系统方式的选择。

毛细管网是近几年发展的新技术，根据工程实践经验和使用效果，确定了该系统不同情况的安装方式。

5.4.5 热水地面辐射供暖系统的工作压力不宜大于 0.8MPa，毛细管网辐射系统的工作压力不应大于 0.6MPa。当超过上述压力时，应采取相应的措施。

【条文解析】

本条规定了辐射供暖系统工作压力的要求。

系统工作压力的高低，直接影响到塑料加热管的管壁厚度、使用寿命、耐热性能、价格等一系列因素，所以不宜定得太高。

5.4.6 热水地面辐射供暖塑料加热管的材质和壁厚的选择，应根据工程的耐久年限、管材的性能以及系统的运行水温、工作压力等条件确定。

【条文解析】

塑料管材的力学特性与钢管等金属管材有较大区别。钢管的使用寿命主要取决于腐蚀速度，使用温度对其影响不大。而塑料管材的使用寿命主要取决于不同使用温度和压力对管材的累计破坏作用。在不同的工作压力下，热作用使管壁承受环应力的能力逐渐下降，即发生管材的"蠕变"，以致不能满足使用压力要求而破坏。壁厚计算方法可参照现行国家有关塑料管的标准执行。

5.4.7 在居住建筑中，热水辐射供暖系统应按户划分系统，并配置分水器、集水器；户内的各主要房间，宜分环路布置加热管。

【条文解析】

本条规定了居住建筑热水辐射供暖系统的划分。

居住建筑中按户划分系统，可以方便地实现按户热计量，各主要房间分环路布置加热管，则便于实现分室控制温度。

5.4.8 加热管的敷设间距，应根据地面散热量、室内设计温度、平均水温及地面传热热阻等通过计算确定。

【条文解析】

地面散热量的计算，都是建立在加热管间距均匀布置的基础上的。实际上房间的热损失，主要发生在与室外空气邻接的部位，如外墙、外窗、外门等处。为了使室内温度分布尽可能均匀，在邻近这些部位的区域如靠近外窗、外墙处，管间距可以适当缩小，而在其他区域则可以将管间距适当放大。不过为了使地面温度分布不会有过大的差异，人员长期停留区域的最大间距不宜超过300mm。最小间距要满足弯管施工条件，防止弯管挤扁。

5.4.9 每个环路加热管的进、出水口，应分别与分水器、集水器相连接。分水器、集水器内径不应小于总供、回水管内径，且分水器、集水器最大断面流速不宜大于0.8m/s。每个分水器、集水器分支环路不宜多于8路。每个分支环路供回水管上均应设置可关断阀门。

【条文解析】

分水器、集水器总进、出水管内径一般不小于25mm，当所带加热管为8个环路时，管内热媒流速可以保持不超过最大允许流速0.8m/s。分水器、集水器环路过多，将导致分水器、集水器处管道过于密集。

5.4.10 在分水器的总进水管与集水器的总出水管之间，宜设置旁通管，旁通管上应设置阀门。分水器、集水器上均应设置手动或自动排气阀。

【条文解析】

旁通管的连接位置，应在总进水管的始端（阀门之前）和总出水管的末端（阀门之后）之间，保证对供暖管路系统冲洗时水不流进加热管。

5.4.11 热水吊顶辐射板供暖，可用于层高为3~30m建筑物的供暖。

【条文解析】

热水吊顶辐射板为金属辐射板的一种，可用于层高3~30m的建筑物的全面供暖和局部区域或局部工作地点供暖，其使用范围很广泛，包括大型船坞、船舶、飞机和汽车的维修大厅、建材市场、购物中心、展览会场、多功能体育馆和娱乐大厅等许多场合。

5.4.12 热水吊顶辐射板的供水温度宜采用40℃~95℃的热水，其水质应满足产品要求。在非供暖季节供暖系统应充水保养。

【条文解析】

热水吊顶辐射板的供水温度，宜采用40℃~95℃的热水。既可用低温热水，也可用水温高达95℃的高温热水。热水水质应符合国家现行标准的要求。

5.4.13 当采用热水吊顶辐射板供暖，屋顶耗热量大于房间总耗热量的30%时，应加强屋顶保温措施。

【条文解析】

当屋顶耗热量大于房间总耗热量的30%时，应提高屋顶保温措施，目的是减少屋顶散热量，增加房间有效供热量。

5.4.14 热水吊顶辐射板的有效散热量的确定应符合下列规定：

1 当热水吊顶辐射板倾斜安装时，应进行修正。辐射板安装角度的修正系数，应按表 5.4.14 进行确定；

2 辐射板的管中流体应为紊流。当达不到系统所需最小流量时，辐射板的散热量应乘以 1.18 的安全系数。

表 5.4.14 辐射板安装角度修正系数

辐射板与水平面的夹角（°）	0	10	20	30	40
修正系数	1	1.022	1.043	1.066	1.088

【条文解析】

本条规定了热水吊顶辐射板的有效散热量。

热水吊顶辐射板倾斜安装时，辐射板的有效散热量会随着安装角度的不同而变化。设计时，应根据不同的安装角度，按表 5.4.14 对总散热量进行修正。

由于热水吊顶辐射板的散热量是在管道内流体处于紊流状态下进行测试的，为保证辐射板达到设计散热量，管内流量不得低于保证紊流状态的最小流量。如流量达不到所要求的最小流量，应乘以 1.18 的安全系数。

5.4.15 热水吊顶辐射板的安装高度，应根据人体的舒适度确定。辐射板的最高平均水温应根据辐射板安装高度和其面积占顶棚面积的比例按表 5.4.15 确定。

表 5.4.15 热水吊顶辐射板最高平均水温（℃）

最低安装高度/m	热水吊顶辐射板占顶棚面积的百分比					
	10%	15%	20%	25%	30%	35%
3	73	71	68	64	58	56
4	—	—	91	78	67	60
5	—	—	—	83	71	64
6	—	—	—	87	75	69
7	—	—	—	91	80	74
8	—	—	—	—	86	80
9	—	—	—	—	92	87
10	—	—	—	—	—	94

注：表中安装高度系指地面到板中心的垂直距离（m）。

【条文解析】

本条规定了热水吊顶辐射板的安装高度。

热水吊顶辐射板属于平面辐射体，辐射的范围局限于它所面对的半个空间，辐射的热量正比于开尔文温度的四次方，因此辐射体的表面温度对局部的热量分配起决定作用，影响到房间内各部分的热量分布。而采用高温辐射会引起室内温度的不均匀分布，使人体产生不舒适感。当然，辐射板的安装位置和高度也同样影响着室内温度的分布。因此在供暖设计中，应对辐射板的最低安装高度及在不同安装高度下辐射板内热媒的最高平均温度加以限制。条文中给出了采用热水吊顶辐射板供暖时，人体感到舒适的允许最高平均水温。这个温度值是依据辐射板表面温度计算出来的。对于在通道或附属建筑物内，人们仅短暂停留的区域，温度可适当提高。

5.4.16 热水吊顶辐射板与供暖系统供、回水管的连接方式，可采用并联或串联、同侧或异侧连接，并应采取使辐射板表面温度均匀、流体阻力平衡的措施。

【条文解析】

本条规定了热水吊顶辐射板与供暖系统的连接方式。

热水吊顶辐射板可以并联或串联，同侧或异侧等多种连接方式接入供暖系统，可根据建筑物的具体情况确定管道最优布置方式，以保证系统各环路阻力平衡和辐射板表面温度均匀。对于较长、高大空间的最佳管线布置，可采用沿长度方向平行的内部板和外部板串联连接，热水同侧进出的连接方式，同时采用流量调节阀来平衡每块板的热水流量，使辐射达到最优分布。这种连接方式所需费用低，辐射照度分布均匀，但设计时应注意能满足各个方向的热膨胀。在屋架或横梁隔断的情况下，也可采用沿外墙长度方向平行的两个或多个辐射板串联成一排，各辐射板排之间并联连接，热水异侧进出的方式。

5.4.17 布置全面供暖的热水吊顶辐射板装置时，应使室内人员活动区辐射照度均匀，并应符合下列规定：

1 安装吊顶辐射板时，宜沿最长的外墙平行布置；

2 设置在墙边的辐射板规格应大于在室内设置的辐射板规格；

3 层高小于 4m 的建筑物，宜选择较窄的辐射板；

4 房间应预留辐射板沿长度方向热膨胀余地；

5 辐射板装置不应布置在对热敏感的设备附近。

【条文解析】

本条规定了热水吊顶辐射板装置的布置要求。

热水吊顶辐射板的布置对于优化供暖系统设计，保证室内人员活动区辐射照度的均匀分布是很关键的。通常吊顶辐射板的布置应与最长的外墙平行设置，如必要，也可垂直于外墙设置。沿墙设置的辐射板排规格应大于室中部设置的辐射板规格，这是由于供暖系统热负荷主要是由围护结构传热耗热量及通过外门、外窗侵入或渗入的冷空气耗热量来决定的。因此，为保证室内作业区辐射照度分布均匀，应考虑室内空间不同区域的不同热需求，如设置大规格的辐射板在外墙处来补偿外墙处的热损失。房间建筑结构尺寸同样也影响着吊顶辐射板的布置方式。房间高度较低时，宜采用较窄的辐射板，以避免过大的辐射照度；沿外墙布置辐射板且板排较长时，应注意预留长度方向热膨胀的余地。

《住宅设计规范》GB 50096—2011

8.3.3 住宅采暖系统应采用不高于95℃的热水作为热媒，并应有可靠的水质保证措施。热水温度和系统压力应根据管材、室内散热设备等因素确定。

【条文解析】

住宅采暖系统包括集中热源和各户设置分散热源的采暖系统，不包括以电能为热源的分散式采暖设备。采用散热器或地板辐射采暖，以不高于95℃的热水作为采暖热媒，从节能、温度均匀、卫生和安全等方面，均比直接采用高温热水和蒸汽合理。

长期以来，热水采暖系统中管道、阀门、散热器经常出现被腐蚀、结垢和堵塞现象。尤其是住宅设置热计量表和散热器恒温控制阀后，对水质的要求更高。除热源系统的水质处理外，对于住宅室内采暖系统的水质保证措施，主要是指建筑物采暖入口和分户系统入口设置过滤设备、采用塑料管材时对管材的阻气要求等。

金属管材、热塑性塑料管、铝塑复合管等，其可承受的长期工作温度和允许工作压力均不相同，不同类型的散热器能够承受的压力也不同。采用低温辐射地板采暖时，从卫生、塑料管材寿命和管壁厚度等方面考虑，要求的水温要低于散热器采暖系统。因此，采暖系统的热水温度和系统压力应根据各种因素综合确定。

8.3.7 设有洗浴器并有热水供应设施的卫生间宜按沐浴时室温为25℃设计。

【条文解析】

随着生活水平的提高，经常的热水供应（包括集中热水供应和设置燃气或电热水器）在有洗浴器的卫生间越来越普遍，沐浴时室温应相应提高，因此推荐有洗浴器的卫生间室温能够达到浴室温度。但如按25℃设置热水采暖设施，不沐浴时室温偏高，既不舒适也不节能。当采用散热器采暖时，可利用散热器支管的恒温控制阀随时调节室温。当采用低温热水地面辐射采暖时，由于采暖地板热惰性较大，难以快速调节室温，且设计室温过高、负荷过大，加热管也难以敷设。因此，可以按一般卧室室温要求设计热水采暖设施，另设置"浴霸"等电暖设施在沐浴时临时使用。

《辐射供暖供冷技术规程》JGJ 142—2012

3.1.1 热水地面辐射供暖系统的供、回水温度应由计算确定，供水温度不应大于60℃，供回水温差不宜大于10℃且不宜小于5℃。民用建筑供水温度宜采用35℃~45℃。

【条文解析】

本条从地面辐射供暖的安全、寿命和舒适考虑，规定供水温度不应超过60℃。从舒适及节能考虑，地面供暖供水温度宜采用较低数值，国内外经验表明，35℃~45℃是比较合适的范围。保持较低的供水温度，有利于延长化学管材的使用寿命，有利于提高室内的热舒适感；控制供回水温差，有利于保持较大的热媒流速，方便排除管内空气，也有利于保证地面温度的均匀，故作此推荐。严寒和寒冷地区应在保证室内温度的基础上选择设计供水温度，严寒地区回水温度推荐不低于30℃。

3.8.1 新建住宅热水辐射供暖系统应设置分户热计量和室温调控装置。

【条文解析】

采用热水辐射供暖系统的住宅，应设分户热计量装置，并应符合《供热计量技术规程》JGJ 173—2009的规定。现有的辐射供暖工程出现了大量过热的现象，既不舒适又浪费了能源；为避免出现过热，需要温度调控装置进行调节，以满足使用要求。因此，要求设置室内温度调控装置。对于不能采用室温传感器的，如大堂中部等，可采用自动地面温度优先控制。

2.1.3 电加热供暖

《民用建筑供暖通风与空气调节设计规范》GB 50736—2012

5.5.1 除符合下列条件之一外，不得采用电加热供暖：

1 供电政策支持；

2 无集中供暖和燃气源，且煤或油等燃料的使用受到环保或消防严格限制的建筑；

3 以供冷为主，供暖负荷较小且无法利用热泵提供热源的建筑；

4 采用蓄热式电散热器、发热电缆在夜间低谷电进行蓄热，且不在用电高峰和平段时间启用的建筑；

5 由可再生能源发电设备供电，且其发电量能够满足自身电加热量需求的建筑。

【条文解析】

本条规定了电加热供暖的使用条件。

合理利用能源、节约能源、提高能源利用率是我国的基本国策。直接将燃煤发电生产出的高品位电能转换为低品位的热能进行供暖，能源利用效率低，是不合适的。由于我国地域广阔，不同地区能源资源差距较大，能源形式与种类也有很大不同，考虑到各地区的具体情况，在只有符合本条所指的特殊情况时方可采用。

5.5.3 发热电缆辐射供暖宜采用地板式；低温电热膜辐射供暖宜采用顶棚式。辐射体表面平均温度应符合本规范表 5.4.1-2 条的有关规定。

【条文解析】

本条规定了电热辐射供暖安装形式。

发热电缆供暖系统是由可加热电缆和传感器、温控器等构成，发热电缆具有接地体和工厂预制的电气接头，通常采用地板式，将电缆敷设于混凝土，有直接供热及存储供热两种系统形式；低温电热膜辐射供暖方式是以电热膜为发热体，大部分热量以辐射方式传入供暖区域，电热膜是一种通电后能发热的半透明聚酯薄膜，由可导电的特制油墨、金属载流条经印刷、热压在两层绝缘聚酯薄膜之间制成。电热膜通常没有接地体，且须在施工现场进行电气接地连接，电热膜通常布置在顶棚上，并以吊顶龙骨作为系统接地体，同时配以独立的温控装置。没有安全接地不应铺设于地面，以免漏电伤人。

5.5.5 根据不同的使用条件，电供暖系统应设置不同类型的温控装置。

【条文解析】

本条规定了电供暖系统温控装置的要求。

从节能角度考虑，要求不同电供暖系统应设置相应的温控装置。

5.5.7 电热膜辐射供暖安装功率应满足房间所需热负荷要求。在顶棚上布置电热膜时，应考虑为灯具、烟感器、喷头、风口、音响等预留安装位置。

【条文解析】

本条规定了电热膜辐射供暖的安装功率及其在顶棚上布置时的安装要求。

为了保证其安装后能满足房间的温度要求，并避免与顶棚上的电气、消防、空调等装置的安装位置发生冲突，而影响其使用效果和安全性，作出本条要求。

5.5.8 安装于距地面高度180cm 以下的电供暖元器件，必须采取接地及剩余电流保护措施。

【条文解析】

本条规定了安装于距地面高度180cm 以下电供暖元器件的安全要求。

对电供暖装置的接地及漏电保护要求引自《民用电气设计规范》JGJ 16—2008。安装于地面及距地面高度180cm以下的电供暖元器件，存在误操作（如装修破坏、水浸等）导致的漏、触电事故的可能性，因此必须可靠接地并配置漏电保护装置。

《住宅设计规范》GB 50096—2011

8.3.2 除电力充足和供电政策支持，或建筑所在地无法利用其他形式的能源外，严寒和寒冷地区、夏热冬冷地区的住宅不应设计直接电热作为室内采暖主体热源。

【条文解析】

直接电热采暖，与采用以电为动力的热泵采暖，以及利用电网低谷时段的电能蓄热、在电网高峰或平峰时段采暖有较大区别。

用高品位的电能直接转换为低品位的热能进行采暖，热效率较低，不符合节能原则。火力发电不仅对大气环境造成严重污染，还产生大量温室气体（CO_2），对保护地球、抑制全球气候变暖不利，因此它并不是清洁能源。

严寒、寒冷、夏热冬冷地区采暖能耗占有较高比例。因此，应严格限制应用直接电热进行集中采暖的方式。但并不限制居住者在户内自行配置电热采暖设备，也不限制卫生间等设置"浴霸"等非主体的临时电采暖设施。

《辐射供暖供冷技术规程》JGJ 142—2012

3.7.1 加热电缆热线间距不宜小于100mm。加热电缆热线与外墙内表面距离不得小于100mm，与内墙表面距离宜为200mm~300mm。

【条文解析】

下限建议值是出于安全需要，避免间距过小，出现搭接现象。

3.8.4 当采用加热电缆辐射供暖时，每个独立加热电缆辐射供暖环路对应的房间或区域应设置温控器。

【条文解析】

有特殊要求的房间，温控器可以与定时时钟区域编程器串联连接，实现智能化控制。负荷较小的房间，当仅需一根电缆就能满足要求时，可采用一个温控器。负荷较大的房间，须敷设两根或两根以上电缆时，可采用温控器和接触器相结合的控制方式。几个温度相同的房间统一进行温度控制时，可采用温控器和接触器相结合的控制方式。

3.9.1 配电设计应符合下列规定：

1 电度表的设置应符合当地供电部门规定并满足节能管理的要求；

2 当加热电缆辐射供暖系统用电需要单独计费时，该系统的供电回路应单独设置，并应独立设置配电箱和电度表；

3　当加热电缆辐射供暖系统与其他用电设备合用配电箱时，应分别设置回路；

4　加热电缆辐射供暖系统配电回路应装设过载、短路及剩余电流保护器。剩余电流保护器脱扣电流应为 30mA。

【条文解析】

有一些地区实行峰谷电价，有些地区对冬季供暖电耗有优惠政策，在这些情况下，电热供暖系统回路须单独设置和计费，以适应优惠政策。

电热系统负荷为季节性负荷，与其他照明、电力等负荷分开回路配电，便于设备停运、检修和独立控制。

3.9.3　加热电缆辐射供暖系统应做等电位连接，且等电位连接线应与配电系统的地线连接。

【条文解析】

用于辐射供暖的加热电缆系统必须做到等电位连接，且等电位连接线应与配电系统的 PE 线连接，才能保障加热电缆辐射供暖运行的安全性。

3.9.4　当加热电缆辐射供暖系统配电导线设计时，应合理布置温控器、接线盒等位置，减少连接管线，并应符合下列规定：

1　导线应采用铜芯导线；导体截面应按敷设方式、环境条件确定，且导体载流量不应小于预期负荷的最大计算电流和按保护条件所确定的电流；

2　固定敷设的电源线的最小芯线截面不应小于 $2.5mm^2$；

3　电气线路的敷设方式应符合安全要求，导线穿管应满足国家现行相关标准的要求，与加热电缆系统的设备或元件连接的部分宜采用柔性金属导管敷设，其长度应满足国家现行相关标准的要求。

【条文解析】

对配电导线的要求不包括温控开关或接触器出线端配至每组加热电缆系统设备的导线，以及温度传感器的控制线，这部分线缆由设备供应商配套提供，其规格应满足相关产品标准要求。

4.5.1　辐射供暖用加热电缆产品必须有接地屏蔽层。

【条文解析】

屏蔽接地是为了保证人身安全，防止人体触电和受到较强的电磁辐射。

4.5.2　加热电缆冷、热线的接头应采用专用设备和工艺连接，不应在现场简单连接；接头应可靠、密封，并保持接地的连续性。

【条文解析】

加热电缆的冷线和热线接头为其薄弱环节，为满足至少50年的非连续正常使用寿命，加热电缆接头应做到安全可靠。为此，要求冷、热线的接头应由专用设备和工艺方法加工，不允许在现场简单连接，以保证其连接的安全性能、机械性能和使用寿命达到要求。连接方法除保证牢固可靠外，还应做好密封，避免接头处渗水漏电；此外，连接时还必须保持接地的连续性，确保用电安全。

4.5.4 加热电缆的型号和商标应有清晰标志，冷、热线接头位置应有明显标志。

【条文解析】

加热电缆的检测应为冷热线及接头为一体检测，还应对接头位置设明显标志，予以特别注意。加热电缆的标志包括商标和电缆型号。

5.5.2 加热电缆出厂后严禁剪裁和拼接，有外伤或破损的加热电缆严禁敷设。

【条文解析】

一般在加热电缆出厂时，冷线热线及其接头应该已加工完成，每根电缆的长度和功率都应是确定的，电缆内可能是双导线自成回路，也可能是单导线需要在施工中连接成回路；冷线与热线也是在制造中连接好的，按照设计选型现场安装，不允许现场裁减和拼接，现场裁减或拼接不但不能调节发热功率，而且会造成电缆损坏，通电后会造成严重后果。如在竣工验收后，意外情况下出现电缆破损，必须由电缆厂家用专业设备和特殊方法来处理，以减少接头处存在的安全隐患。

5.5.6 采用混凝土填充式地面供暖时，加热电缆下应铺设金属网，并应符合下列规定：

1 金属网应铺设在填充层中间；

2 除填充层在铺设金属网和加热电缆的前后分层施工外，金属网网眼不应大于100mm×100mm，金属直径不应小于1.0mm；

3 应每隔300mm将加热电缆固定在金属网上。

【条文解析】

加热电缆不同于热水加热管，热水在加热管中处于流动状态，如果局部热阻较大，只能导致该处不能充分散热，导致该处热水的温差较小；而加热电缆线功率基本恒定，表面均匀散热，如果被压入绝热材料中，热阻很大，仍然恒定发热就会导致局部升温过高，影响电缆的寿命。要求金属网设在加热电缆下填充层中间，是为了使加热电缆与绝热层不直接接触，又有防裂和均热的作用。当在填充层铺设前铺设金属网和加热管时（填充层不分层施工），需要在铺设填充层时将金属网抬起，使填充层漏到金属网之下，加热电缆与绝热层不直接接触，金属网应具有一定强度，因此对其网眼尺寸和金属直径作出规定。

5.5.7 加热电缆的热线部分严禁进入冷线预留管。

【条文解析】

本条的目的是防止热线在套管内发热，影响寿命和安全性能。

5.5.8 加热电缆的冷线与热线接头应暗装在填充层或预制沟槽保温板内，接头处150mm 之内不应弯曲。

【条文解析】

加热电缆的冷热线接头在地面下暗装的目的，是防止热线在地面上发热，形成安全隐患。同时，电缆出地面后就难以保证间距。接头处避免弯曲是为了确保接头通电时产生的应力能充分释放。

2.1.4　燃气红外线辐射供暖

《民用建筑供暖通风与空气调节设计规范》GB 50736—2012

5.6.1 采用燃气红外线辐射供暖时，必须采取相应的防火和通风换气等安全措施，并符合国家现行有关燃气、防火规范的要求。

【条文解析】

本条规定了燃气红外线辐射供暖使用的安全原则。

燃气红外线辐射供暖通常有炽热的表面，因此设置燃气红外线辐射供暖时，必须采取相应的防火和通风换气等安全措施。

燃烧器工作时，须对其供应一定比例的空气量，并放散二氧化碳和水蒸气等燃烧产物，当燃烧不完全时，还会生成一氧化碳。为保证燃烧所需的足够空气，避免水蒸气在围护结构内表面上凝结，必须具有一定的通风换气量。采用燃气红外线辐射供暖应符合国家现行有关燃气、防火规范的要求，以保证安全。

5.6.2 燃气红外线辐射供暖的燃料，可采用天然气、人工煤气、液化石油气等。燃气质量、燃气输配系统应符合现行国家标准《城镇燃气设计规范》GB 50028—2006 的有关规定。

【条文解析】

本条规定了燃气红外线辐射供暖的燃料要求。

本条是为了防止因燃气成分改变、杂质超标和供气压力不足等引起供暖效果的降低。

5.6.3 燃气红外线辐射器的安装高度不宜低于 3m。

【条文解析】

本条规定了燃气红外线辐射器的安装高度。

燃气红外线辐射器的表面温度较高，如其安装高度过低，人体所感受到的辐射照度将会超过人体舒适的要求。舒适度与很多因素有关，如供暖方式、环境温度及风速、空气含尘浓度及相对湿度、作业种类和辐射器的布置及安装方式等。当用于全面供暖时，既要保持一定的室温，又要求辐射照度均匀，保证人体的舒适度，为此，辐射器应安装得高一些；当用于局部区域供暖时，由于空气的对流，供暖区域的空气温度比全面供暖时要低，所要求的辐射照度比全面供暖大，为此，辐射器应安装得低一些。由于影响舒适度的因素很多，安装高度仅是其中一个方面，因此本条只对安装高度作了不应低于3m的限制。

5.6.4 燃气红外线辐射器用于局部工作地点供暖时，其数量不应少于两个，且应安装在人体不同方向的侧上方。

【条文解析】

本条规定了燃气红外线辐射器的数量。

为了防止由于单侧辐射而引起人体部分受热、部分受凉的现象，造成不舒适感而规定此条。

5.6.5 布置全面辐射供暖系统时，沿四周外墙、外门处的辐射器散热量不宜少于总热负荷的60%。

【条文解析】

本条规定了全面辐射供暖系统布置散热量的要求。

采用辐射供暖进行全面供暖时，不但要使人体感受到较理想的舒适度，而且要使整个房间的温度比较均匀。通常建筑四周外墙和外门的耗热量，一般不少于总热负荷的60%，适当增加该处辐射器的数量，对保持室温均匀有较好的效果。

5.6.6 由室内供应空气的空间应能保证燃烧器所需要的空气量。当燃烧器所需要的空气量超过该空间0.5次/h的换气次数时，应由室外供应空气。

【条文解析】

本条规定了燃气红外线辐射供暖系统空气量的要求。

燃气红外线辐射供暖系统的燃烧器工作时，须对其供应一定比例的空气量。当燃烧器每小时所需的空气量超过该房间0.5次/h换气时，应由室外供应空气，以避免房间内缺氧和燃烧器供应空气量不足而产生故障。

5.6.7 燃气红外线辐射供暖系统采用室外供应空气时，进风口应符合下列规定：

1 设在室外空气洁净区，距地面高度不低于2m；

2 距排风口水平距离大于6m；当处于排风口下方时，垂直距离不小于3m；当处于排风口上方时，垂直距离不小于 6m；

3 安装过滤网。

【条文解析】

本条规定了燃气红外线辐射供暖系统进风口的要求。

燃气红外线辐射供暖当采用室外供应空气时，可根据具体情况采取自然进风或机械进风。

5.6.8 无特殊要求时，燃气红外线辐射供暖系统的尾气应排至室外。排风口应符合下列规定：

1 设在人员不经常通行的地方，距地面高度不低于 2m；

2 水平安装的排气管，其排风口伸出墙面不少于 0.5m；

3 垂直安装的排气管，其排风口高出半径为 6m 以内的建筑物最高点不少于 1m；

4 排气管穿越外墙或屋面处，加装金属套管。

【条文解析】

本条规定了燃气红外线辐射供暖尾气排放要求及排风口的要求。

燃气燃烧后的尾气为二氧化碳和水蒸气。在农作物、蔬菜、花卉温室等特殊场合，采用燃气红外线辐射供暖时，允许其尾气排至室内。

5.6.9 燃气红外线辐射供暖系统应在便于操作的位置设置能直接切断供暖系统及燃气供应系统的控制开关。利用通风机供应空气时，通风机与供暖系统应设置连锁开关。

【条文解析】

本条规定了燃气红外线辐射供暖系统的控制。

当工作区发出火灾报警信号时，应自动关闭供暖系统，同时还应连锁关闭燃气系统入口处的总阀门，以保证安全。当采用机械进风时，为了保证燃烧器所需的空气量，通风机应与供暖系统连锁工作，并确保通风机不工作时，供暖系统不能开启。

2.2 通风

2.2.1 自然通风

《民用建筑供暖通风与空气调节设计规范》GB 50736—2012

6.2.1 利用自然通风的建筑在设计时，应符合下列规定：

1 利用穿堂风进行自然通风的建筑，其迎风面与夏季最多风向宜成 60°~90°角，且不应小于45°，同时应考虑可利用的春秋季风向以充分利用自然通风；

2　建筑群平面布置应重视有利自然通风因素，如优先考虑错列式、斜列式等布置形式。

【条文解析】

利用自然通风的建筑，在设计时宜利用CFD（计算流体动力学）数值模拟方法，对建筑周围微环境进行预测，使建筑物的平面设计有利于自然通风。

1）建筑的朝向要求。在设计自然通风的建筑时，应考虑建筑周围微环境条件。某些地区室外通风计算温度较高，因为室温的限制，热压作用就会有所减小。为此，在确定该地区大空间高温建筑的朝向时，应考虑利用夏季最多风向来增加自然通风的风压作用或对建筑形成穿堂风。因此，要求建筑的迎风面与最多风向呈60°~90°角。同时，因春秋季往往时间较长，应充分利用春秋季自然通风。

2）建筑平面布置要求。错列式、斜列式平面布置形式相比行列式、周边式平面布置形式等有利于自然通风。

6.2.2　自然通风应采用阻力系数小、噪声低、易于操作和维修的进排风口或窗扇。严寒寒冷地区的进排风口还应考虑保温措施。

【条文解析】

本条规定了自然通风进排风口或窗扇的选择。

为了提高自然通风的效果，应采用流量系数较大的进排风口或窗扇，如在工程设计中常采用的性能较好的门、洞、平开窗、上悬窗、中悬窗及隔板或垂直转动窗、板等。

供自然通风用的进排风口或窗扇，一般随季节的变换要进行调节。对于不便于人员开关或需要经常调节的进排风口或窗扇，应考虑设置机械开关装置，否则自然通风效果将不能设计要求。总之，设计或选用的机械开关装置，应便于维护管理并能防止锈蚀失灵，且有足够的构件强度。

严寒寒冷地区的自然通风进排风口，不使用期间应能有效关闭并具有良好的保温性能。

6.2.5　自然通风设计时，宜对建筑进行自然通风潜力分析，依据气候条件确定自然通风策略并优化建筑设计。

【条文解析】

在确定自然通风方案之前，必须收集目标地区的气象参数，进行气候潜力分析。自然通风潜力指仅依靠自然通风就可满足室内空气品质及热舒适要求的潜力。现有的自然通风潜力分析方法主要有经验分析法、多标准评估法、气候适应性评估法及有效压差分析法等。然后，根据潜力可定出相应的气候策略，即风压、热压的选择及相应的措施。

因为28℃以上的空气难以降温至舒适范围，室外风速3.0m/s会引起纸张飞扬，所以对于室内无大功率热源的建筑，"风压通风"的通风利用条件宜采取气温20℃~28℃，风速0.1~0.3m/s，湿度40%~90%的范围。由于12℃以下室外气流难以直接利用，"热压通风"的通风条件宜设定为气温12℃~20℃，风速0~3.0m/s，湿度不设限。

根据我国气候区域特点，中纬度的温暖气候区、温和气候区、寒冷地区，更适合采用中庭、通风塔等热压通风设计，而热湿气候区、干热地区更适合采用穿堂风等风压通风设计。

6.2.6 采用自然通风的建筑，自然通风量的计算应同时考虑热压以及风压的作用。

【条文解析】

本条规定了风压与热压是形成自然通风的两种动力方式。

风压是空气流动受到阻挡时产生的静压，其作用效果与建筑物的形状等有关；热压是气温不同产生的压力差，它会使室内热空气上升逸散到室外；建筑物的通风效果往往是这两种方式综合作用的结果，均应考虑。若建筑层数较少，高度较低，考虑建筑周围风速通常较小且不稳定，可不考虑风压作用。

同时考虑热压及风压作用的自然通风量，宜按CFD数值模拟方法确定。

《住宅设计规范》GB 50096—2011

8.5.2 严寒、寒冷、夏热冬冷地区的厨房，应设置供厨房房间全面通风的自然通风设施。

【条文解析】

房间"全面通风"是相对于炉灶排油烟机等"局部排风"而言。严寒地区、寒冷地区和夏热冬冷地区的厨房，在冬季关闭外窗和非炊事时间排油烟机不运转的条件下，应有向室外排除厨房内燃气或烟气的自然排气通路。厨房不开窗时全面通风装置应保证开启，因此应采用最安全和节能的自然通风。自然通风装置指有避风、防雨构造的外墙通风口或通风器等。

2.2.2 机械通风

《民用建筑供暖通风与空气调节设计规范》GB 50736—2012

6.3.1 机械送风系统进风口的位置，应符合下列规定：

1 应设在室外空气较清洁的地点；

2 应避免进风、排风短路；

3 进风口的下缘距室外地坪不宜小于 2m，当设在绿化地带时，不宜小于 1m。

【条文解析】

本条规定了机械送风系统进风口的位置。

关于机械送风系统进风口位置的规定，是根据国内外有关资料，并结合国内的实践经验制定的。其基本点如下。

1）为了使送入室内的空气免受外界环境的不良影响而保持清洁，因此规定把进风口布置在室外空气较清洁的地点。

2）为了防止排风（特别是散发有害物质的排风）对进风的污染，进、排风口的相对位置，应遵循避免短路的原则；进风口宜低于排风口 3m 以上，当进、排风口在同一高度时，宜在不同方向设置，且水平距离一般不宜小于 10m。用于改善室内舒适度的通风系统可根据排风中污染物的特征、浓度，通过计算适当减少排风口与进风口距离。

3）为了防止送风系统把进风口附近的灰尘、碎屑等扬起并吸入，故规定进风口下缘距室外地坪不宜小于 2m，同时还规定当布置在绿化地带时，不宜小于 1m。

6.3.2 建筑物全面排风系统吸风口的布置，应符合下列规定：

1 位于房间上部区域的吸风口，除用于排除氢气与空气混合物时，吸风口上缘至顶棚平面或屋顶的距离不大于 0.4m；

2 用于排除氢气与空气混合物时，吸风口上缘至顶棚平面或屋顶的距离不大于 0.1m；

3 用于排出密度大于空气的有害气体时，位于房间下部区域的排风口，其下缘至地板距离不大于 0.3m；

4 因建筑结构造成有爆炸危险气体排出的死角处，应设置导流设施。

【条文解析】

本条规定了全面排风系统吸风口的布置要求。

规定建筑物全面排风系统吸风口的位置，在不同情况下应有不同的设计要求，目的是保证有效地排除室内余热、余湿及各种有害物质。对由于建筑结构造成的有爆炸危险气体排出的死角，如产生氢气的房间，会出现由于顶棚内无法设置吸风口而聚集一定浓度的氢气发生爆炸的情况。在结构允许的情况下，在结构梁上设置连通管进行导流排气，以避免事故发生。

《住宅设计规范》 GB 50096—2011

8.5.3 无外窗的暗卫生间，应设置防止回流的机械通风设施或预留机械通风设置条件。

【条文解析】

当卫生间不采用机械通风，仅设置自然通风的竖向通气道时，主要依靠室内外空气温差形成的热压，室外气温越低热压越大。但在室内气温低于室外气温的季节（如夏季），就不能形成自然通风所需的作用力，因此要求设置机械通风设施或预留机械通风（一般为排气扇）条件。

《图书馆建筑设计规范》JGJ 38—1999

7.2.7 书库、阅览室应保持气流均匀；采用机械通风时，阅览空间与工作空间的空气流速不应大于 0.5m/s。

【条文解析】

由于过大的空气流速会造成书刊自动翻页，故在采用机械通风设备时空气流速限定不得超过 0.5m/s。

《剧场建筑设计规范》JGJ 57—2000

10.2.2 面光桥、耳光室、灯控室、声控室、同声翻译室应设机械通风或空气调节，厕所、吸烟室应设机械通风。前厅和休息厅不能进行自然通风时，应设机械通风。

【条文解析】

面光桥上和耳光室内，灯具多，电器线路多，发热量大；灯控室、声控室、同声翻译室的发热量也较大，且又处在内部，无外墙外窗，非常闷热，特别是夏季，操作人员往往赤膊在那儿工作。经调查，上述地方未考虑通风者，操作人员都强调工作条件太恶劣，要求采取措施改善，并希望新建剧场时一定要设机械通风。这既可改善工人的劳动条件，又可减少火灾的威胁。有条件设空气调节更好。厕所（这里指在主体建筑内的厕所）、吸烟室应设独立的排风系统。前厅和休息厅，一般都有大的外窗，可以进行自然通风。北方地区冬季为了减少热损失，往往把外窗关闭，在这种情况下，不能利用自然通风把前厅和休息厅的（香烟）烟气排除，应设机械通风。

2.2.3 复合通风

《民用建筑供暖通风与空气调节设计规范》GB 50736—2012

6.4.2 复合通风中的自然通风量不宜低于联合运行风量的 30%。复合通风系统设计参数及运行控制方案应经技术经济及节能综合分析后确定。

【条文解析】

本条规定了复合通风的设计要求。

复合通风系统在机械通风和自然通风系统联合运行下，及在自然通风系统单独运行下的通风换气量，按常规方法难以计算，需要采用 CFD 或多区域网络法进行数值模拟确定。自然通风和机械通风所占比重需要通过技术经济及节能综合分析确定，并由此制订对应的运行控制方案。为充分利用可再生能源，自然通风的通风量在复合通风系统中应占一定比重，自然通风量宜不低于复合通风联合运行时风量的30%，并根据所需自然通风量确定建筑物的自然通风开口面积。

6.4.3 复合通风系统应具备工况转换功能，并应符合下列规定：

1 应优先使用自然通风；

2 当控制参数不能满足要求时，启用机械通风；

3 对设置空调系统的房间，当复合通风系统不能满足要求时，关闭复合通风系统，启动空调系统。

【条文解析】

本条规定了复合通风的运行控制设计。

复合通风系统应根据控制目标设置控制必要的传感器和相应的系统切换启闭执行机构。复合通风系统通常的控制目标包括消除室内余热余湿和满足卫生要求，所对应的监测传感器包括温湿度传感器及 CO_2、CO 等。自然通风、机械通风系统应设置切换启闭的执行机构，依据传感器监测值进行控制，可以作为楼宇自控系统（BAS）的一部分。复合通风应首先利用自然通风，根据传感器的监测结果判断是否开启机械通风系统。控制参数不能满足要求即室内污染物浓度超过卫生标准限值，或室内温湿度高于设定值。例如，当室外温湿度适宜时，通过执行机构开启建筑外围护结构的通风开口，引入室外新风，带走室内的余热余湿及有害污染物，当传感器监测到室内 CO_2 浓度超过 $100\mu g/g$，或室内温湿度超过舒适范围时，开启机械通风系统，此时系统处于自然通风和机械通风联合运行状态。当室外参数进一步恶化，如温湿度升高导致通过复合通风系统也不能满足消防室内余热余湿要求时，应关闭复合通风系统，开启空调系统。

6.4.4 高度大于15m的大空间采用复合通风系统时，宜考虑温度分层等问题。

【条文解析】

本条规定了复合通风考虑温度分层的条件。

按照国内外已有研究结果，除薄膜构造外，通常对于屋顶保温良好、高度在15m以内的大空间可以不考虑上下温度分布不均匀的问题。而对于高度大于15m的大空间，在设计建筑复合通风系统时，需要考虑不同运行工况的气流组织，避免建筑内不同区域之间的通风效果有较大差别，在分析气流组织的时候可以采用CFD技术。人员过渡区域及有固定座位的区域要重点核算。

2.2.4　设备与风管

《民用建筑供暖通风与空气调节设计规范》GB 50736—2012

6.5.4　多台风机并联或串联运行时，宜选择相同特性曲线的通风机。

【条文解析】

通风机的并联与串联安装，均属于通风机联合工作。采用通风机联合工作的场合主要有两种：一是系统的风量或阻力过大，无法选到合适的单台通风机；二是系统的风量或变化较大，选用单台通风机无法适应系统工况的变化或运行不经济。并联工作的目的，是在同一风压下获得较大的风量；串联工作的目的，是在同一风量下获得较大的风压。在系统阻力即通风机风压一定的情况下，并联后的风量等于各台并联通风机的风量之和。当并联的通风机不同时运行时，系统阻力变小，每台运行的通风机之风量，比同时工作时的相应风量大；每台运行的通风机之风压，则比同时运行的相应风压小。通风机并联或串联工作时，布置是否得当是至关重要的。有时由于布置和使用不当，并联工作不但不能增加风量，而且适得其反，会比一台通风机的风量还小；串联工作也会出现类似的情况，不但不能增加风压，而且会比单台通风机的风压小，这是必须避免的。

由于通风机并联或串联工作比较复杂，尤其是对具有峰值特性的不稳定区，在多台通风机并联工作时易受到扰动而恶化其工作性能，因此设计时必须慎重对待，否则不但达不到预期目的，还会无谓地增加能量消耗。为简化设计和便于运行管理，本条规定，多台风机并联运行时，应选择相同特性的通风机。多台风机串联运行时，应选择相同流量的通风机。并应根据风机性能曲线与所在管网阻力特性曲线的串/并联条件下的综合特性曲线判断其实际运行状态、使用效果及合理性。多台风机并联时，风压宜相同；多台风机串联时，流量宜相同。

6.5.5　当通风系统使用时间较长且运行工况（风量、风压）有较大变化时，通风机宜采用双速或变速风机。

【条文解析】

随着工艺需求和气候等因素的变化，建筑对通风量的要求也随之改变。系统风量的变化会引起系统阻力更大的变化。对于运行时间较长且运行工况（风量、风压）有较大变化的系统，为节省系统运行费用，宜考虑采用双速或变速风机。通常对于要求不高的系统，为节省投资，可采用双速风机，但要对双速风机的工况与系统的工况变化进行校核。对于要求较高的系统，宜采用变速风机。采用变速风机的系统节能性更加显著。采用变速风机的通风系统应配备合理的控制。

6.5.6 排风系统的风机应尽可能靠近室外布置。

【条文解析】

风管漏风是难以避免的。对于排风系统中处于风机正压段的排风管，其漏风将对建筑的室内环境造成一定的污染，此类情况时有发生。如厨房排油烟系统、厕所排风系统及洗衣机房排风系统等，由于排风正压段风管的漏风可能对建筑室内环境造成再次污染。因此，尽可能减少排风正压段风管的长度可有效降低对室内环境的影响。

6.5.7 符合下列条件之一时，通风设备和风管应采取保温或防冻等措施：

1 所输送空气的温度相对环境温度较高或较低，且不允许所输送空气的温度有较显著升高或降低时；

2 需防止空气热回收装置结露（冻结）和热量损失时；

3 排出的气体在进入大气前，可能被冷却而形成凝结物堵塞或腐蚀风管时。

【条文解析】

通风设备和风管的保温、防冻具有一定的技术经济意义，有时还是系统安全运行的必要条件。例如，某些降温用的局部送风系统和兼作热风供暖的送风系统，如果通风机和风管不保温，不仅冷热耗量大、不经济，而且会因冷热损失使系统内所输送的空气温度显著升高或降低，从而达不到既定的室内参数要求。又如，锅炉烟气等可能被冷却而形成凝结物堵塞或腐蚀风管。位于严寒地区和寒冷地区的空气热回收装置，如果不采取保温、防冻措施，冬季就可能冻结而不能发挥应有的作用。此外，某些高温风管如不采取保温的办法加以防护，也有烫伤人体的危险。

6.5.8 通风机房不宜与要求安静的房间贴邻布置。如必须贴邻布置时，应采取可靠的消声隔振措施。

【条文解析】

本条规定了通风机房的布置。

为了降低通风机对要求安静房间的噪声干扰，除了控制通风机沿通风管道传播的空气噪声和沿结构传播的固体振动外，还必须减低通风机透过机房围护结构传播的噪声。要求安静的房间如卧室、教室、录音室、阅览室、报告厅、观众厅、手术室、病房等。

6.5.9 排除、输送有燃烧或爆炸危险混合物的通风设备和风管，均应采取防静电接地措施（包括法兰跨接），不应采用容易积聚静电的绝缘材料制作。

【条文解析】

本条规定了通风设备及管道的防静电接地等要求。

当静电积聚到一定程度时，就会产生静电放电，即产生静电火花，使可燃或爆炸危险物质有引起燃烧或爆炸的可能；管内沉积不易导电的物质和会妨碍静电导出接地，有在管内产生火花的可能。防止静电引起灾害的最有效办法是防止其积聚，采用导电性能良好（电阻率小于 $10^6\Omega\cdot cm$）的材料接地。

法兰跨接系指风管法兰连接时，两法兰之间须用金属线搭接。

6.5.10 空气中含有易燃易爆危险物质的房间中的送风、排风系统应采用防爆型通风设备；送风机如设置在单独的通风机房内且送风干管上设置止回阀时，可采用非防爆型通风设备。

【条文解析】

本条是从保证安全的角度制定的。空气中含有易燃易爆危险物质的房间中的送风、排风设备，当其布置在单独隔开的送风机室内时，由于所输送的空气比较清洁，如果在送风干管上设有止回阀，可避免有燃烧或爆炸危险性物质逸入送风机室，这种情况下，通风机可采用普通型。

6.6.3 通风与空调系统风管内的空气流速宜按表6.6.3采用。

表6.6.3 风管内的空气流速（低速风管）

风管分类	住宅/(m/s)	公共建筑/(m/s)
干管	$\dfrac{3.5 \sim 4.5}{6.0}$	$\dfrac{5.0 \sim 6.5}{8.0}$
支管	$\dfrac{3.0}{5.0}$	$\dfrac{3.0 \sim 4.5}{6.5}$
从支管上接出的风管	$\dfrac{2.5}{4.0}$	$\dfrac{3.0 \sim 3.5}{6.0}$
通风机入口	$\dfrac{3.5}{4.5}$	$\dfrac{4.0}{5.0}$
通风机出口	$\dfrac{5.0 \sim 8.0}{8.5}$	$\dfrac{6.5 \sim 10}{11.0}$

注：1. 表列值的分子为推荐流速，分母为最大流速；
2. 对消声有要求的系统，风管内的流速宜符合本规范10.1.5的规定。

【条文解析】

表6.6.3给出了通风、空调系统风管风速的推荐风速和最大风速。其推荐风速是基于经济流速和防止气流在风管中产生再生噪声等因素，考虑到建筑通风、空调所服务房间的允许噪声级，参照国内外有关资料制定的。最大风速是基于气流噪声和风道强度等

因素，参照国内外有关资料制定的。对于如地下车库这种对噪声要求低、层高有限的场所，干管风速可提高至 10m/s。另外，对于厨房排油烟系统的风管，则宜控制在 8~10m/s 的范围内。

6.6.6 通风与空调系统各环路的压力损失应进行水力平衡计算。各并联环路压力损失的相对差额，不宜超过 15%。当通过调整管径仍无法达到上述要求时，应设置调节装置。

【条文解析】

把通风和空调系统各并联管段间的压力损失差额控制在一定范围内，是保障系统运行效果的重要条件之一。在设计计算时，应用调整管径的办法使系统各并联管段间的压力损失达到所要求的平衡状态，不仅能保证各并联支管的风量要求，而且可不装设调节阀门，对减少漏风量和降低系统造价也较为有利。根据国内的习惯做法，本条规定一般送排风系统各并联管段的压力损失相对差额不大于 15%，相当于风量相差不大于 5%。这样做既能保证通风效果，设计上也是能办到的，如在设计时难以利用调整管径达到平衡要求，则以装设调节阀门为宜。

6.6.7 风管与通风机及空气处理机组等振动设备的连接处，应装设柔性接头，其长度宜为 150mm~300mm。

【条文解析】

与通风机、空调器及其他振动设备连接的风管，其荷载应由风管的支吊架承担。一般情况下风管和振动设备间应装设柔性接头，目的是保证其荷载不传到通风机等设备上，使其呈非刚性连接。这样既便于通风机等振动设备安装隔振器，有利于风管伸缩，又可防止因振动产生固体噪声，对通风机等的维护检修也有好处。防排烟专用风机不必设置柔性接头。

6.6.8 通风、空调系统通风机及空气处理机组等设备的进风或出风口处宜设调节阀，调节阀宜选用多叶式或花瓣式。

【条文解析】

本条文是考虑实际运行中的通风、空调系统在非设计工况下为调节通风机风量、风压所采取的措施。采用多叶式或花瓣式调节阀有利于风机稳定运行及降低能耗。对于需要防冻和非使用时不必要的空气侵入，调节阀应设置在设备进风端。如空调新风系统的调节阀应设置在新风入口端。

6.6.9 多台通风机并联运行的系统应在各自的管路上设置止回或自动关断装置。

【条文解析】

本条规定是为了防止多台通风机并联设置的系统，当部分通风机运行时输送气体的短路回流。

6.6.11 矩形风管采取内外同心弧形弯管时，曲率半径宜大于1.5倍的平面边长；当平面边长大于500mm，且曲率半径小于1.5倍的平面边长时，应设置弯管导流叶片。

【条文解析】

为降低风管系统的局部阻力，对于内外同心弧形弯管，应采取可能的最大曲率半径（R），当矩形风管的平面边长为a时，R/a值不宜小于1.5，当$R/a<1.5$时，弯管中宜设导流叶片；当平面边长大于500mm时，应加设弯管导流叶片。

6.6.13 高温烟气管道应采取热补偿措施。

【条文解析】

输送高温气体的排烟管道，如燃烧器、锅炉、直燃机等的烟气管道，由于气体温度的变化会引起风管的膨胀或收缩，导致管路损坏，造成严重后果，必须重视。一般金属风管设置软连接，风管与土建连接处设置伸缩缝。需要说明此处提到的高温烟气管道并非消防排烟及厨房排油烟风管。

6.6.14 输送空气温度超过80℃的通风管道，应采取一定的保温隔热措施，其厚度按隔热层外表面温度不超过80℃确定。

【条文解析】

本条规定是为防止高温风管长期烘烤建筑物的可燃或难燃结构发生火灾事故。当输送温度高于80℃的空气或气体混合物时，风管穿过建筑物的可燃或难燃烧体结构处，应设置不燃材料隔热层，保持隔热层外表面温度不高于80℃；非保温的高温金属风管或烟道沿可燃或难燃烧体结构敷设时，应设遮热防护措施或保持必要的安全距离。

6.6.15 当风管内设有电加热器时，电加热器前后各800mm范围内的风管和穿过设有火源等容易起火房间的风管及其保温材料均应采用不燃材料。

【条文解析】

本条规定是为了减少发生火灾的因素，防止或减缓火灾通过风管蔓延。

6.6.16 可燃气体管道、可燃液体管道和电线等，不得穿过风管的内腔，也不得沿风管的外壁敷设。可燃气体管道和可燃液体管道，不应穿过通风、空调机房。

【条文解析】

可燃气体（煤气等）、可燃液体（甲、乙、丙类液体）和电线等，易引起火灾事故。为防止火势通过风管蔓延，作此规定。

穿过风管（通风、空调机房）内可燃气体、可燃液体管道一旦泄漏会很容易发生和传播火灾，火势也容易通过风管蔓延。电线由于使用时间长、绝缘老化，会产生短路起火，并通过风管蔓延，因此，不得在风管内腔敷设或穿过。配电线路与风管的间距不应小于0.1m，若采用金属套管保护的配电线路，可贴风管外壁敷设。

6.6.17 当风管内可能产生沉积物、凝结水或其他液体时，风管应设置不小于0.005的坡度，并在风管的最低点和通风机的底部设排液装置；当排除有氢气或其他比空气密度小的可燃气体混合物时，排风系统的风管应沿气体流动方向具有上倾的坡度，其值不小于0.005。

【条文解析】

排除潮湿气体或含水蒸气的通风系统，风管内表面有时会因其温度低于露点温度而产生凝结水。为了防止在系统内积水腐蚀设备及风管、影响通风机的正常运行，因此条文中规定水平敷设的风管应有一定的坡度，并在风管的最低点和通风机的底部排除凝结水。

当排除比空气密度小的可燃气体混合物时，局部排风系统的风管沿气体流动方向具有上倾的坡度，有利于排气。

6.6.18 对于排除有害气体的通风系统，其风管的排风口宜设置在建筑物顶端，且宜采用防雨风帽。屋面送、排（烟）风机的吸、排风（烟）口应考虑冬季不被积雪掩埋的措施。

【条文解析】

对于排除有害气体的通风系统的排风口，宜设置在建筑物顶端并采用防雨风帽（一般是锥形风帽），目的是把这些有害物排入高空，以利于稀释。

严寒地区，冬季经常下雪，屋顶积雪很深，如风机安装基础过低或屋面吸、排风（烟）口位置过低，会很容易被积雪掩埋，影响正常使用。

《人民防空工程设计防火规范》GB 50098—2009

6.7.1 电影院的放映机室宜设置独立的排风系统。当需要合并设置时，通向放映机室的风管应设置防火阀。

【条文解析】

电影放映机室的排风量很小，独立设置排风系统很不经济，故规定了合并设置系统的要求。

6.7.2 设置气体灭火设备的房间，应设置有排除废气的排风装置；与该房间连通的风管应设置自动阀门，火灾发生时，阀门应自动关闭。

【条文解析】

本条明确了自动阀门关闭的时机。

6.7.3 通风、空气调节系统的管道宜按防火分区设置。当需要穿过防火分区时，应符合本规范第6.7.6条的规定。穿过防火分区前、后0.2m范围内的钢板通风管道，其厚度不应小于2mm。

【条文解析】

通风、空调系统按防火分区设置是最为理想的，不仅避免了管道穿越防火墙或楼板，减少火灾的蔓延途径，同时对火灾时通风、空调系统的控制也提供了方便。由于人防工程通风、空调系统的进、排风管道按防火分区设置有时难以做到，故适当放宽此要求，但同时又规定了管道穿越防火墙的要求。

对穿过防火分区的钢板风管提出厚度要求，避免因风管耐火极限不够而变形导致烟气蔓延到其他防火分区。

6.7.4 通风、空气调节系统的风机及风管应采用不燃材料制作，但接触腐蚀性气体的风管及柔性接头可采用难燃材料制作。

【条文解析】

本条对通风、空气调节系统的风机及风管和柔性接头的制作材料提出了要求。

6.7.5 风管和设备的保温材料应采用不燃材料；消声、过滤材料及黏结剂应采用不燃材料或难燃材料。

【条文解析】

本条对风管和设备的保温材料、过滤材料、黏结剂提出了要求。

6.7.6 通风、空气调节系统的风管，当出现下列情况之一时，应设置防火阀：

1 穿过防火分区处；

2 穿过设置有防火门的房间隔墙或楼板处；

3 每层水平干管同垂直总管的交接处水平管段上；

4 穿越防火分区处，且该处又是变形缝时，应在两侧各设置一个。

【条文解析】

通风、空调风管是火灾蔓延的渠道，防火墙、楼板、防火卷帘、水幕等防火分区分隔处是阻止火灾蔓延和划分防火分区的重要分隔设施，为了确保防火分隔的作用，故规定风管穿过防火分区处要设置防火阀，以防止火势蔓延。垂直风管是火灾蔓延的主要途径，对多层工程，要求每层水平干管与垂直总管交接处的水平管段上设置防火阀，目的是防止火灾向相邻层扩大。穿越防火分区处，该处又是变形缝时，两侧设置防火阀是为了确保当变形缝处管道损坏时，不会影响两侧管道的密闭性。

6.7.7 火灾发生时，防火阀的温度熔断器或与火灾探测器等联动的自动关闭装置一经动作，防火阀应能自动关闭。温度熔断器的动作温度宜为70℃。

【条文解析】

本条对防火阀的关闭和温度熔断器的动作温度作出了规定。

6.7.8 防火阀应设置单独的支、吊架。当防火阀暗装时，应在防火阀安装部位的吊顶或隔墙上设置检修口，检修口不宜小于0.45m×0.45m。

【条文解析】

本条对防火阀的安装和检修口作出了规定。

6.7.9 当通风系统中设置电加热器时，通风机应与电加热器联锁；电加热器前、后0.8m范围内，不应设置消声器、过滤器等设备。

【条文解析】

本条对电加热器安装提出具体要求。

2.3 空调与制冷

2.3.1 空气调节

《民用建筑供暖通风与空气调节设计规范》GB 50736—2012

7.1.1 符合下列条件之一时，应设置空气调节：

1 采用供暖通风达不到人体舒适、设备等对室内环境的要求，或条件不允许、不经济时；

2 采用供暖通风达不到工艺对室内温度、湿度、洁净度等要求时；

3 对提高工作效率和经济效益有显著作用时；

4 对身体健康有利，或对促进康复有效果时。

【条文解析】

本条为设置空调的应用条件。对于民用建筑，设置空调设施的目的主要是达到舒适性和卫生要求，对于民用建筑的工艺性房间或区域还要满足工艺的环境要求。

1）"采用供暖通风达不到人体舒适、设备等对室内环境的要求"，一般指夏季室外空气温度高于室内空气温度，无法通过通风降温的情况。

对于室内发热量较大的区域，如机电设备用房等，理论上讲，只要室外温度低于室内设计允许最高温度，均可采用通风降温。但在夏季室外温度较高的地区，采用通风降温所需的设计通风量很大，进排风口和风管占据的空间也很大，当土建条件不能满足设计要求，也不可能为此增加层高时，采用空调可节省投资，更经济。因此，采用供暖通风"条件不允许、不经济"的情况，必要时也应设置空调。

2）工艺要求指民用建筑中计算机房、博物馆文物、医院手术室、特殊实验室、计量室等对室内的特殊温度、湿度、洁净度等要求。

3）随着社会经济的不断发展，空调的应用也日益广泛。例如，办公建筑设置空调后，有利于提高人员工作效率和社会经济效益；当医院建筑设置空调后，有利于病人的康复，都应设置空调。

7.1.2　空调区宜集中布置。功能、温湿度基数、使用要求等相近的空调区宜相邻布置。

【条文解析】

空调区集中布置是为了减少空调区的外墙、与非空调区相邻的内墙和楼板的保温隔热处理，以达到减少空调冷热负荷、降低系统造价、便于维护管理等目的。

对于一般民用建筑，集中布置空调区域仅仅是建筑布局设计应考虑的因素之一，尤其是一般民用建筑，还有使用功能等其他重要因素。因此，本条仅作为推荐的原则提出，在以工艺性空调为主的建筑或区域尤其应提请建筑设计注意。

7.1.3　工艺性空调在满足空调区环境要求的条件下，宜减少空调区的面积和散热、散湿设备。

【条文解析】

此条仅限于民用建筑中的工艺性空调，如计算机中心、藏品库房、特殊实验室、计量室、手术室等空调。工艺性空调一般对温湿度波动范围、空气洁净度标准要求较高，其相应的投资及运行费用也较高。因此，在满足空调区环境要求的条件下，应合理地规划和布局，尽可能地减少空调区的面积和散热、散湿设备，以达到节约投资及运行费用的目的。同时，减少散热、散湿设备也有利于空调区的温湿度控制达到要求。

7.1.4　采用局部性空调能满足空调区环境要求时，不应采用全室性空调。高大空间仅要求下部区域保持一定的温湿度时，宜采用分层空调。

【条文解析】

对工艺性空调或舒适性空调而言，局部性空调较全室性空调有较明显的节能效果，如舒适性空调的岗位送风等。因此，在局部性空调能满足空调区的热湿环境或净化要求时，应采用局部性空调，以达到节能和节约投资的目的。

对于高大空间，当使用要求允许仅在下部区域进行空调时，可采用分层式送风或下部送风气流组织方式，以达到节能的目的，其空调负荷计算与气流组织设计须考虑空间的宽高比和具体送风形式。

7.1.10　工艺性空调区的外窗，应符合下列规定：

1　室温波动范围大于等于±1.0℃时，外窗宜设置在北向；

2　室温波动范围小于±1.0℃时，不应有东西向外窗；

3　室温波动范围小于±0.5℃时，不宜有外窗，如有外窗应设置在北向。

【条文解析】

根据调查、实测和分析：当室温允许波动范围大于等于±1.0℃时，从技术上来看，可以不限制外窗朝向，但从降低空调系统造价考虑，应尽量采用北向外窗；室温允许波动范围小于±1.0℃的空调区，由于东、西向外窗的太阳辐射热可以直接进入人员活动区，故不应有东、西向外窗；室温允许波动范围小于±0.5℃的空调区，对于双层普通玻璃的北向外窗，室内外温差为9.4℃时，窗对室温波动的影响范围在200mm以内，故如有外窗，应北向。

7.2.1　除在方案设计或初步设计阶段可使用热、冷负荷指标进行必要的估算外，施工图设计阶段应对空调区的冬季热负荷和夏季逐时冷负荷进行计算。

【条文解析】

工程设计过程中，为防止滥用热、冷负荷指标进行设计的现象发生，规定此条为强制要求。用热、冷负荷指标进行空调设计时，估算的结果总是偏大，由此造成主机、输配系统及末端设备容量等偏大，这不仅给国家和投资者带来巨大损失，而且给系统控制、节能和环保带来潜在问题。

当建筑物空调设计仅为预留空调设备的电气容量时，空调热、冷负荷的计算可采用热、冷负荷指标进行估算。

7.2.10　空调区的夏季冷负荷，应按空调区各项逐时冷负荷的综合最大值确定。

【条文解析】

空调区的夏季冷负荷，包括通过围护结构的传热、通过玻璃窗的太阳辐射得热、室内人员和照明设备等散热形成的冷负荷，其计算应分项逐时计算，逐时分项累加，按逐时分项累加的最大值确定。

7.2.11　空调系统的夏季冷负荷，应按下列规定确定：

1　末端设备设有温度自动控制装置时，空调系统的夏季冷负荷按所服务各空调区逐时冷负荷的综合最大值确定；

2　末端设备无温度自动控制装置时，空调系统的夏季冷负荷按所服务各空调区冷

负荷的累计值确定；

    3 应计入新风冷负荷、再热负荷以及各项有关的附加冷负荷；

    4 应考虑所服务各空调区的同时使用系数。

【条文解析】

根据空调区的同时使用情况、空调系统类型及控制方式等各种不同情况，在确定空调系统夏季冷负荷时，主要有两种不同算法：一种是取同时使用的各空调区逐时冷负荷的综合最大值，即从各空调区逐时冷负荷相加后所得数列中找出的最大值；另一种是取同时使用的各空调区夏季冷负荷的累计值，即找出各空调区逐时冷负荷的最大值并将它们相加在一起，而不考虑它们是否同时发生。后一种方法的计算结果显然比前一种方法的结果要大。当采用全空气变风量空调系统时，由于系统本身具有适应各空调区冷负荷变化的调节能力，此时系统冷负荷即应采用各空调区逐时冷负荷的综合最大值；当末端设备没有室温自动控制装置时，由于系统本身不能适应各空调区冷负荷的变化，为了保证最不利情况下达到空调区的温湿度要求，系统冷负荷即应采用各空调区夏季冷负荷的累计值。

新风冷负荷应按系统新风量和夏季室外空调计算干、湿球温度确定。再热负荷是指空气处理过程中产生冷热抵消所消耗的冷量，附加冷负荷是指与空调运行工况、输配系统有关的附加冷负荷。

同时使用系数可根据各空调区在使用时间上的不同确定。

7.2.12 空调系统的夏季附加冷负荷，宜按下列各项确定：

    1 空气通过风机、风管温升引起的附加冷负荷；

    2 冷水通过水泵、管道、水箱温升引起的附加冷负荷。

【条文解析】

冷水箱温升引起的冷量损失计算，可根据水箱保温情况、水箱间的环境温度、水箱内冷水的平均温度，按稳态传热方法进行计算。

对空调间歇运行时所产生的附加冷负荷，设计中可根据工程实际情况酌情处理。

7.3.1 选择空调系统时，应符合下列原则：

    1 根据建筑物的用途、规模、使用特点、负荷变化情况、参数要求、所在地区气象条件和能源状况，以及设备价格、能源预期价格等，经技术经济比较确定；

    2 功能复杂、规模较大的公共建筑，宜进行方案对比并优化确定；

    3 干热气候区应考虑其气候特征的影响。

【条文解析】

1）本条是选择空调系统的总原则，其目的是在满足使用要求的前提下，尽量做到一次投资少、运行费经济、能耗低等。

2）对规模较大、要求较高或功能复杂的建筑物，在确定空调方案时，原则上应对各种可行的方案及运行模式进行全年能耗分析，使系统的配置合理，以实现系统设计、运行模式及控制策略的最优。

3）气候是建筑热环境的外部条件，气候参数如太阳辐射、温度、湿度、风速等动态变化，不仅直接影响到人的舒适感受，而且影响到建筑设计。强调干热气候区的主要原因是：该气候区（如新疆等地区）深处内陆，大陆性气候明显，其主要气候特征是太阳辐射资源丰富、夏季温度高、日较差大、空气干燥等，与其他气候区的气候特征差异明显。因此，该气候区的空调系统选择，应充分考虑该地区的气象条件，合理有效地利用自然资源，进行系统对比选择。

7.3.2　符合下列情况之一的空调区，宜分别设置空调风系统；需要合用时，应对标准要求高的空调区做处理。

1　使用时间不同；

2　温湿度基数和允许波动范围不同；

3　空气洁净度标准要求不同；

4　噪声标准要求不同，以及有消声要求和产生噪声的空调区；

5　需要同时供热和供冷的空调区。

【条文解析】

将不同要求的空调区放置在一个空调风系统中时，会难以控制，影响使用，所以强调不同要求的空调区宜分别设置空调风系统。当个别局部空调区的标准高于其他主要空调区的标准要求时，从简化空调系统设置、降低系统造价等原则出发，二者可合用空调风系统；但此时应对标准要求高的空调区进行处理，如同一风系统中有空气的洁净度或噪声标准要求不同的空调区时，应对洁净度或噪声标准要求高的空调区采取增设符合要求的过滤器或消声器等处理措施。

需要同时供热和供冷的空调区，是指不同朝向、周边区与内区等。进深较大的开敞式办公用房、大型商场等，内外区负荷特性相差很大，尤其是冬季或过渡季，常常外区须供热时，内区因过热须全年供冷；过渡季节朝向不同的空调区也常需要不同的送风参数，此时，可按不同区域划分空调区，分别设置空调风系统，以满足调节和使用要求；当需要合用空调风系统时，应根据空调区的负荷特性，采用不同类型的送风末端装置，以适应空调区的负荷变化。

7.3.3　空气中含有易燃易爆或有毒有害物质的空调区，应独立设置空调风系统。

【条文解析】

根据建筑消防规范、实验室设计规范等要求，强调了空调风系统中，对空气中含有易燃易爆或有毒有害物质空调区的要求，具体做法应遵循国家现行有关的防火、实验室设计规范等。

7.3.4 下列空调区，宜采用全空气定风量空调系统：

1 空间较大、人员较多；

2 温湿度允许波动范围小；

3 噪声或洁净度标准高。

【条文解析】

全空气空调系统存在风管占用空间较大的缺点，但人员较多的空调区新风比例较大，与风机盘管加新风等空气水系统相比，多占用空间不明显；人员较多的大空间空调负荷和风量较大，便于独立设置空调风系统，可避免出现多空调区共用一个全空气定风量系统难以分别控制的问题；全空气定风量系统易于改变新回风比例，可实现全新风送风，以获得较好的节能效果；全空气系统设备集中，便于维护管理；因此，推荐在剧院、体育馆等人员较多、运行时负荷和风量相对稳定的大空间建筑中采用。

全空气定风量空调系统，对空调区的温湿度控制、噪声处理、空气过滤和净化处理及气流稳定等有利，因此，推荐应用于要求温湿度允许波动范围小、噪声或洁净度标准高的播音室、净化房间、医院手术室等场所。

7.3.5 全空气空调系统设计，应符合下列规定：

1 宜采用单风管系统；

2 允许采用较大送风温差时，应采用一次回风式系统；

3 送风温差较小、相对湿度要求不严格时，可采用二次回风式系统；

4 除温湿度波动范围要求严格的空调区外，同一个空气处理系统中，不应有同时加热和冷却过程。

【条文解析】

1) 一般情况下，在全空气空调系统（包括定风量和变风量系统）中，不应采用分别送冷热风的双风管系统，因该系统易存在冷热量互相抵消现象，不符合节能原则；同时，系统造价较高，不经济。

2) 目前，空调系统控制送风温度常采用改变冷热水流量方式，而不常采用变动一、二次回风比的复杂控制系统；同时，由于变动一、二次回风比会影响室内相对湿度的稳定，不适用于散湿量大、湿度要求较严格的空调区；因此，在不使用再热的前提下，一般工程推荐采用系统简单、易于控制的一次回风式系统。

3）采用下送风方式或洁净室空调系统（按洁净要求确定的风量，往往大于用负荷和允许送风温差计算出的风量），其允许送风温差都较小，为避免系统采用再热方式所产生的冷热量抵消现象，可以使用二次回风式系统。

4）一般情况下，除温湿度波动范围要求严格的工艺性空调外，同一个空气处理系统不应同时有加热和冷却过程，因冷热量互相抵消，不符合节能原则。

7.3.6　符合下列情况之一时，全空气空调系统可设回风机。设置回风机时，新回风混合室的空气压力应为负压。

1　不同季节的新风量变化较大、其他排风措施不能适应风量的变化要求；

2　回风系统阻力较大，设置回风机经济合理。

【条文解析】

单风机式空调系统具有系统简单、占地少、一次投资省、运行耗电量少等优点，因此常被采用。

当需要新风、回风和排风量变化时，尤其过渡季的排风措施，如开窗面积、排风系统等，无法满足系统最大新风量运行要求时，单风机式空调系统存在系统新、回风量调节困难等缺点；当回风系统阻力大时，单风机式空调系统存在送风机风压较高、耗电量较大、噪声也较大等缺点。因此，在这些情况下全空气空调系统可设回风机。

7.3.7　空调区允许温湿度波动范围或噪声标准要求严格时，不宜采用全空气变风量空调系统。技术经济条件允许时，下列情况可采用全空气变风量空调系统：

1　服务于单个空调区，且部分负荷运行时间较长时，采用区域变风量空调系统；

2　服务于多个空调区，且各区负荷变化相差大、部分负荷运行时间较长并要求温度独立控制时，采用带末端装置的变风量空调系统。

【条文解析】

全空气变风量空调系统具有控制灵活、卫生、节约电能（相对定风量空调系统而言）等特点，近年来在我国应用有所发展，因此本规范对其适用条件和要求作出了规定。

全空气变风量空调系统按系统所服务空调区的数量，分为带末端装置的变风量空调系统和区域变风量空调系统。带末端装置的变风量空调系统是指系统服务于多个空调区的变风量系统，区域变风量空调系统是指系统服务于单个空调区的变风量系统。对区域变风量系统而言，当空调区负荷变化时，系统是通过改变风机转速来调节空调区的风量，以达到维持室内设计参数和节省风机能耗的目的。

空调区有内外分区的建筑物中，对常年需要供冷的内区，由于没有围护结构的影响，可以以相对恒定的送风温度送风，通过送风量的改变，基本上能满足内区的负荷变化；而外区较为复杂，受围护结构的影响较大。不同朝向的外区合用一个变风量空调系统时，过渡季节为满足不同空调区的要求，常需要送入较低温度的一次风。对需要供暖的空调区，则通过末端装置上的再热盘管加热一次风供暖。当一次风的空气处理冷源是采用制冷机时，需要供暖的空调区会产生冷热抵消现象。

变风量空调系统与其他空调系统相比投资大、控制复杂，同时，与风机盘管加新风系统相比，其占用空间也大，这是应用受到限制的主要原因。另外，与风机盘管加新风系统相比，变风量空调系统由于末端装置无冷却盘管，不会产生室内因冷凝水而滋生的微生物和病菌等，对室内空气质量有利。

变风量空调系统的风量变化有一定的范围，其湿度不易控制。因此，规定在温湿度允许波动范围要求高的工艺性空调区不宜采用。对带风机动力型末端装置的变风量系统，其末端装置的内置风机会产生较大噪声，因此，规定不宜应用于播音室等噪声要求严格的空调区。

7.3.18 下列情况时，应采用直流式（全新风）空调系统：

1 夏季空调系统的室内空气比焓大于室外空气比焓；

2 系统所服务的各空调区排风量大于按负荷计算出的送风量；

3 室内散发有毒有害物质，以及防火防爆等要求不允许空气循环使用；

4 卫生或工艺要求采用直流式（全新风）空调系统。

【条文解析】

直流式（全新风）空调系统是指不使用回风，采用全新风直流运行的全空气空调系统。考虑节能、卫生、安全的要求，一般全空气空调系统不应采用冬夏季能耗较大的直流式（全新风）空调系统，而应采用有回风的空调系统。

7.3.23 设有集中排风的空调系统，且技术经济合理时，宜设置空气-空气能量回收装置。

【条文解析】

空气能量回收，过去习惯称为空气热回收。规定此条的目的是节能。空调系统中处理新风所需的冷热负荷占建筑物总冷热负荷的比例很大，为有效地减少新风冷热负荷，除规定合理的新风量标准之外，还宜采用空气-空气能量回收装置回收空调排风中的热量和冷量，用来预热和预冷新风。

在进行空气能量回收系统的技术经济比较时，应充分考虑当地的气象条件、能量回收系统的使用时间等因素，在满足节能标准的前提下，如果系统的回收期过长，则不应采用能量回收系统。

7.4.3 采用贴附侧送风时，应符合下列规定：

1 送风口上缘与顶棚的距离较大时，送风口应设置向上倾斜10°~20°的导流片；

2 送风口内宜设置防止射流偏斜的导流片；

3 射流流程中应无阻挡物。

【条文解析】

贴附射流的贴附长度主要取决于侧送气流的阿基米德数。为了使射流在整个射程中都贴附在顶棚上而不致中途下落，就需要控制阿基米德数小于一定的数值。

侧送风口安装位置距顶棚越近，越容易贴附。如果送风口上缘离顶棚距离较大时，为了达到贴附目的，规定送风口处应设置向上倾斜10°~20°的导流片。

7.4.5 采用喷口送风时，应符合下列规定：

1 人员活动区宜位于回流区；

2 喷口安装高度，应根据空调区的高度和回流区分布等确定；

3 兼作热风供暖时，宜具有改变射流出口角度的功能。

【条文解析】

1) 将人员活动区置于气流回流区是从满足卫生标准的要求而制定的。

2) 喷口送风的气流组织形式和侧送是相似的，都是受限射流。受限射流的气流分布与建筑物的几何形状、尺寸和送风口安装高度等因素有关。送风口安装高度太低，则射流易直接进入人员活动区；太高则使回流区厚度增加，回流速度过小，两者均影响舒适感。

3) 对于兼作热风供暖的喷口，为防止热射流上翘，设计时应考虑使喷口具有改变射流角度的功能。

7.4.6 采用散流器送风时，应满足下列要求：

1 风口布置应有利于送风气流对周围空气的诱导，风口中心与侧墙的距离不宜小于1.0m；

2 采用平送方式时，贴附射流区无阻挡物；

3 兼作热风供暖，且风口安装高度较高时，宜具有改变射流出口角度的功能。

【条文解析】

1) 散流器布置应结合空间特征，按对称均匀或梅花形布置，以有利于送风气流对周围空气的诱导，避免气流交叉和气流死角。与侧墙的距离过小时，会影响气流的混合程度。散流器有时会安装在暴露的管道上,当送风口安装在顶棚以下300mm或者更低的地方时,就不会产生贴附效应,气流将以较大的速度到达工作区。

2)散流器平送时,平送方向的阻挡物会造成气流不能与室内空气充分混合,提前进入人员活动区,影响空调区的热舒适。

3)散流器安装高度较高时,为避免热气流上浮,保证热空气能到达人员活动区,需要通过改变风口的射流出口角度来加以实现。温控型散流器、条缝形(蟹爪形)散流器等能实现不同送风工况下射流出口角度的改变。

7.4.9 分层空调的气流组织设计,应符合下列规定:

1 空调区宜采用双侧送风;当空调区跨度较小时,可采用单侧送风,且回风口宜布置在送风口的同侧下方;

2 侧送多股平行射流应互相搭接;采用双侧对送射流时,其射程可按相对喷口中点距离的90%计算;

3 宜减少非空调区向空调区的热转移;必要时,宜在非空调区设置送、排风装置。

【条文解析】

分层空调是指利用合理的气流组织,仅对下部空调区进行空调,而对上部较大非空调区进行通风排热。分层空调具有较好的节能效果。

1)实践证明,对高度大于10m、体积大于10000m³的高大空间,采用双侧对送、下部回风的气流组织方式是合适的,能够达到分层空调的要求。当空调区跨度较小时,采用单侧送风也可以满足要求。

2)分层空调必须实现分层,即能形成空调区和非空调区。为了保证这一重要原则,侧送多股平行气流应互相搭接,以便形成覆盖。双侧对送射流的末端不需要搭接,按相对喷口中点距离的90%计算射程即可。送风口的构造,应能满足改变射流出口角度的要求,可选用圆形喷口、扁形喷口和百叶风口等。

3)为保证空调区达到设计要求,应减少非空调区向空调区的热转移。为此,应设法消除非空调区的散热量。实验结果表明,当非空调区内的单位体积散热量大于4.2W/m³时,在非空调区适当部位设置送排风装置,可以达到较好的效果。

7.4.12 回风口的布置,应符合下列规定:

1 不应设在送风射流区内和人员长期停留的地点;采用侧送时,宜设在送风口的同侧下方;

2 兼做热风供暖、房间净高较高时,宜设在房间的下部;

3 条件允许时,宜采用集中回风或走廊回风,但走廊的断面风速不宜过大;

4 采用置换通风、地板送风时，应设在人员活动区的上方。

【条文解析】

按照射流理论，送风射流引射着大量的室内空气与之混合，使射流流量随着射程的增加而不断增大。而回风量小于（最多等于）送风量，同时回风口的速度场图形呈半球状，其速度与作用半径的平方成反比，吸风气流速度的衰减很快。所以，在空调区内的气流流型主要取决于送风射流，而回风口的位置对室内气流流型及温度、速度的均匀性影响均很小。设计时，应考虑尽量避免射流短路和产生"死区"等现象。采用侧送时，把回风口布置在送风口同侧，效果会更好些。

关于走廊回风，其横断面风速不宜过大，以免引起扬尘和造成不舒适感。

7.5.2 凡与被冷却空气直接接触的水质均应符合卫生要求。空气冷却采用天然冷源时，应符合下列规定：

1 水的温度、硬度等符合使用要求；

2 地表水使用过后的回水予以再利用；

3 **使用过后的地下水应全部回灌到同一含水层，并不得造成污染。**

【条文解析】

空气冷却中，可采用人工或天然冷源来直接蒸发冷却空气，因此，其水质均应符合卫生要求。

采用天然冷源时，其水质影响到室内空气质量、空气处理设备的使用效果和使用寿命等。当直接和空气接触的水有异味或不卫生时，会直接影响到室内的空气质量；同时，水的硬度过高时会加速换热盘管结垢等。

采用地表水做天然冷源时，强调再利用是对资源的保护。地下水的回灌可以防止地面沉降，全部回灌并不得造成污染是对水资源保护必须采取的措施。为保证地下水不被污染，地下水宜采用与空气间接接触的冷却方式。

7.5.3 空气冷却装置的选择，应符合下列规定：

1 采用循环水蒸发冷却或天然冷源时，宜采用直接蒸发式冷却装置、间接蒸发式冷却装置和空气冷却器；

2 采用人工冷源时，宜采用空气冷却器。当要求利用循环水进行绝热加湿或利用喷水增加空气处理后的饱和度时，可选用带喷水装置的空气冷却器。

【条文解析】

1）直接蒸发冷却是绝热加湿过程，实现这一过程是直接蒸发式冷却装置的特有功能，是其他空气冷却处理装置所不能代替的。当采用地下水、江水、湖水等自然冷源做冷源时，由于其水温相对较高，采用间接蒸发式冷却装置处理空气时，一般不易满足要求，而采用直接蒸发式冷却装置则比较容易满足要求。

2）采用人工冷源时，原则上应选用空气冷却器。空气冷却器占地面积小，冷水系统简单，特别是冷水系统采用闭式水系统时，可减少冷水输配系统的能耗；另外，空气出口参数可调性好等，因此，它得到了较其他形式的冷却器更加广泛的应用。空气冷却器的缺点是消耗有色金属较多，价格也相应地较贵。

7.5.5 制冷剂直接膨胀式空气冷却器的蒸发温度，应比空气的出口干球温度至少低3.5℃。常温空调系统满负荷运行时，蒸发温度不宜低于0℃；低负荷运行时，应防止空气冷却器表面结霜。

【条文解析】

制冷剂蒸发温度与空气出口干球温度之差，和冷却器的单位负荷、冷却器结构形式、蒸发温度的高低、空气质量流速和制冷剂中的含油量大小等因素有关。根据国内空气冷却器产品设计中采用的单位负荷值、管内壁的制冷剂换热系数和冷却器肋化系数的大小，可以算出制冷剂蒸发温度应比空气的出口干球温度至少低3.5℃，这一温差值也可以说是在技术上可能达到的最小值。随着今后蒸发器在结构设计上的改进，这一温差值必将会有所降低。

空气冷却器的设计供冷量很大时，若蒸发温度过低，会在低负荷运行的情况下，由于冷却器的供冷能力明显大于系统所需的供冷量，造成空气冷却器表面易于结霜，影响制冷机的正常运行。因此，在低负荷运行时，设计上应采取防止冷却器表面结霜的措施。

7.5.6 空调系统不得采用氨作制冷剂的直接膨胀式空气冷却器。

【条文解析】

为防止氨制冷剂的泄漏时，经送风机直接将氨送至空调区，危害人体或造成其他事故，所以采用制冷剂直接膨胀式空气冷却器时，不得用氨做制冷剂。

7.5.8 两管制水系统，当冬夏季空调负荷相差较大时，应分别计算冷、热盘管的换热面积；当二者换热面积相差很大时，宜分别设置冷、热盘管。

【条文解析】

许多两管制的空调水系统中，空气的加热和冷却处理均由一组盘管来实现。设计时，通常以供冷量来计算盘管的换热面积，当盘管的供冷量和供热量差异较大时，盘管的冷水和热水流量相差也较大，会造成电动控制阀在供热工况时的调节性能下降，对控制不利。另外，热水流量偏小时，在严寒或寒冷地区，也可能造成空调机组的盘管冻裂现象出现。

综合以上原因，对两管制的冷、热盘管选用作出了规定。

7.5.13 空气处理机组宜安装在空调机房内。空调机房应符合下列规定：

1 邻近所服务的空调区；

2 机房面积和净高应根据机组尺寸确定，并保证风管的安装空间以及适当的机组操作、检修空间；

3 机房内应考虑排水和地面防水设施。

【条文解析】

空气处理机组安装在空调机房内，有利于日常维修和噪声控制。

空气处理机组安装在邻近所服务的空调区机房内，可减小空气输送能耗和风机压头，也可有效地减小机组噪声和水患的危害。新建筑设计时，应将空气处理机组安装在空调机房内，并留有必要的维修通道和检修空间；同时，宜避免由于机房面积的原因，机组的出风风管采用突然扩大的静压箱来改变气流方向，以导致机组风机压头损失较大，造成实际送风量小于设计风量的现象发生。

《住宅设计规范》GB 50096—2011

8.6.2 室内空调设备的冷凝水应能有组织地排放。

【条文解析】

室内空调设备的冷凝水可以采用专用排水管或就近间接排入附近污水或雨水地面排水口（地漏）等方式，有组织地排放，以免无组织排放的凝水影响室外环境。

8.6.4 住宅计算夏季冷负荷和选用空调设备时，室内设计参数宜符合下列规定：

1 卧室、起居室室内设计温度宜为26℃；

2 无集中新风供应系统的住宅新风换气宜为1次/h。

【条文解析】

26℃和新风换气次数只是一个计算参数，在设备选择时计算空调负荷，在进行围护结构热工性能综合判断时用来计算空调能源，并不等同于实际的室内热环境。实际的室温和通风换气是由住户自己控制的。

8.6.5 空调系统应设置分室或分户温度控制设施。

【条文解析】

室温控制是分户计量和保证舒适的前提。采用分室或分户温度控制可根据采用的空调方式确定。一般集中空调系统的风机盘管可以方便地设置室温控制设施，分体式空调器（包括多联机）的室内机也均具有能够实现分室温控的功能。风管机须调节各房间风量才能实现分室温控，有一定难度。因此，也可将温度传感器设置在有代表性房间或监测回风的平均温度，粗略地进行户内温度的整体控制。

2.3.2 冷源与热源

《民用建筑供暖通风与空气调节设计规范》 GB 50736—2012

8.1.2 除符合下列条件之一外，不得采用电直接加热设备作为空调系统的供暖热源和空气加湿热源：

1 以供冷为主、供暖负荷非常小，且无法利用热泵或其他方式提供供暖热源的建筑，当冬季电力供应充足、夜间可利用低谷电进行蓄热，且电锅炉不在用电高峰和平段时间启用时；

2 无城市或区域集中供热，且采用燃气、用煤、油等燃料受到环保或消防严格限制的建筑；

3 利用可再生能源发电，且其发电量能够满足直接电热用量需求的建筑；

4 冬季无加湿用蒸汽源，且冬季室内相对湿度要求较高的建筑。

【条文解析】

常见的采用直接电能供热的有电热锅炉、电热水器、电热空气加热器、电极（电热）式加湿器等。合理利用能源、提高能源利用率、节约能源是我国的基本国策。考虑到国内各地区的具体情况，在只有符合本条所指的特殊情况时方可采用。

1）夏热冬暖地区冬季供热时，如果没有区域或集中供热，那么热泵是一个较好的选择方案。但是，考虑到建筑的规模、性质及空调系统的设置情况，某些特定的建筑，可能无法设置热泵系统。这些建筑冬季供热设计负荷很小（电热负荷不超过夏季供冷用电安装容量的 20% 且单位建筑面积的总电热安装容量不超过 $20W/m^2$），允许采用夜间低谷电进行蓄热。同样，对于设置了集中供热的建筑，其个别局部区域（例如，目前在一些南方地区，采用内、外区合一的变风量系统且加热量非常低时——有时采用窗边风机及低容量的电热加热、建筑屋顶的局部水箱间为了防冻需求等）有时需要加热，如果为此单独设置空调热水系统可能难度较大或者条件受到限制或者投入非常高，也允许局部采用。

2）对于一些具有历史保护意义的建筑，或者位于消防及环保有严格要求无法设置燃气、燃油或燃煤区域的建筑，由于这些建筑通常规模都比较小，在迫不得已的情况下，也允许适当地采用电进行供热，但应在征求消防、环保等部门的规定意见后才能进行设计。

3) 如果该建筑内本身设置了可再生能源发电系统（如利用太阳能光伏发电、生物质能发电等），且发电量能够满足建筑本身的电热供暖需求，不消耗市政电能时，为了充分利用其发电的能力，允许采用这部分电能直接用于供热。

4) 在冬季无加湿用蒸汽源，但冬季室内相对湿度的要求较高且对加湿器的热惰性有工艺要求（如有较高恒温恒湿要求的工艺性房间），或对空调加温有一定的卫生要求（如无菌病房等），不采用蒸汽无法实现湿度的精度要求或卫生要求时，才允许采用电极（或电热）式蒸汽加湿器。而对于一般的舒适型空调来说，不应采用电能作为空气加湿的能源。当房间因为工艺要求（如高精度的珍品库房等）对相对湿度精度要求较高时，通常宜设置末端再热。为了提高系统的可靠性和可调性（同时这些房间可能也不允许末端带水），可以适当地采用电为再热的热源。

8.1.5 集中空调系统的冷水（热泵）机组台数及单机制冷量（制热量）选择，应能适应空调负荷全年变化规律，满足季节及部分负荷要求。机组不宜少于两台；当小型工程仅设一台时，应选调节性能优良的机型，并能满足建筑最低负荷的要求。

【条文解析】

在大中型公共建筑中，或者对于全年供冷负荷需求变化幅度较大的建筑，冷水（热泵）机组的台数和容量的选择，应根据冷（热）负荷大小及变化规律而定，单台机组制冷量的大小应合理搭配，当单机容量调节下限的制冷量大于建筑物的最小负荷时，可选一台适合最小负荷的冷水机组，在最小负荷时开启小型制冷系统满足使用要求，这已在许多工程中取得很好的节能效果。如果每台机组的装机容量相同，此时也可以采用一台变频高速机组的方式。

对于设计冷负荷大于528kW以上的公共建筑，机组设置不宜少于两台，除可提高安全可靠性外，也可达到经济运行的目的。因特殊原因仅能设置一台时，应采用可靠性高，部分负荷能效高的机组。

8.1.6 选择电动压缩式制冷机组时，其制冷剂应符合国家现行有关环保的规定。

【条文解析】

大气臭氧层消耗和全球气候变暖是与空调制冷行业相关的两项重大环保问题。单独强调制冷剂的消耗臭氧层潜能值（ODP）或全球变暖潜能值（GWP）都是不全面、不科学的。国际《制冷剂编号方法和安全性分类》GB/T 7778—2008定义了制冷剂的环境指标。

8.1.7 选择冷水机组时，应考虑机组水侧污垢等因素对机组性能的影响，采用合理的污垢系数对供冷（热）量进行修正。

【条文解析】

由于实际工程中的水质与机组标准工况所规定的水质可能存在区别，而结垢对机组性能的影响很大，因此，当实际使用的水质与标准工况下所规定的水质条件不一致时，应进行修正。一般来说，机组运行保养较好时（如采用在线清洁等方式），水质条件较好，修正系数可以忽略；当设计时预计到机组的运行保养可能不及时或水质较差等不利因素时，宜对污垢系数进行适当的修正。

溴化锂吸收式机组由于运行管理等方面原因，有可能出现真空度不够和腐蚀的情况，对产品的实际性能产生一定的影响，设计中需要予以考虑。

8.1.8 空调冷（热）水和冷却水系统中的冷水机组、水泵、末端装置等设备和管路及部件的工作压力不应大于其额定工作压力。

【条文解析】

保证设备在实际运行时的工作压力不超过其额定工作压力，是系统安全运行的必须要求。

当由于建筑高度等原因，导致冷（热）系统的工作压力可能超过设备及管路附件的额定工作压力时，采取的防超压措施可能包括以下内容：当冷水机组进水口侧承受的压力大于所选冷水机组蒸发器的承压能力时，可将水泵安装在冷水机组蒸发器的出水口侧，降低冷水机组的工作压力；选择承压更高的设备和管路及部件；空调系统竖向分区，空调系统竖向分区也可采用分别设置高、低区冷热源，高区采用换热器间接连接的闭式循环水系统，超压部分另设置自带冷热源的风冷设备等。

当冷却塔高度有可能使冷凝器、水泵及管路部件的工作压力超过其承压能力时，应采取的防超压措施包括降低冷却塔的设置位置，选择承压更高的设备和管路及部件等。当仅冷却塔集水盘或集水箱高度大于冷水机组进水口侧承受的压力大于所选冷水机组冷凝器的承压能力时，可将水泵安装在冷水机组的出水口侧，减少冷水机组的工作压力。当冷却塔安装位置较低时，冷却水泵宜设置在冷凝器的进口侧，以防止高差不足水泵负压进水。

8.2.2 电动压缩式冷水机组的总装机容量，应根据计算的空调系统冷负荷值直接选定，不另作附加；在设计条件下，当机组的规格不能符合计算冷负荷的要求时，所选择机组的总装机容量与计算冷负荷的比值不得超过1.1。

【条文解析】

从实际情况来看，目前几乎所有的舒适性集中空调建筑中，都不存在冷源的总供冷量不够的问题，大部分情况下，所有安装的冷水机组一年中同时满负荷运行的时间没有出现过，甚至一些工程所有机组同时运行的时间也很短或者没有出现过。这说明相当多的制冷站房的冷水机组总装机容量过大，实际上造成了投资浪费。同时，由于单台机组装机容量也同时增加，还导致了其在低负荷工况下运行，能效降低。因此，对设计的装机容量作出了本条规定。

目前大部分主流厂家的产品，都可以按照设计冷量的需求来提供冷水机组，但也有一些产品采用的是"系列化或规格化"生产。为了防止冷水机组的装机容量选择过大，本条对总容量进行了限制。

对于一般的舒适性建筑而言，本条规定能够满足使用要求。对于某些特定的建筑必须设置备用冷水机组时（如某些工艺要求必须24小时保证供冷的建筑等），其备用冷水机组的容量不统计在本条规定的装机容量之中。

值得注意的是，本条提到的比值不超过1.1，是一个限制值。设计人员不应理解为选择设备时的"安全系数"。

8.2.5 采用氨作制冷剂时，应采用安全性、密封性能良好的整体式氨冷水机组。

【条文解析】

由于在制冷空调用制冷剂中，碳氟化合物对大气臭氧层消耗或全球气候变暖有不利的影响，因此多国科研人员加紧对"天然"制冷剂的研究。随着氨制冷的工艺水平和研发技术不断提高，氨制冷的应用项目和范围不断扩大。

由于氨本身为易燃易爆品，在民用建筑空调系统中应用时，需要引起高度的重视。因此，本条从应用的安全性方面提出了相关的要求。

8.3.5 地下水地源热泵系统设计时，应符合下列规定：

1 地下水的持续出水量应满足地源热泵系统最大吸热量或释热量的要求；地下水的水温应满足机组运行要求，并根据不同的水质采取相应的水处理措施；

2 地下水系统宜采用变流量设计，并根据空调负荷动态变化调节地下水用量；

3 热泵机组集中设置时，应根据水源水质条件确定水源直接进入机组换热器或另设板式换热器间接换热；

4 应对地下水采取可靠的回灌措施，确保全部回灌到同一含水层，且不得对地下水资源造成污染。

【条文解析】

本条是针对采用地下水地源热泵系统提出的基本要求：

1）地下水使用应征得当地水资源管理部门的同意。必须通过工程现场的水文地质勘察、试验资料，获取地下水资源详细数据，包括连续供水量、水温、地下水径流方向、分层水质、渗透系数等参数。有了这些资料才能判定地下水的可用性。

水源热泵机组的正常运行对地下水的水质有一定的要求。为满足水质要求可采用具有针对性的处理方法，如采用除砂器、除垢器、除铁处理等。正确的水处理手段是保证系统正常运行的前提，不容忽视。

2）采用变流量设计是为了尽量减少地下水的用量和减少输送动力消耗。但要注意的是：当地下水采用直接进入机组的方式时，应满足机组对最小水量的限制要求和最小水量变化速率的要求，这一点与冷水机组变流量系统的要求相同。

3）地下水直接进入机组还是通过换热器后间接进入机组，需要根据多种因素确定：水质、水温和维护的方便性。水质好的地下水宜直接进入机组，反之采用间接方法；维护简单、工作量不大时采用直接方法；地下水直接进入机组有利于提高机组效率。因此，设计人员可通过技术经济分析后确定。

4）为了保护宝贵的地下水资源，要求采用地下水全部回灌到同一含水层，并不得对地下水资源造成污染。为了保证不污染地下水，应采用封闭式地下水采集、回灌系统。在整个地下水的使用过程中，不得设置敞开式的水池、水箱等作为地下水的蓄存装置。

8.3.8 污水源地源热泵系统设计时，应符合下列规定：

1 应考虑污水水温、水质及流量的变化规律和对后续污水处理工艺的影响等因素；

2 采用开式原生污水源地源热泵系统时，原生污水取水口处设置的过滤装置应具有连续反冲洗功能，取水口处污水量应稳定；排水口应位于取水口下游并与取水口保持一定的距离；

3 采用开式原生污水源地源热泵系统设中间换热器时，中间换热器应具备可拆卸功能；原生污水直接进入热泵机组时，应采用冷媒侧转换的热泵机组，且与原生污水接触的换热器应特殊设计；

4 采用再生水污水源热泵系统时，宜采用再生水直接进入热泵机组的开式系统。

【条文解析】

同海水源地源热泵系统或地表水地源热泵系统一样，污水源地源热泵系统的设计在满足相关规定的同时，还要注意其特殊性——对污水的性质和水质处理要求的不同，会导致系统设计上存在一定的区别。

8.5.2 除采用直接蒸发冷却器的系统外，空调水系统应采用闭式循环系统。

【条文解析】

规定除特殊情况外，应采用闭式循环水系统（其中包括开式膨胀水箱定压的系统），是因为闭式系统水泵扬程只须克服管网阻力，相对节能和节省一次投资。

间接和直接蒸发冷却器串联设置的蒸发冷却冷水机组，其空气-水直接接触的开式换热塔（直接蒸发冷却器），进塔水管和底盘之间的水提升高差很小，因此也不作限制。

采用水蓄冷（热）的系统当水池设计水位高于水系统的最高点时，可以采用直接供冷供热的系统（实际上也是闭式系统，不存在增加水泵能耗的问题）。当水池设计水位低于水系统的最高点时，应设置热交换设备，使空调水系统成为闭式系统。

8.5.22 冷水机组或换热器、循环水泵、补水泵等设备的入口管道上，应根据需要设置过滤器或除污器。

【条文解析】

设备入口除污，应根据系统大小和设备的需要确定除污装置的位置。例如，系统较大、产生污垢的管道较长时，除系统冷热源、水泵等设备的入口外，各分环路或末端设备、自控阀前也应根据需要设置除污装置，但距离较近的设备可不重复串联设置除污装置。

8.6.1 除使用地表水之外，空调系统的冷却水应循环使用。技术经济比较合理且条件具备时，冷却塔可作为冷源设备使用。

【条文解析】

由于节水和节能要求，除采用地表水作为冷却水的方式外，冷却水系统不允许直流。

利用冷却水供冷和热回收也须增加一些投资，且并不是没有能耗。例如，采用冷却水供冷的工程所在地，冬季或过渡季应有较长时间室外湿球温度能满足冷却塔制备空调冷水，增设换热器、转换阀等冷却塔供冷设备才经济合理。同时，北方地区在冬季使用冷却塔供冷方式时，还需要结合使用要求，采取有效的防冻措施。

利用冷却塔冷却功能进行制冷须具备的条件还有，工程采用了能单独提供空调冷水的分区两管制或四管制空调水系统。但供冷季消除室内余热首先应直接采用室外新风做冷源，只有在新风冷源不能满足供冷量需求时，才需要在供热季设置为全年供冷区域单独供冷水的分区两管制等较复杂的系统。

8.6.2 以供冷为主、兼有供热需求的建筑物，在技术经济合理的前提下，可采取措施对制冷机组的冷凝热进行回收利用。

【条文解析】

在供冷同时会产生大量"低品位"冷凝热，对于兼有供热需求的建筑物，采取适当的冷凝热回收措施，可以在一定程度上减少全年供热量需求。但要明确：热回收措施应在技术可靠、经济合理的前提下采用，不能舍本求末。通常来说，热回收机组的冷却水温不宜过高（离心机低于45℃，螺杆机低于55℃），否则将导致机组运行不稳定，机组能效衰减，供热量衰减等问题，反而有可能在整体上多耗费能源。

在采用上述热回收措施时，应考虑冷、热负荷的匹配问题。例如，当生活热水热负荷的需求不连续时，必须同时考虑设置冷却塔散热的措施，以保证冷水机组的供冷工况。

8.6.4 冷却水系统设计时应符合下列规定：

1 应设置保证冷却水系统水质的水处理装置；

2 水泵或冷水机组的入口管道上应设置过滤器或除污器；

3 采用水冷管壳式冷凝器的冷水机组，宜设置自动在线清洗装置；

4 当开式冷却水系统不能满足制冷设备的水质要求时，应采用闭式循环系统。

【条文解析】

1) 由于补水的水质和系统内的机械杂质等因素，不能保证冷却水系统水质符合要求，尤其是开式冷却水系统与空气大量接触，造成水质不稳定，产生和积累大量水垢、污垢、微生物等，使冷却塔和冷凝器的传热效率降低，水流阻力增加，卫生环境恶化，对设备造成腐蚀。因此，为保证水质，规定应采取相应措施，包括传统的化学加药处理，以及其他物理方式。

2) 为了避免安装过程的焊渣、焊条、金属碎屑、砂石、有机织物及运行过程产生的冷却塔填料等异物进入冷凝器和蒸发器，宜在冷水机组冷却水和冷冻水入水口前设置过滤孔径不大于3mm的过滤器。对于循环水泵设置在冷凝器和蒸发器入口处的设计方式，该过滤器可以设置在循环水泵进水口。

3) 冷水机组循环冷却水系统，在做好日常的水质处理工作基础上，设置水冷管壳式冷凝器自动在线清洗装置，可以有效降低冷凝器的污垢热阻，保持冷凝器换热管内壁较高的洁净度，从而降低冷凝端温差（制冷剂冷凝温度与冷却水的离开温度差）和冷凝温度。从运行费用来说，冷凝温度越低，冷水机组的制冷系数越大，可减少压缩机的耗电量。例如，当蒸发温度一定时，冷凝温度每增加1℃，压缩机单位制冷量的耗功率增加3%～4%。目前的在线清洗装置主要是清洁球和清洁毛刷两大类产品，在应用中各有特点，设计人员宜根据冷水机组产品的特点合理选用。

4) 某些设备的换热器要求冷却水洁净，一般不能将开式系统的冷却水直接送入机组。设计时可采用闭式冷却塔，或设置中间换热器。

8.7.1 符合以下条件之一，且经综合技术经济比较合理时，宜采用蓄冷（热）系统供冷（热）：

1 执行分时电价、峰谷电价差较大的地区，或有其他用电鼓励政策时；

2 空调冷、热负荷峰值的发生时刻与电力峰值的发生时刻接近，且电网低谷时段的冷、热负荷较小时；

3 建筑物的冷、热负荷具有显著的不均匀性，或逐时空调冷、热负荷的峰谷差悬殊，按照峰值负荷设计装机容量的设备经常处于部分负荷下运行，利用闲置设备进行制冷或供热能够取得较好的经济效益时；

4 电能的峰值供应量受到限制，以至于不采用蓄冷系统能源供应不能满足建筑空气调节的正常使用要求时；

5 改造工程，既有冷（热）源设备不能满足新的冷（热）负荷的峰值需要，且在空调负荷的非高峰时段总制冷（热）量存在富余量时；

6 建筑空调系统采用低温送风方式或需要较低的冷水供水温度时；

7 区域供冷系统中，采用较大的冷水温差供冷时；

8 必须设置部分应急冷源的场所。

【条文解析】

蓄冷、蓄热系统能够对电网起到"削峰填谷"的作用，对于电力系统来说，具有较好的节能效果，在设计中可以适当推荐采用。

1）对于执行分时电价且峰谷电价差较大的地区来说，采用蓄冷、蓄热系统能够提高用户的经济效益，减少运行费用。

2）空调负荷的高峰与电力负荷的峰值时段比较接近时，如果采用蓄冷、蓄热系统，可以使冷、热源设备的电气安装容量下降，在非峰值时段可以运行较多的设备进行蓄热蓄冷。

3）在空调负荷峰谷差悬殊的情况下，如果按照峰值设置冷、热源的容量并直接供应空调冷、热水，可能造成在一天甚至全年绝大部分时间段冷水机组都处于较低负荷运行的情况，既不利于节能，也使设备的投入没有得到充分的利用。因此，经济分析合理时，也宜采用蓄冷、蓄热系统。

4）当电力安装容量受到限制时，通过设置蓄冷、蓄热系统，可以使在负荷高峰时段用冷、热源设备与蓄冷、蓄热系统联合运行的方式而达到要求的峰值负荷。

5）对于改造或扩建工程，由于需要的设备机房面积或者电力增容受到限制，采用蓄冷（热）是一种有效提高峰值冷热供应需求的措施。

6）一般来说，采用常规的冷水温度（7℃/12℃）且空调机组合理的盘管配置（原则上最多在10~12排，排数过多的既不经济，也增加了对风机风压的要求）合理时，最低能达到的送风温度在11℃~12℃。对于要求更低送风温度的空调系统，需要较低的冷水温度，因此宜采用冰蓄冷系统。

7）区域供冷系统，应采用较大的冷水供回水温差以节省输送能耗。由于冰蓄冷系统具有出水温度较低的特点，因此满足于大温差供回水的需求。

8）对于某些特定的建筑（如数据中心等），城市电网的停电可能会对空调系统产生严重的影响时，需要设置应急的冷源（或热源），这时可采用蓄冷（热）系统作为应急的措施来实现。

8.7.7 水蓄冷（热）系统设计应符合下列规定：

1 蓄冷水温不宜低于4℃，蓄冷水池的蓄水深度不宜低于2m；

2 当空调水系统最高点高于蓄冷（或蓄热）水池设计水面时，宜采用板式换热器间接供冷（热）；当高差大于10m时，应采用板式换热器间接供冷（热）。如果采用直接供冷（热）方式，水路设计应采用防止水倒灌的措施；

3 蓄冷水池与消防水池合用时，其技术方案应经过当地消防部门的审批，并应采取切实可靠的措施保证消防供水的要求；

4 蓄热水池不应与消防水池合用。

【条文解析】

1）为防止蒸发器内水的冻结，一般制冷机出水温度不宜低于4℃，而且4℃水相对密度最大，便于利用温度分层蓄存。适当加大供回水温差还可以减少蓄冷水池容量，通常可利用温差为6℃~7℃，特殊情况利用温差可达8℃~10℃。考虑到水力分层时需要一定的水池深度，提出相应要求。在确定深度时，还应考虑水池中冷热掺混热损失，条件允许应尽可能深。开式蓄热的水池，蓄热温度应低于95℃，以免汽化。

2）采用板式换热器间接供冷，无论系统运行与否，整个管道系统都处于充水状态，管道使用寿命长，且无倒灌危险。当采用直接供冷方式时，管路设计一定要配合自动控制，防止水倒灌和管内出现真空（尤其对蓄热水系统）。当系统高度超过水池设计水面10m时，采用水池直接向末端设备供冷、热水会导致水泵扬程增加过多而使输送能耗加大，因此这时应采用设置热交换器的闭式系统。

3）使用专用消防水池需要得到消防部门的认可。

4）热水不能用于消防，故禁止与消防水池合用。

8.10.3 氨制冷机房设计应符合下列规定：

1 氨制冷机房单独设置且远离建筑群；

2 机房内严禁采用明火供暖；

3 机房应有良好的通风条件，同时应设置事故排风装置，换气次数每小时不少于12次，排风机应选用防爆型；

4 制冷剂室外泄压口应高于周围50m范围内最高建筑屋脊5m，并采取防止雷击、防止雨水或杂物进入泄压管的装置；

5 应设置紧急泄氨装置，在紧急情况下，能将机组氨液溶于水中，并排至经有关部门批准的储罐或水池。

【条文解析】

尽管氨制冷在目前具有一定的节能减排的应用前景，但由于氨本身的易燃易爆特点，对于民用建筑，在使用氨制冷时需要非常重视安全问题。氨溶液溶于水时，氨与水的比例不高于每1kg氨/17L水。

《空气通风系统运行管理规范》GB 50365—2005

4.4.1 当制冷机组采用的制冷剂对人体有害时，应对制冷机组定期检查、检测和维护，并应设置制冷剂泄漏报警装置。

【条文解析】

制冷剂如R-123等，目前已经被确认对人体有危害，因此这里将其防范报警装置设置作为强制性规定。

4.4.5 空调通风系统冷热源的燃油管道系统的防静电接地装置必须安全可靠。

【条文解析】

防静电接地装置，可避免因漏电造成触电、火灾一类的事故。

《住宅建筑规范》GB 50368—2005

8.3.8 当选择水源热泵作为居住区或户用空调（热泵）机组的冷热源时，必须确保水源热泵系统的回灌水不破坏和不污染所使用的水资源。

【条文解析】

水源热泵（包括地表水、地下水、封闭水环路式水源热泵）用水作为机组的热源（汇），可以采用河水、湖水、海水、地下水或废水、污水等。当水源热泵机组采用地下水为水源时，应采取可靠的回灌措施，回灌水不得对地下水资源造成破坏和污染。

《蓄冷空调工程技术规程》JGJ 158—2008

3.3.12 水蓄冷系统的蓄冷、蓄热共用水池不应与消防水池共用。

【条文解析】

水池不与消防水池共用，是为了保证蓄冷、蓄热水池的水量满足机组正常运行，防止系统缺水引发事故。

3.3.25 乙烯乙二醇的载冷剂管路系统不应选用内壁镀锌的管材及配件。

【条文解析】

内壁镀锌的管材及配件容易和载冷剂发生化学反应，影响管材及配件的正常性能，缩短其使用寿命。

2.4 采暖工程施工质量

2.4.1 采暖与供热系统

《建筑给水排水及采暖工程施工质量验收规范》GB 50242—2002

8.2.1 管道安装坡度，当设计未注明时，应符合下列规定：

1 汽、水同向流动的热水采暖管道和汽、水同向流动的蒸汽管道及凝结水管道，坡度应为3‰，不得小于2‰；

2 汽、水逆向流动的热水采暖管道和汽、水逆向流动的蒸汽管道，坡度不应小于5‰；

3 散热器支管的坡度应为1%，坡向应利于排汽和泄水。

检验方法：观察，水平尺、拉线、尺量检查。

【条文解析】

管道坡度是热水采暖系统中的空气和蒸汽采暖系统中的凝结水顺利排除的重要措施，安装时应满足设计要求。

8.3.1 散热器组对后，以及整组出厂的散热器在安装之前应作水压试验。试验压力如设计无要求时应为工作压力的1.5倍，但不小于0.6MPa。

检验方法：试验时间为2~3min，压力不降且不渗不漏。

【条文解析】

散热器在系统运行时损坏漏水，危害较大。因此，规定组对后和整组出厂的散热器在安装之前进行水压试验，并限定最低试验压力为0.6MPa。

8.5.1 地面下敷设的盘管埋地部分不应有接头。

检验方法：隐蔽前现场查看。

【条文解析】

地板敷设采暖系统的盘管在填充层及地面内隐蔽敷设，一旦发生渗漏，将难以处理，本条规定的目的在于消除隐患。

8.5.2 盘管隐蔽前必须进行水压试验，试验压力为工作压力的1.5倍，但不小于0.6MPa。

检验方法：稳压1h内压力降不大于0.05MPa且不渗不漏。

【条文解析】

隐蔽前对盘管进行水压试验，检验其应具备的承压能力和严密性，以确保地板辐射采暖系统的正常运行。

8.6.1 采暖系统安装完毕，管道保温之前应进行水压试验。试验压力应符合设计要求。当设计未注明时，应符合下列规定：

1 蒸汽、热水采暖系统，应以系统顶点工作压力加0.1MPa作水压试验，同时在系统顶点的试验压力不小于0.3MPa；

2 高温热水采暖系统，试验压力应为系统顶点工作压力加0.4MPa；

3 使用塑料管及复合管的热水采暖系统，应以系统顶点工作压力加0.2MPa作水压试验，同时在系统顶点的试验压力不小于0.4MPa。

检验方法：使用钢管及复合管的采暖系统应在试验压力下10min内压力降不大于0.02MPa，降至工作压力后检查，不渗、不漏；

使用塑料管的采暖系统应在试验压力下1h内压力降不大于0.05MPa，然后降压至工作压力的1.15倍，稳压2h，压力降不大于0.03MPa，同时各连接处不渗、不漏。

【条文解析】

塑料管和复合管其承压能力随着输送的热水温度的升高而降低。采暖系统中此种管道在运行时，承压能力较水压试验时有所降低。因此，与使用钢管的系统相比，水压试验值规定得稍高一些。

8.6.3 系统冲洗完毕应充水、加热，进行试运行和调试。

检验方法：观察、测量室温应满足设计要求。

【条文解析】

系统充水、加热，进行试运行和调试是对采暖系统功能的最终检验，检验结果应满足设计要求。若加热条件暂不具备，应延期进行该项工作。

11.3.3 管道冲洗完毕应通水、加热，进行试运行和调试。当不具备加热条件时，应延期进行。

检验方法：测量各建筑物热力入口处供回水温度及压力。

【条文解析】

对于室外供热管道功能的最终调试和检验。

2.4.2 锅炉及辅助设备安装

《建筑给水排水及采暖工程施工质量验收规范》GB 50242—2002

13.2.6 锅炉的汽、水系统安装完毕后，必须进行水压试验。水压试验的压力应符合表 13.2.6 的规定。

表 13.2.6 水压试验压力规定

项次	设备名称	工作压力 P/MPa	试验压力/MPa
1	锅炉本体	$P < 0.59$	1.5P 但不小于 0.2
		$0.59 \leqslant P \leqslant 1.18$	$P+0.3$
		$P > 1.18$	1.25P
2	可分式省煤器	P	$1.25P+0.5$
3	非承压锅炉	大气压力	0.2

注：1. 工作压力 P 对蒸汽锅炉指锅筒工作压力，对热水锅炉指锅炉额定出水压力；

    2. 铸铁锅炉水压试验同热水锅炉；

    3. 非承压锅炉水压试验压力为 0.2MPa，试验期间压力应保持不变。

检验方法：

1 在试验压力下 10min 内压力降不超过 0.02MPa；然后降至工作压力进行检查，压力不降，不渗、不漏；

2 观察检查，不得有残余变形，受压元件金属壁和焊缝上不得有水珠和水雾。

【条文解析】

为保证非承压锅炉的安全运行，对非承压锅炉本体及管道也应进行水压试验，防止渗、漏。其试验标准按工作压力不小于 0.6MPa 时，试验压力不小于 1.5P +0.2MPa 的标准执行，因其工作压力为 0，所以就为 0.2MPa。

13.4.1 锅炉和省煤器安全阀的定压和调整应符合表 13.4.1 的规定。锅炉上装有两个安全阀时，其中的一个按表中较高值定压，另一个按较低值定压。装有一个安全阀时，应按较低值定压。

表13.4.1 安全阀定压规定

项次	工作设备	安全阀开启压力/MPa
1	蒸汽锅炉	工作压力+0.02MPa
		工作压力+0.04MPa
2	热水锅炉	1.12倍工作压力，但不少于工作压力+0.07MPa
		1.14倍工作压力，但不少于工作压力+0.10MPa
3	省煤器	1.1倍工作压力

检验方法：检查定压合格证书。

【条文解析】

主要为保证锅炉安全运行，一旦出现超过规定压力时通过安全阀将锅炉压力泄放，使锅炉内压力降到正常运行状态，避免出现锅炉爆裂等恶性事故。

13.4.4 锅炉的高、低水位报警器和超温、超压报警器及联锁保护装置必须按设计要求安装齐全和有效。

检验方法：启动、联动试验并作好试验记录。

【条文解析】

为保证对锅炉超温、超压、满水和缺水等安全事故及时报警和处理，本条所述报警装置及联锁保护必须齐全，并且可靠有效。

13.5.3 锅炉在烘炉、煮炉合格后，应进行48h的带负荷连续试运行，同时应进行安全阀的热状态定压检验和调整。

检验方法：检查烘炉、煮炉及试运行全过程。

【条文解析】

锅炉带负荷连续48h试运行，是全面考核锅炉及附属设备安装工程的施工质量和锅炉设计、制造及燃料适用性的重要步骤，是工程使用功能的综合检验。

13.6.1 热交换器应以最大工作压力的1.5倍作水压试验，蒸汽部分应不低于蒸汽供汽压力加0.3MPa；热水部分应不低于0.4MPa。

检验方法：在试验压力下，保持10min压力不降。

【条文解析】

为保证换热器在运行中安全可靠，考虑到相互隔离的两个换热部分内介质的工作压力不同，故分别规定了试验压力参数。

2.5 通风与空调工程施工质量

2.5.1 通风管道系统

《通风与空调工程施工质量验收规范》 GB 50243—2002

4.2.3 防火风管的本体、框架与固定材料、密封垫料必须为不燃材料，其耐火等级应符合设计的规定。

检查数量：按材料与风管加工批数量抽查10%，不应少于5件。

检查方法：查验材料质量合格证明文件、性能检测报告，观察检查与点燃试验。

【条文解析】

防火风管为建筑中的安全救生系统，是指建筑物局部起火后，仍能维持一定时间正常功能的风管。它们主要应用于火灾时的排烟和正压送风的救生保障系统，一般可分为1h、2h、4h等的不同要求级别。建筑物内的风管，需要具有一定时间的防火能力，这也是近年来，通过建筑物火灾发生后的教训而得来的。为了保证工程的质量和防火功能的正常发挥，规范规定了防火风管的本体、框架与固定、密封垫料不仅必须为不燃材料，而且其耐火性能还要满足设计防火等级的规定。

4.2.4 复合材料风管的覆面材料必须为不燃材料，内部的绝热材料应为不燃或难燃 B_1 级，且对人体无害的材料。

检查数量：按材料与风管加工批数量抽查10%，不应少于5件。

检查方法：查验材料质量合格证明文件、性能检测报告，观察检查与点燃试验。

【条文解析】

复合材料风管的板材，一般由两种或两种以上不同性能的材料所组成，它具有重量轻、热导率小、施工操作方便等特点，具有较大推广应用的前景。复合材料风管中的绝热材料可以为多种性能的材料，为了保障在工程中风管使用的安全防火性能，规范规定其内部的绝热材料必须为不燃或难燃 B_1 级，且是对人体无害的材料。

5.2.4 防爆风阀的制作材料必须符合设计规定，不得自行替换。

检查数量：全数检查。

检查方法：核对材料品种、规格，观察检查。

【条文解析】

防爆风阀主要使用于易燃、易爆的系统和场所，其材料使用不当，会造成严重的后果，故在验收时必须严格执行。

5.2.7　防排烟系统柔性短管的制作材料必须为不燃材料。

检查数量：全数检查。

检查方法：核对材料品种的合格证明文件。

【条文解析】

当火灾发生防排烟系统应用时，其管内或管外的空气温度都比较高，如应用普遍可燃材料制作的柔性短管，在高温的烘烤下，极易造成破损或被引燃，会使系统功能失效。为此，本条规定防排烟系统的柔性短管，必须用不燃材料做成。

6.2.1　在风管穿过需要封闭的防火、防爆的墙体或楼板时，应设预埋管或防护套管，其钢板厚度不应小于1.6mm。风管与防护套管之间，应用不燃且对人体无危害的柔性材料封堵。

检查数量：按数量抽查20%，不得少于1个系统。

检查方法：尺量、观察检查。

6.2.2　风管安装必须符合下列规定：

1　风管内严禁其他管线穿越；

2　输送含有易燃、易爆气体或安装在易燃、易爆环境的风管系统应有良好的接地，通过生活区或其他辅助生产房间时必须严密，并不得设置接口；

3　室外立管的固定拉索严禁拉在避雷针或避雷网上。

检查数量：按数量抽查20%，不得少于1个系统。

检查方法：手扳、尺量、观察检查。

6.2.3　输送空气温度高于80℃的风管，应按设计规定采取防护措施。

检查数量：按数量抽查20%，不得少于1个系统。

检查方法：观察检查。

【条文解析】

上述三条分别规定了风管系统工程中必须遵守的强制性项目内容。如不按规定施工都会有可能带来严重后果，因此必须遵守。

《通风管道技术规程》JGJ 141—2004

2.0.7　隐蔽工程的风管在隐蔽前必须经监理人员验收及认可签证。

【条文解析】

安装于封闭的部位或埋设于结构内或直接埋地的风管，属于隐蔽工程。在结构做永久性封闭前，必须对该部分将被隐蔽的通风管道施工质量进行验收，并得到现场监理人员的合格认可签证，否则不得进行封闭作业。

3.1.3 非金属风管材料应符合下列规定：

1 非金属风管材料的燃烧性能应符合现行国家标准《建筑材料燃烧性能分级方法》GB 8624 中不燃 A 级或难燃 B₁ 级的规定。

【条文解析】

《建筑材料燃烧性能分级方法》GB 8624 对建筑材料的不同燃烧性能划分等级，并明确各等级建筑材料确定燃烧性能的检验方法。

非金属风管材料发展较快、品种较多，为了保证使用中的安全，对这些材料制作的风管提出了应按工程的需要具有不燃或难燃 B₁ 级的燃烧性能要求，而其表面层必须为不燃材料。

4.1.6 风管内不得敷设各种管道、电线或电缆，室外立管的固定拉索严禁拉在避雷针或避雷网上。

【条文解析】

本条规定风管内不得敷设各种管道、电线或电缆，以确保安全；规定室外立管的固定拉索严禁拉在避雷针或避雷网上，避免雷击事故隐患。

2.5.2 通风设备安装与调试

《通风与空调工程施工质量验收规范》GB 50243—2002

7.2.2 通风机传动装置的外露部位以及直通大气的进、出口，必须装设防护罩（网）或采取其他安全措施。

检查数量：全数检查。

检查方法：依据设计图核对、观察检查。

【条文解析】

为防止风机对人的意外伤害，本条对通风机转动件的外露部分和敞口作了强制的保护性措施规定。

7.2.7 静电空气过滤器金属外观接地必须良好。

检查数量：按总数抽查 20%，不得少于 1 台。

检查方法：核对材料、观察检查或电阻测定。

【条文解析】

本条强制规定了静电空气处理设备安装必须可靠接地。

7.2.8 电加热器的安装必须符合下列规定：

1 电加热器与钢构架间的绝热层必须为不燃材料；接线柱外露的应加设安全防护罩；

2 电加热器的金属外壳接地必须良好；

3 连接电加热器的风管的法兰垫片，应采用耐热不燃材料。

检查数量：按总数抽查20％，不得少于1台。

检查方法：核对材料、观察检查或电阻测定。

【条文解析】

本条强制规定了电加热器安装必须可靠接地和防止燃烧。

2.5.3 空调系统安装与调试

《通风与空调工程施工质量验收规范》GB 50243—2002

8.2.6 燃油管道系统必须设置可靠的防静电接地装置，其管道法兰应采用镀锌螺栓连接或在法兰处用铜导线进行跨接，且接合良好。

检查数量：系统全数检查。

检查方法：观察检查、查阅试验记录。

【条文解析】

燃油管道系统的静电火花，可能会造成很大的危害，必须杜绝。本条就是针对这个问题而作出的规定。

8.2.7 燃气系统管道与机组的连接不得使用非金属软管。燃气管道的吹扫和压力试验应为压缩空气或氮气，严禁用水。当燃气供气管道压力大于0.005MPa时，焊缝的无损检测的执行标准应按设计规定。当设计无规定，且采用超声波探伤时，应全数检测，以质量不低于Ⅱ级为合格。

检查数量：系统全数检查。

检查方法：观察检查、查阅探伤记录和试验记录。

【条文解析】

制冷设备应用的燃气管道可分为低压和中压两个类别。当接入管道的压力大于0.005MPa时，属于中压燃气系统，为了保障使用的安全，其管道的施工质量必须符合本条的规定，如管道焊缝的焊接质量，应按设计的规定进行无损检测的验证，管道与设备的连接不得采用非金属软管，压力试验不得用水等。燃气系统管道焊缝的焊接质量，采用无损检测的方法来进行质量的验证，要求是比较高的。但是，必须这样做，尤其对天然气类的管道。因为它们一旦泄漏燃烧、爆炸，将对建筑和人体造成严重危害。

11.2.1 通风与空调工程安装完毕，必须进行系统的测定和调整（简称调试）。系统调试应包括下列项目：

1 设备单机试运转及调试；

2 系统无生产负荷下的联合试运转及调试。

检查数量：全数。

检查方法：观察、旁站、查阅调试记录。

【条文解析】

通风与空调工程完工后，为了使工程达到预期的目标，规定必须进行系统的测定和调整（简称调试）。它包括设备的单机试运转和调试及无生产负荷下的联合试运转及调试两大内容。这是必须进行的强制性规定，其中，系统无生产负荷下的联合试运转及调试，还可分为子分部系统的联合试运转与调试及整个分部工程系统的平衡与调整。

11.2.4 防排烟系统联合试运行与调试的结果（风量及正压），必须符合设计与消防的规定。

检查数量：按总数抽查10%，且不得少于2个楼层。

检查方法：观察、旁站、查阅调试记录。

【条文解析】

通风与空调工程中的防排烟系统是建筑内的安全保障救生设备系统，必须符合设计和消防的验收规定。

3 燃气设备

3.1 燃气质量、制气与净化

《城镇燃气设计规范》GB 50028—2006

3.2.1 城镇燃气质量指标应符合下列要求：

1 城镇燃气（应按基准气分类）的发热量和组分的波动应符合城镇燃气互换的要求；

2 城镇燃气偏离基准气的波动范围宜按现行的国家标准《城市燃气分类》GB/T 13611 的规定采用，并应适当留有余地。

【条文解析】

城镇燃气是供给城镇居民生活、商业、工业企业生产、采暖通风和空调等做燃料用的，在燃气的输配、储存和应用的过程中，为了保证城镇燃气系统和用户的安全，减少腐蚀、堵塞和损失，减少对环境的污染和保障系统的经济合理性，要求城镇燃气具有一定的质量指标并保持其质量的相对稳定是非常重要的基础条件。

为保证燃气用具在其允许的适应范围内工作，并提高燃气的标准化水平，便于用户对各种不同燃具的选用和维修，便于燃气用具产品的国内外流通等，各地供应的城镇燃气（应按基准气分类）的发热量和组分应相对稳定，偏离基准气的波动范围不应超过燃气用具适应性的允许范围，也就是要符合城镇燃气互换的要求。具体波动范围，根据燃气类别宜按现行的国家标准《城镇燃气分类和基本特性》GB/T 13611—2006 的规定采用并应适当留有余地，详见表 3-1。

表 3-1 城镇燃气的类别及特性指标（15℃，101.325kPa，干）

类别		高华白数 W_s/（MJ/m³）		燃烧势 CP	
		标准	范围	标准	范围
人工煤气	3R	13.71	12.62~14.66	77.7	46.5~85.5
	4R	17.78	16.38~19.03	107.9	64.7~118.7
	5R	21.57	19.81~23.17	93.9	54.4~95.6

类别		高华白数 W_s/(MJ/m³)		燃烧势 CP	
		标准	范围	标准	范围
人工煤气	6R	25.60	23.85~27.95	108.3	63.1~111.4
	7R	81.00	28.57~33.12	120.9	71.5~129.0
天然气	3T	13.28	12.22~14.35	22.0	21.0~50.6
	4T	17.13	15.75~18.54	24.9	24.0~57.3
	6T	23.35	21.76~25.01	18.5	17.3~42.7
	10T	41.52	39.06~44.84	33.0	31.0~34.3
	12T	50.73	45.67~54.78	40.3	36.3~69.3
液化石油气	19Y	76.84	72.86~76.84	48.2	48.2~49.4
	22Y	87.53	81.83~87.53	41.6	41.6~44.9
	20Y	79.64	72.86~87.53	45.3	41.6~49.4

注：1. 3T、4T 为矿井气，6T 为沼气，其燃烧特性接近天然气；

2. 22Y 高华白数 W_s 的下限值 81.83MJ/m³ 和 CP 的上限值 44.9，为体积分数（％）$C_3H_4 = 55$，$C_4H_{10} = 45$ 时的计算值。

3.2.3 城镇燃气应具有可以察觉的臭味，燃气中加臭剂的最小量应符合下列规定：

1 无毒燃气泄漏到空气中，达到爆炸下限的 20％ 时，应能察觉；

2 有毒燃气泄漏到空气中，达到对人体允许的有害浓度时，应能察觉；

对于以一氧化碳为有毒成分的燃气，空气中一氧化碳含量达至 0.02％（体积分数）时，应能察觉。

【条文解析】

本条规定了燃气具有臭味的必要及其标准。

1）"臭味"应能"察觉"的含义。

空气-燃气中臭味"应能察觉"与空气中的臭味强度和人的嗅觉能力有关。臭味的强度等级国际上燃气行业一般采用 Sales 等级，是按嗅觉的下列浓度分级的：

0 级——没有臭味；

0.5 级——极微小的臭味（可感点的开端）；

1 级——弱臭味；

2 级——臭味一般，可由一个身体健康状况正常且嗅觉能力一般的人识别，相当于报警或安全浓度；

3 级——臭味强；

4 级——臭味非常强；

5 级——最强烈的臭味，是感觉的最高极限，超过这一级，嗅觉上臭味不再有增强的感觉。

"应能察觉"的含义是指嗅觉能力一般的正常人，在空气-燃气混合物臭味强度达到 2 级时，应能察觉空气中存在燃气。

2）对无毒燃气加臭剂的最小用量标准。

规定在无毒燃气泄漏到空气中，达到爆炸下限的 20％时，应能察觉。在确定加臭剂用量时，还应结合当地燃气的具体情况和采用加臭剂种类等因素，有条件时，宜通过试验确定。

当不具备试验条件时，对于几种常见的无毒燃气，在空气中达到爆炸下限的 20％时应能察觉的加臭用量，不宜小于表 3-2 的规定，可做确定加臭剂用量的参考。

表 3-2 几种常见的无毒燃气的加臭剂用量

燃气种类	加臭剂用量/（mg/m³）
天然气（天然气在空气中的爆炸下限为 5％）	20
液化石油气（C_3 和 C_4 各占一半）	50
液化石油气与空气的混合气 （液化石油气：空气 = 50：50；液化石油气成分为 C_3 和 C_4 各占一半）	25

注：1. 本表加臭剂按四氢噻吩计；

2. 当燃气成分与本表比例不同时，可根据燃气在空气中的爆炸下限，对比爆炸下限为 5％的天然气的加臭剂用量，按反比计算出燃气所需加臭剂用量；

3. 对有毒燃气加臭剂的最少用量标准。

有毒燃气一般指含 CO 的可燃气体。CO 对人体毒性极大，一旦漏入空气中，尚未达到爆炸下限 20％时，人体早就中毒，故对有毒燃气，应按在空气中达到人体允许的有害浓度之时就能察觉来确定加臭剂用量。以空气中 CO 含量 0.025％作为燃气加臭理论的"允许的有害浓度"标准，在实际操作运行中，还应留有安全余量，本规范推荐采用 0.02％。

一般含有 CO 的人工煤气未经深度净化时，本身就有臭味，是否应补充加臭，有条件时，宜通过试验确定。

4.2.11 加热煤气管道的设计应符合下列要求：

1 当焦炉采用发生炉煤气加热时，加热煤气管道上宜设置混入回炉煤气装置；当焦炉采用回炉煤气加热时，加热煤气管道上宜设置煤气预热器；

2 应设置压力自动调节装置和流量计；

3 必须设置低压报警信号装置，其取压点应设在压力自动调节装置的蝶阀前的总管上。管道末端应设爆破膜；

4 应设置蒸汽清扫和水封放散装置；

5 加热煤气的总管的敷设，宜采用架空方式。

【条文解析】

本条规定了加热煤气管道的设计要求。

1）要求发生炉煤气加热的管道上设置混入回炉煤气的装置，其目的是稳定加热煤气的热值，防止炉温波动。在回炉煤气加热总管上装设预热器，其目的是防止煤气中的焦油、萘冷凝下来堵塞管件，并使入炉煤气温度稳定。

2）在加热煤气系统中设压力自动调节装置是为了保证煤气压力的稳定，从而使进入炉内的煤气流量维持不变，以满足加热的要求。

3）整个加热管道中必须经常保持正压状态，避免由于出现负压而逸入空气，引起爆炸事故。因此，必须规定在加热煤气管道上设煤气的低压报警信号装置，并在管道末端设置爆破膜，以减轻爆破时损坏程度。

4）加热煤气管道一般都是采用架空方式，这主要是考虑到便于排出冷凝物和清扫管道。

4.2.12 **直立炉、焦炉桥管上必须设置低压氨水喷洒装置。直立炉的荒煤气管或焦炉集气管上必须设置煤气放散管，放散管出口应设点火燃烧装置。**

焦炉上升管盖及桥管与水封阀承插处应采用水封装置。

【条文解析】

直立炉、焦炉桥管设置低压氨水喷洒，主要是使氨水蒸发，吸收荒煤气显热，大幅度降低煤气温度。

直立炉荒煤气或焦炉集气管上设置煤气放散管是由于直立炉与焦炉均为砖砌结构，不能承受较高的煤气压力，炉顶压力要求基本上为±0大气压，防止砖缝由于炉内煤气压力过高而受到破坏，导致泄漏而缩短炉体寿命并影响煤气产率和质量。制气厂的生产工艺过程极为复杂，各种因素也较多，如偶尔逢电气故障、设备事故、管道堵塞时，干馏炉生产的煤气无法确保安全畅通地送出，而制气设备仍在连续不断地生产；同时，产气量无法瞬时压缩减产，因此必须采取紧急放散以策安全。放散出来的煤气为防止污染环境，必须燃烧后排出。放散管出口应设点火装置。

4.2.13 炉顶荒煤气管，应设压力自动调节装置。调节阀前必须设置氨水喷洒设施。调节蝶阀与煤气鼓风机室应有联系信号和自控装置。

【条文解析】

本条规定了干馏炉顶荒煤气管的设计要求。

1）荒煤气管上设压力自动调节装置的主要理由如下：

①煤干馏炉的荒煤气的导出流量是不均匀的，其中焦炉的气量波动更大，需要设该项装置以稳定压力；否则将影响焦炉及净化回收设备的正常生产。

②正常操作时要求炭化室始终保持微正压，同时还要求尽量降低炉顶空间的压力，使荒煤气尽快导出。这样才能达到减轻煤气二次裂解，减少石墨沉积，提高煤气质量和增加化工产品的产量和质量等目的，因此需要设置压力调节装置。

③为了维持炉体的严密性也需要设置压力调节装置以保持炉内的一定压力。否则空气逸入炉内，造成炉体漏损严重、裂纹增加，将大大降低炉体寿命。

2）煤气中含有大量焦油，为了保证调节蝶阀动作灵活就要防止阀上粘结焦油，因此必须采取氨水喷洒措施。

3）由于煤气产量不够稳定，煤气总管蝶阀或调节阀的自动控制调节是很重要的安全措施。尤其是当排送机室、鼓风机室或调节阀失常时，必须加强联系并密切注意、相互配合。当调节阀用人工控制调节时，更应加强信号联系。

5.14.1 严禁在厂房内放散煤气和有害气体。

【条文解析】

本条规定是考虑人员及环境的安全。

5.14.2 设备和管道上的放散管管口高度应符合下列要求：

1 当放散管直径大于150mm时，放散管管口应高出厂房顶面、煤气管道、设备和走台4m以上；

2 当放散管直径小于或等于150mm时，放散管管口应高出厂房顶面、煤气管道、设备和走台2.5m以上。

【条文解析】

设备和管道上的放散管管口高度应考虑放散出有害气体对操作人员有危害及对环境有污染。《工业企业煤气安全规程》GB 6222—2005中第4.3.1.2条规定放散管管口高度必须高出煤气管道、设备和走台4m并且离地面不小于10m。考虑到一些小管径的放散管高出4m后其稳定性较差，因此本规定中按管径给予分类，公称直径大于150mm的放散管定为高出4m，不大于150mm的放散管按惯例设计定为2.5m；而GB 6222规定离地不小于10m，在本规定中就不作硬性规定，应视现场具体情况而定，原则是考虑人员及环境的安全。

5.14.3 煤气系统中液封槽液封高应符合下列要求：

1 煤气鼓风机出口处，应为鼓风机全压（以水柱表示）加500mm；

2 硫铵工段满流槽内的液封高度和水封槽内液封高度应满足煤气鼓风机全压（以水柱表示）要求；

3 其余处均应为最大操作压力（以水柱表示）加500mm。

【条文解析】

煤气系统中液封槽高度在《工业企业煤气安全规程》GB 6222—2005 中第4.2.2.1条规定水封的有效高度为煤气计算压力加500mm。本规定中根据气源厂内各工段情况作出具体规定，其中第2款硫铵工段由于满流槽中是酸液，其密度大，液封高度相应较小，而且酸液漏出会造成腐蚀，因此该液封高度按习惯做法定为鼓风机的全压。

5.14.4 煤气系统液封槽的补水口严禁与供水管道直接相接。

【条文解析】

煤气系统液封槽、溶解槽等须补水的容器，在设计时都应注意其补水口严禁与供水管道直接相连，防止在操作失误、设备失灵或特殊情况下造成倒流，污染供水系统。

煤气厂供水系统被污染在国内已经发生过。由于煤气厂内许多化学物质皆为有毒物质，一旦发生水质污染，极易造成严重后果。

3.2 燃气输配管道

3.2.1 室外燃气管道（$P \leqslant 1.6$MPa）

《城镇燃气设计规范》GB 50028—2006

6.3.1 中压和低压燃气管道宜采用聚乙烯管、机械接口球墨铸铁管、钢管或钢骨架聚乙烯塑料复合管，并应符合下列要求：

1 聚乙烯燃气管应符合现行的国家标准《燃气用埋地聚乙烯（PE）管道系统 第1部分：管材》GB 15558.1—2003 和《燃气用埋地聚乙烯（PE）管道系统 第2部分：管件》GB 15558.2—2005 的规定；

2 机械接口球墨铸铁管应符合现行的国家标准《水及燃气管道用球墨铸铁管、管件和附件》GB/T 13295 的规定；

3 钢管采用焊接钢管、镀锌钢管或无缝钢管时，应分别符合现行的国家标准《低

压流体输送用焊接钢管》GB/T 3091、《输送流体用无缝钢管》GB/T 8163 的规定;

4 钢骨架聚乙烯塑料复合管应符合国家现行标准《燃气用钢骨架聚乙烯塑料复合管》CJ/T 125 和《燃气用钢骨架聚乙烯塑料复合管件》CJ/T 126—2000 的规定。

【条文解析】

中、低压燃气管道因内压较低,其可选用的管材比较广泛,其中聚乙烯管由于质轻、施工方便、使用寿命长而被广泛使用在天然气输送上。机械接口球墨铸铁管是近年来开发并得到广泛应用的一种管材,它替代了灰口铸铁管,这种管材由于在铸铁熔炼时在铁水中加入少量球化剂,使铸铁中石墨球化,使其比灰口铸铁管具有较高的抗拉、抗压强度,其冲击性能为灰口铸铁管 10 倍以上。钢骨架聚乙烯塑料复合管是近年我国新开发的一种新型管材,其结构为内外两层聚乙烯层,中间夹以钢丝缠绕的骨架,其刚度较纯聚乙烯管好,但开孔接新管比较麻烦,故只做输气干管使用。

6.3.2 次高压燃气管道应采用钢管,其管材和附件应符合本规范第 6.4.4 条的要求。地下次高压 B 燃气管道也可采用钢号 Q235B 焊接钢管,并应符合现行国家标准《低压流体输送用焊接钢管》GB/T 3091 的规定。

次高压钢质燃气管道直管计算壁厚应按式(6.4.6)计算确定。最小公称壁厚不应小于表 6.3.2 的规定。

表 6.3.2 钢质燃气管道最小公称壁厚

钢管公称直径 DN /mm	公称壁厚/mm
DN 100 ~ 150	4.0
DN 200 ~ 300	4.8
DN 350 ~ 450	5.2
DN 500 ~ 550	6.4
DN 600 ~ 900	7.1
DN 950 ~ 1000	8.7
DN 1050	9.5

【条文解析】

次高压燃气管道一般在城镇中心城区或其附近地区埋设,此类地区人口密度相对较大,房屋建筑密集,而次高压燃气管道输送的是易燃、易爆气体且管道中积聚了大量的弹性压缩能,一旦发生破裂,材料的裂纹扩展速度极快,且不易止裂,其断裂长度也很长,后果严重。因此,必须采用具有良好的抗脆性破坏能力和良好的焊接性能的钢管,以保证输气管道的安全。

次高压燃气管道的管材和管件，应符合本规范第6.4.4条的要求（高压燃气管材和管件的要求）。但对于埋入地下的次高压 B 燃气管道，其环境温度在0℃以上，据了解在竣工和运行的城镇燃气管道中，有不少地下次高压燃气管道（设计压力0.4~1.6MPa）采用了钢号 Q235B 且符合《低压流体输送用焊接钢管》GB/T 3091 规定的焊接钢管，并已有多年使用的历史。考虑到城镇燃气管道位于人口密度较大的地区，为保障安全，在设计中对压力不大于0.8MPa的地下次高压 B 燃气管道采用钢号 Q235B 且符合《低压流体输送用焊接钢管》GB/T 3091 规定的焊接钢管也是适宜的。（经对钢管制造厂调研，Q235A 材料成分不稳定，故不宜采用）。

最小公称壁厚是考虑满足管道在搬运和挖沟过程中所需的刚度和强度要求，这是参照钢管标准和有关国内外标准确定的，并且该厚度能满足在输送压力0.8MPa、强度系数不大于0.3时的计算厚度要求。例如，在设计压力为0.8MPa，选用1.245级钢管时，对应 DN 100~1050 最小公称壁厚的强度设计系数为0.05~0.19。

6.3.3 地下燃气管道不得从建筑物和大型构筑物（不包括架空的建筑物和大型构筑物）的下面穿越。

地下燃气管道与建筑物、构筑物或相邻管道之间的水平和垂直净距，不应小于表6.3.3-1和表6.3.3-2的规定。

表6.3.3-1 地下燃气管道与建筑物、构筑物或相邻管道之间的水平净距（m）

项目		地下燃气管道				
		低压	中压		次高压	
			B	A	B	A
建筑物的	基础	0.7	1.0	1.5	—	—
	外墙面（出地面处）	—	—	—	4.5	6.5
给水管		0.5	0.5	0.5	1.0	1.5
污水、雨水排水管		1.0	1.2	1.2	1.5	2.0
电力电缆（含电车电缆）	直埋	0.5	0.5	0.5	1.0	1.5
	在导管内	1.0	1.0	1.0	1.0	1.5
通信电缆	直埋	0.5	0.5	0.5	1.0	1.5
	在导管内	1.0	1.0	1.0	1.0	1.5
其他燃气管道	DN≤300mm	0.4	0.4	0.4	0.4	0.4
	DN>300mm	0.5	0.5	0.5	0.5	0.5

项目		地下燃气管道				
		低压	中压		次高压	
			B	A	B	A
热力管	直埋	1.0	1.0	1.0	1.5	2.0
	在管沟内（至外壁）	1.0	1.5	1.5	2.0	4.0
电杆（塔）的基础	≤35kV	1.0	1.0	1.0	1.0	1.0
	>35kV	2.0	2.0	2.0	5.0	5.0
通信照明电杆（至电杆中心）		1.0	1.0	1.0	1.0	1.0
铁路路堤坡脚		5.0	5.0	5.0	5.0	5.0
有轨电车钢轨		2.0	2.0	2.0	2.0	2.0
街树（至树中心）		0.75	0.75	0.75	1.2	1.2

表 6.3.3-2　地下燃气管道与构筑物或相邻管道之间垂直净距（m）

项目		地下燃气管道（当有套管时，以套管计）
给水管、排水管或其他燃气管道		0.15
热力管的管沟底（或顶）		0.15
电缆	直埋	0.50
	在导管内	0.15
铁路轨底		1.20
有轨电车轨底		1.00

注：1. 当次高压燃气管道压力与表中数据不相同时，可采用直线方程内插法确定水平净距；

　　2. 如受地形限制无法满足表 6.3.3-1 和表 6.3.3-2 时，经与有关部门协商，采取行之有效的防护措施后，表 6.3.3-1 和表 6.3.3-2 规定的净距，均可适当缩小，但低压管道不应影响建（构）筑物和相邻管道基础的稳固性，中压管道距建筑物基础不应小于 0.5m 且距建筑物外墙面不应小于 1m，次高压燃气管道距建筑物外墙面不应小于 3.0m。其中，当对次高压 A 燃气管道采取有效的安全防护措施或当管道壁厚不小于 9.5mm 时，管道距建筑物外墙面不应小于 6.5m；当管壁厚度不小于 11.9mm 时，管道距建筑物外墙面不应小于 3.0m；

　　3. 表 6.3.3-1 和表 6.3.3-2 规定除地下燃气管道与热力管的净距不适于聚乙烯燃气管道和钢骨架聚乙烯塑料复合管外，其他规定均适用于聚乙烯燃气管道和钢骨架聚乙烯塑料复合管道。聚乙烯燃气管道与热力管道的净距应按国家现行标准《聚乙烯燃气管道工程技术规程》CJJ 63 执行。

【条文解析】

本条规定了敷设地下燃气管道的净距要求。

地下燃气管道在城市道路中的敷设位置是根据当地远、近期规划综合确定的，厂区内煤气管道的敷设也应根据类似的原则，按工厂的规划和其他工种管线布置确定。另外，敷设地下燃气管道还受许多因素限制，如施工、检修条件、原有道路宽度与路面的种类、周围已建和拟建的各类地下管线设施情况、所用管材、管接口形式及所输送的燃气压力等。在敷设燃气管道时需要综合考虑，正确处理以上所提供的要求和条件。本条规定的水平净距和垂直净距是在参考各地燃气公司和有关其他地下管线规范及实践经验后，在保证施工和检修时互不影响及适当考虑燃气输送压力影响的情况下而确定的。

6.3.8 地下燃气管道从排水管（沟）、热力管沟、隧道及其他各种用途沟槽内穿过时，应将燃气管道敷设于套管内。套管伸出构筑物外壁不应小于表 6.3.3-1 中燃气管道与该构筑物的水平净距。套管两端应采用柔性的防腐、防水材料密封。

【条文解析】

地下燃气管道不宜穿过地下构筑物，以免相互产生不利影响。当需要穿过时，穿过构筑物内的地下燃气管应敷设在套管内，并将套管两端密封，一是为了防止燃气管被损或腐蚀而造成泄漏的气体沿沟槽向四周扩散，影响周围安全；二是若周围泥土流入安装后的套管内，不但会导致路面沉陷，而且燃气管的防腐层也会受到损伤。

6.3.13 在次高压、中压燃气干管上，应设置分段阀门，并应在阀门两侧设置放散管。在燃气支管的起点处，应设置阀门。

【条文解析】

本条规定了阀门的布置要求。

在次高压、中压燃气干管上设置分段阀门，是为了便于在维修或接新管操作或事故时切断气源，其位置应根据具体情况而定，一般要掌握当两个相邻阀门关闭后受它影响而停气的用户数不应太多。

将阀门设置在支管上的起点处，当切断该支管供应气时，不致影响干管停气；当新支管与干管连接时，在新支管上的起点处所设置的阀门，也可起到减少干管停气时间的作用。

在低压燃气管道上，切断燃气可以采用橡胶球阻塞等临时措施，故装设闸门的作用不大，且装设阀门增加投资、增加产生漏气的机会和日常维修工作。故对低压管道是否设置阀门不作硬性规定。

3.2.2 室外燃气管道（1.6MPa＜P≤4.0MPa）

《城镇燃气设计规范》 GB 50028—2006

6.4.11 一级或二级地区地下燃气管道与建筑物之间的水平净距不应小于表 6.4.11 的规定。

表 6.4.11 一级或二级地区地下燃气管道与建筑物之间的水平净距（m）

燃气管道公称直径 DN/mm	地下燃气管道压力/MPa		
	1.61	2.50	4.00
900＜DN≤1050	53	60	70
750＜DN≤900	40	47	57
600＜DN≤750	31	37	45
450＜DN≤600	24	28	35
300＜DN≤450	19	23	28
150＜DN≤300	14	18	22
DN≤150	11	13	15

注：1. 当燃气管道强度设计系数不大于 0.4 时，一级或二级地区地下燃气管道与建筑物之间的水平净距可按表 6.4.12 确定；

2. 水平净距是指管道外壁到建筑物出地面处外墙面的距离。建筑物是指平常有人的建筑物；

3. 当燃气管道压力与表中数不相同时，可采用直线方程内插法确定水平净距。

6.4.12 三级地区地下燃气管道与建筑物之间的水平净距不应小于表 6.4.12 的规定。

表 6.4.12 三级地区地下燃气管道与建筑物之间的水平净距（m）

燃气管道公称直径和壁厚 δ/mm	地下燃气管道压力/MPa		
	1.61	2.50	4.00
A. 所有管径 δ＜9.5	13.5	15.0	17.0
B. 所有管径 9.5≤δ＜11.9	6.5	7.5	9.0
C. 所有管径 δ≥11.9	3.0	5.0	8.0

注：1. 当对燃气管道采取有效的保护措施时，δ＜9.5mm 的燃气管道也可采用表中 B 行的水平净距；

2. 水平净距是指管道外壁到建筑物出地面处外墙面的距离。建筑物是指平常有人的建筑物；

3. 当燃气管道压力与表中数不相同时，可采用直线方程内插法确定水平净距。

【条文解析】

本条是关于地下燃气管道到建筑物的水平净距的规定。控制管道自身安全是从积极的方面预防事故的发生，在系统各个环节都按要求做到的条件下可以保障管道的安全。

适当控制高压燃气管道与建筑物的距离，是当发生事故时将损失控制在较小范围，减少人员伤亡的一种有效手段。在条件允许时要积极去实施，在条件不允许时也可采取增加安全措施适当减少距离。

3.2.3 室内燃气管道

《城镇燃气设计规范》GB 50028—2006

10.2.1 用户室内燃气管道的最高压力不应大于表 10.2.1 的规定。

表 10.2.1 用户室内燃气管道的最高压力（表压 MPa）

燃气用户		最高压力
工业用户	独立、单层建筑	0.8
	其他	0.4
商业用户		0.4
居民用户（中压进户）		0.1
居民用户（低压进户）		<0.01

注：1. 液化石油气管道的最高压力不应大于 0.14MPa；

    2. 管道井内的燃气管道的最高压力不应大于 0.2MPa；

    3. 室内燃气管道压力大于 0.8MPa 的特殊用户设计应按有关专业规范执行。

【条文解析】

本条规定了室内燃气管道的最高压力，当用户燃具前燃气压力超过燃具最大允许工作压力时，在用户燃气表或燃具前应加燃气调压器。为保证室内燃气的使用安全，引入室内的燃气管道的最高压力必须加以限制，以减少燃气泄漏，防止中毒、火灾和爆炸事故。

10.2.7 室内燃气管道选用铝塑复合管时应符合下列规定：

3 铝塑复合管安装时必须对铝塑复合管材进行防机械损伤、防紫外线（UV）伤害及防热保护，并应符合下列规定：

1）环境温度不应高于 60℃；

2）工作压力应小于 10kPa；

3）在户内的计量装置（燃气表）后安装。

【条文解析】

本条规定了铝塑复合管用做燃气管的使用条件。

防阳光直射（防紫外线）、防机械损伤等是对聚乙烯管的一般要求，由于铝塑复合管的内、外均为聚乙烯，因而也应有此要求。考虑到铝塑复合管不耐火和塑料老化问题，故本规范限制只允许在户内燃气表后采用。

10.2.14 燃气引入管敷设位置应符合下列规定：

1 燃气引入管不得敷设在卧室、卫生间、易燃或易爆品的仓库、有腐蚀性介质的房间、发电间、配电间、变电室、不使用燃气的空调机房、通风机房、计算机房、电缆沟、暖气沟、烟道和进风道、垃圾道等地方。

【条文解析】

本条规定的目的是保证用气的安全和便于维修管理。

人工煤气引入管管段内，往往容易被萘、焦油和管道内腐蚀铁锈所堵塞，检修时要在引入管阀门处进行人工疏通管道的工作，需要带气作业。此外，阀门本身也需要经常维修保养。因此，凡是检修人员不便进入的房间和处所都不能敷设燃气引入管。

10.2.21 地下室、半地下室、设备层和地上密闭房间敷设燃气管道时，应符合下列要求：

2 应有良好的通风设施，房间换气次数不得小于 3 次/h；并应有独立的事故机械通风设施，其换气次数不应小于 6 次/h。

3 应有固定的防爆照明设备。

4 应采用非燃烧体实体墙与电话间、变配电室、修理间、储藏室、卧室、休息室隔开。

【条文解析】

本条规定了地下室、半地下室、设备层和地上密闭房间敷设燃气管道时应具备的安全条件。

10.2.24 燃气水平干管和立管不得穿过易燃易爆品仓库、配电间、变电室、电缆沟、烟道、进风道和电梯井等。

【条文解析】

燃气工程的设计和施工，必须考虑工程本身不致对居住者或管理者的健康或生命产生威胁。为保证用气安全，上述部位不得敷设燃气引入管。

燃气引入管应设在厨房、走廊等便于检修的非居住房间内。确定燃气引入管位置时，应严格避开上述部位，除上述指出的几个危险部位外，其他有危险的部位也不得敷设。

10.2.26 燃气立管不得敷设在卧室或卫生间内。立管穿过通风不良的吊顶时应设在套管内。

【条文解析】

目前燃气管道大都采用钢质的管材和管件，敷设在潮湿或有腐蚀性介质的部位容易造成腐蚀；当必须敷设时，必须有可靠的防腐蚀措施。本条主要是保证居民在住宅内休息、生活时的健康和安全而作的严格规定。

1）卧室为人员休息处所，为防止燃气泄漏造成安全事故，故严禁设置燃气用具和引入燃气管道。

2）卧室、浴室和地下室可穿过带套管并焊接连接的水平管，以防止燃气泄漏对上述部位造成安全隐患。

3）卧室、浴室和厕所不得敷设燃气立管，燃气立管设置套管施工困难，且燃气泄漏后容易对上述人员休息和生活的处所造成危险。

《聚乙烯燃气管道工程技术规程》CJJ 63—2008

1.0.3 聚乙烯管道和钢骨架聚乙烯复合管道严禁用于室内地上燃气管道和室外明设燃气管道。

【条文解析】

聚乙烯管道和钢骨架聚乙烯复合管道机械强度相对于钢管较低，做地上明管受碰撞时容易破损，导致漏气；同时大气中紫外线会加速聚乙烯材料的老化，从而降低管道耐压强度。因此，作为易燃易爆的燃气输送管道，不应使用聚乙烯管道和钢骨架聚乙烯复合管道做地上管道。在国外，一般也规定聚乙烯管道只宜做埋地管使用。

5.1.2 聚乙烯管材与管件的连接和钢骨架聚乙烯复合管材与管件的连接，必须根据不同连接形式选用专用的连接机具，不得采用螺纹连接或粘接。连接时，严禁采用明火加热。

【条文解析】

由于采用专用连接机具能有效保证连接质量，因此，要求根据不同连接形式选用专用连接机具；不得采用螺纹连接，是因为聚乙烯材料对切口极为敏感，车制螺纹将导致管壁截面减弱和应力集中，而且聚乙烯材料为柔韧性材料，螺纹连接很难保证接头强度和密封性能，因此，要求不得采用螺纹连接；不得采用粘接，是因为聚乙烯是一种高结晶性的非极性材料，在一般条件下，其粘接性能较差，一般来说粘接的聚乙烯管道接头强度要低于管材本身强度，目前还没有适合于聚乙烯的胶粘剂，因此，要求不得采用粘接；严禁使用明火加热，是因为聚乙烯材料是可燃性材料，明火会引起聚乙烯材料燃烧和变形，而且明火加热也不能保证加热温度的均匀性，可能影响接头连接质量，因此，要求严禁使用明火加热。

7.1.7 聚乙烯管道和钢骨架聚乙烯复合管道强度试验和严密性试验时，所发现的缺陷，必须待试验压力降至大气压后进行处理，处理合格后应重新进行试验。

【条文解析】

本条规定的目的是保证施工安全，带压操作是极其危险的。

3.3 燃气应用设备

《城镇燃气设计规范》GB 50028—2006

10.3.2 用户燃气表的安装位置，应符合下列要求：

2 严禁安装在下列场所：

1）卧室、卫生间及更衣室内；

2）有电源、电器开关及其他电器设备的管道井内，或有可能滞留泄漏燃气的隐蔽场所；

3）环境温度高于45℃的地方；

4）经常潮湿的地方；

5）堆放易燃、易腐蚀或有放射性物质等危险的地方；

6）有变、配电等电器设备的地方；

7）有明显振动影响的地方；

8）高层建筑中的避难层及安全疏散楼梯间内。

【条文解析】

本条规定了用户燃气表安装设计要求。

1）禁止安装燃气表的房间、处所的规定主要是为了安全。因为燃气表安装在卫生间内，外壳容易受环境腐蚀影响；安装在卧室则当表内发生故障时既不便于检修，又极易发生事故；在危险品和易燃物品堆存处安装燃气表，一旦出现漏气时更增加了易燃、易爆品的危险性，万一发生事故时必然加剧事故的灾情，故规定为"严禁安装"。

2）目前输配管道内燃气一般都含有水分。燃气经过燃气表时还有散热降温作用。如环境温度低于燃气露点温度或低于0℃时，燃气表内会出现冷凝或冻结现象，从而影响计量装置的正常运转，故各地燃气公司对环境温度均有规定。

3）燃气表一般装在灶具的上方，当有条件时燃气表也可设置在户门外，设置在门外楼梯间等部位应考虑漏气、着火后对消防疏散的影响，要有安全措施，如设表前切断阀、对燃气表的保护和加强自然通风等。

10.4.2　居民生活用气设备严禁设置在卧室内。

【条文解析】

燃气红外线采暖器和火道（炕、墙）式燃气采暖装置在我国一些地区的卧室使用后，都曾发生过多起人身中毒和爆炸事故。故规定燃气用具严禁在卧室内安装。

10.4.4　家用燃气灶的设置应符合下列要求：

4　放置燃气灶的灶台应采用不燃烧材料，当采用难燃材料时，应加防火隔热板。

【条文解析】

烹调用燃气灶应安装在能直接采光和通风的厨房内或非居住房间内，并设门与卧室、起居室（厅）隔开。燃气灶的安装部位应符合通风、防火、隔热要求，并且操作、维修方便。

《家用燃气灶具》GB 16410 中第 5.3.1.12 条要求："所有类型的灶具每一个燃烧器均应设有熄火保护装置。"同时也规定："燃烧器未点燃、意外熄火或火焰检测器失效时，应能关闭燃烧器的燃气通路。"

10.5.3　商业用气设备设置在地下室、半地下室（液化石油气除外）或地上密闭房间内时，应符合下列要求：

1　燃气引入管应设手动快速切断阀和紧急自动切断阀；紧急自动切断阀停电时必须处于关闭状态（常开型）。

3　用气房间应设置燃气浓度检测报警器，并由管理室集中监视和控制。

5　应设置独立的机械送排风系统，通风量应满足下列要求：

1）正常工作时，换气次数不应小于 6 次/h；事故通风时，换气次数不应小于 12 次/h；不工作时换气次数不应小于 3 次/h；

2）当燃烧所需的空气由室内吸取时，应满足燃烧所需的空气量；

3）应满足排除房间热力设备散失的多余热量所需的空气量。

【条文解析】

本条对地下室等危险部位使用燃气时的安全技术要求作了规定。

10.5.7　商业用户中燃气锅炉和燃气直燃型吸收式冷（温）水机组的安全技术措施应符合下列要求：

1　燃烧器应是具有多种安全保护自动控制功能的机电一体化的燃具；

2　应有可靠的排烟设施和通风设施；

3　应设置火灾自动报警系统和自动灭火系统；

4　设置在地下室、半地下室或地上密闭房间时应符合本规范第 10.5.3 条和

10.2.21 条的规定。

【条文解析】

本条主要对商业用户中燃气锅炉和燃气直燃型吸收式冷（温）水机组的设置作了规定。

10.6.2 当城镇供气管道压力不能满足用气设备要求，需要安装加压设备时，应符合下列要求：

1 在城镇低压和中压 B 供气管道上严禁直接安装加压设备。

2 在城镇低压和中压 B 供气管道上间接安装加压设备时应符合下列规定：

1）加压设备前必须设低压储气罐。其容积应保证加压时不影响地区管网的压力工况；储气罐容积应按生产量较大者确定；

2）储气罐的起升压力应小于城镇供气管道的最低压力；

3）储气罐进出口管道上应设切断阀，加压设备应设旁通阀和出口止回阀；由城镇低压管道供气时，储罐进口处的管道上应设止回阀；

4）储气罐应设上、下限位的报警装置和储量下限位与加压设备停机和自动切断阀连锁。

3 当城镇供气管道压力为中压 A 时，应有进口压力过低保护装置。

【条文解析】

关于在供气管网上直接安装升压装置的情况在实际中已存在，由于安装升压装置的用户用气量大，影响了供气管网的稳定，尤其是对低压和中压 B 管网影响较大，造成其他用户燃气压力波动范围加大，降低了灶具燃烧的稳定性，增加了不安全因素。因此，条文规定"严禁"在低压和中压 B 供气管道上"直接"安装加压设备，并主要根据上海等地的经验规定了当用户用气压力需要升压时必须采取的相应措施，以确保供气管网安全稳定供气。

10.6.6 工业企业生产用气设备燃烧装置的安全设施应符合下列要求：

1 燃气管道上应安装低压和超压报警以及紧急自动切断阀；

2 烟道和封闭式炉膛，均应设置泄爆装置，泄爆装置的泄压口应设在安全处；

3 鼓风机和空气管道应设静电接地装置，接地电阻不应大于 100Ω；

4 用气设备的燃气总阀门与燃烧器阀门之间，应设置放散管。

【条文解析】

规定了工业生产用气设备应设置的安全设施。

1）使用机械鼓风助燃的用气设备，在燃气总管上应设置紧急自动切断阀，一般是一台或几台设备装一个紧急自动切断阀，其目的是防止当燃气或空气压力降低（如突然停电）时，燃气和空气混合而发生回火事故。

2) 用气设备的防爆设施主要是根据各单位的实践经验而设置的。从调查中，各单位均认为用气设备的水平烟道应设置爆破门或起防爆作用的检查人孔。过去有些单位没有设置或设置了之后泄压面积不够，曾出现过炸坏烟道、烟囱的事故。

锅炉、间接式加热等封闭式的用气设备，其炉膛应设置爆破门，而非封闭式的用气设备，炉门和进出料口能满足防爆要求时则可不另设爆破门。

本条规定用气设备的烟道和封闭式炉膛应设爆破门，爆破门的泄压面积指标，暂不作规定。

3) 鼓风机和空气管道静电接地主要是防止当燃气泄漏逸入鼓风机和空气管道后静电引起的爆炸事故。

4) 设置放散管的目的是在用气设备首次使用或长时间不用再次使用时，用来吹扫积存在燃气管道中的空气。另外，当停炉时，总阀门关闭不严漏出的燃气可利用放散管放出，以免进入炉膛和烟道而引发事故。

10.6.7 燃气燃烧需要带压空气和氧气时，应有防止空气和氧气回到燃气管路和回火的安全措施，并应符合下列要求：

1 燃气管路上应设背压式调压器，空气和氧气管路上应设泄压阀；

2 在燃气、空气或氧气的混气管路与燃烧器之间应设阻火器；混气管路的最高压力不应大于 0.07MPa；

3 使用氧气时，其安装应符合有关标准的规定。

【条文解析】

1) 背压式调压器及其工作原理。

在大气压调压器结构中，膜片、阀杆、阀瓣系统的自重为调压弹簧的反作用力所平衡，阀门通常保持"闭"的状态。即使当进口侧有气体压力输入时，阀门仍不致开启，出口侧压力保持零的状态。

当外部压力由控制孔进入上部隔膜室，致使压力升高时，或当下游气路中混合器动作抽吸管路中气体，下部隔膜室压力形成负压时，由于主隔膜存在上下压差，阀门向下开启，燃气由出口侧输出，并可使燃气与空气保持恒定的混合比。

此种调压器结构合理，灵敏度高，可在气路中组成吸气式、均压式、溢流式等多种用途，是自动控制出口压力、气体流量的机械式自动控制器，对提高燃气热效率、节约能源、简化燃烧装置的操作管理均有很好作用。其安装要求参见该产品说明书。

2) 混气管路中的阻火器及其压力的限制。

①防回火的阻火器，其阻火网的孔径必须在回火的临界孔径之内。

②混合管路中的压力不得大于 0.07MPa，其目的主要是当发生回火时，降低破坏力；另外，混气压力大于一般喷嘴的临界压力（0.08MPa 左右）已无使用意义。

3.4 燃烧与烟气

《城镇燃气设计规范》GB 50028—2006

10.7.1 燃气燃烧所产生的烟气必须排出室外。设有直排式燃具的室内容积热负荷指标超过 207W/m³时，必须设置有效的排气装置将烟气排至室外。

注：有直通洞口（哑口）的毗邻房间的容积也可一并作为室内容积计算。

【条文解析】

为保证室内的卫生条件，燃具燃烧所产生的烟气必须排出室外。有效的排气装置一般指排气扇、排油烟机等机械排烟设施。

燃具排烟对厨房卫生条件的影响，与燃具烟气量及其有害物含量（CO、NO$_x$ 等）、厨房容积及通风换气等因素有关。目前住宅厨房内直排式燃具为烹调用双眼灶；随着生活水平的提高，双眼灶的热流量越来越大，目前厨房的通风换气已远不能满足要求，为保证室内卫生条件，设置双眼灶的厨房内应设机械式吸油烟机或换气扇。

10.7.3 浴室用燃气热水器的给排气口应直接通向室外，其排气系统与浴室必须有防止烟气泄漏的措施。

【条文解析】

本条指安装在浴室内的平衡式燃气热水器，平衡式燃气热水器的给排气口位置，应根据住宅浴室给排气条件、热水器给排气管的结构（同轴管还是独立管）等不同情况确定。给排气管一般安装在外墙，也可安装在屋顶、共用烟道等部位。

10.7.6 水平烟道的设置应符合下列要求：

1 水平烟道不得通过卧室。

【条文解析】

水平烟道抽烟能力不强，且易积灰或受杂物堵塞，一旦烟道产生裂缝，烟气外漏将危害卧室中的人身安全。

4 电气设备

4.1 供配电系统

4.1.1 负荷分级及供电要求

《民用建筑电气设计规范》JGJ 16—2008

3.2.1 用电负荷应根据供电可靠性及中断供电所造成的损失或影响的程度，分为一级负荷、二级负荷及三级负荷。各级负荷应符合下列规定：

1 符合下列情况之一时，应为一级负荷：

1) 中断供电将造成人身伤亡；

2) 中断供电将造成重大影响或重大损失；

3) 中断供电将破坏有重大影响的用电单位的正常工作，或造成公共场所秩序严重混乱。例如：重要通信枢纽、重要交通枢纽、重要的经济信息中心、特级或甲级体育建筑、国宾馆、承担重大国事活动的会堂、经常用于重要国际活动的大量人员集中的公共场所等的重要用电负荷。

在一级负荷中，当中断供电将发生中毒、爆炸和火灾等情况的负荷，以及特别重要场所的不允许中断供电的负荷，应为特别重要的负荷。

2 符合下列情况之一时，应为二级负荷：

1) 中断供电将造成较大影响或损失；

2) 中断供电将影响重要用电单位的正常工作或造成公共场所秩序混乱。

3 不属于一级和二级的用电负荷应为三级负荷。

【条文解析】

根据电力负荷因事故中断供电造成的损失或影响的程度，区分其对供电可靠性的要求，进行负荷分级。损失或影响越大，对供电可靠性的要求越高。电力负荷分级的意义在于正确地反映它对供电可靠性要求的界限，以便根据负荷等级采取相应的供电方式，提高投资的经济效益和社会效益。

根据民用建筑特点，本条对一级负荷中特别重要负荷作了规定。一级负荷中特别重要的负荷，如大型金融中心的关键电子计算机系统和防盗报警系统、大型国际比赛场馆的计时记分系统及监控系统等。重要的实时处理计算机及计算机网络一旦中断供电将会丢失重要数据，因此列为一级负荷中特别重要负荷。另外，大多数民用建筑中通常不含有中断供电将发生中毒、爆炸和火灾的负荷，当个别建筑物内含有此类负荷时，应列为一级负荷中特别重要负荷。

3.2.8 一级负荷应由两个电源供电，当一个电源发生故障时，另一个电源不应同时受到损坏。

【条文解析】

规定一级负荷应由两个电源供电，而且不能同时损坏。因为只有满足这个基本条件，才可能维持其中一个电源继续供电，这是必须满足的要求。两个电源宜同时工作，也可一用一备。

3.2.9 对于一级负荷中的特别重要负荷，应增设应急电源，并严禁将其他负荷接入应急供电系统。

【条文解析】

对一级负荷中特别重要负荷的供电要求作了规定，除应满足第3.2.8条要求的两个电源供电外，还必须增设应急电源。

近年来供电系统的运行实践经验证明，从电力网引接两回路电源进线加备用自投（BZT）的供电方式，不能满足一级负荷中特别重要负荷对供电可靠性及连续性的要求，有的全部停电事故是由内部故障引起的，也有的是由电力网故障引起的。由于地区大电力网在主网电压上部是并网的，所以用电部门无论从电网取几路电源进线，也无法得到严格意义上的两个独立电源。因此，电力网的各种故障，可能引起全部电源进线同时失去电源，造成停电事故。

当电网设有自备发电站时，由于内部故障或继电保护的误动作交织在一起，可能造成自备电站电源和电网均不能向负荷供电的事故。因此，正常与电网并列运行的自备电站，一般不宜作为应急电源使用，对一级负荷中特别重要的负荷，需要由与电网不并列的、独立的应急电源供电。禁止应急电源与工作电源并列运行，目的在于防止工作电源故障时可能拖垮应急电源。

多年来实际运行经验表明，电气故障是无法限制在某个范围内部的，电力企业难以确保供电不中断。因此，应急电源应是与电网在电气上独立的各种电源，如蓄电池、柴油发电机等。

为了保证对一级负荷中特别重要负荷的供电可靠性，须严格界定负荷等级，并严禁将其他负荷接入应急电源系统。

3.2.10 二级负荷的供电系统，宜由两回线路供电。在负荷较小或地区供电条件困难时，二级负荷可由一回路 6kV 及以上专用的架空线路或电缆供电。当采用架空线时，可为一回路架空线供电；当采用电缆线路时，应采用两根电缆组成的线路供电，其每根电缆应能承受 100％ 的二级负荷。

【条文解析】

本条对二级负荷的供电方式作了规定。由于二级负荷停电影响较大，因此宜由两回线路供电，供电变压器也宜选两台（两台变压器可不在同一变电所）。只有当负荷较小或地区供电条件困难时，才允许由一回 6kV 及以上的专用架空线或电缆供电。当线路自上一级配电所用电缆引出时必须采用两根电缆组成的电缆线路，其每根电缆应能承受二级负荷的 100％，且互为热备用。

《供配电系统设计规范》 GB 50052—2009

3.0.1 电力负荷应根据对供电可靠性的要求及中断供电在对人身安全、经济损失上所造成的影响程度进行分级，并应符合下列规定：

1 符合下列情况之一时，应视为一级负荷：

1) 中断供电将造成人身伤害时；

2) 中断供电将在经济上造成重大损失时；

3) 中断供电将影响重要用电单位的正常工作。

2 在一级负荷中，当中断供电将造成人员伤亡或重大设备损坏或发生中毒、爆炸和火灾等情况的负荷，以及特别重要场所的不允许中断供电的负荷，应视为一级负荷中特别重要的负荷。

3 符合下列情况之一时，应视为二级负荷：

1) 中断供电将在经济上造成较大损失时；

2) 中断供电将影响重要用电单位的正常工作。

4 不属于一级和二级负荷者应为三级负荷。

【条文解析】

用电负荷分级的意义，在于正确地反映它对供电可靠性要求的界限，以便恰当地选择符合实际水平的供电方式，提高投资的经济效益，保护人员生命安全。负荷分级主要是从安全和经济损失两个方面来确定。安全包括了人身生命安全和生产过程、生产装备的安全。

确定负荷特性的目的是确定其供电方案。在目前市场经济的大环境下，政府应该只对涉及人身和生产安全的问题采取强制性的规定，而对于停电造成的经济损失的评价主要应该取决于用户所能接受的能力。规范中对特别重要负荷及一、二、三级负荷的供电要求是最低要求，工程设计中用户可以根据其本身的特点确定其供电方案。由于各个行业的负荷特性不一样，本规范只能对负荷的分级作原则性规定，各行业可以依据本规范的分级规定，确定用电设备或用户的负荷级别。

停电一般分为计划检修停电和事故停电，由于计划检修停电事先通知用电部门，故可采取措施避免损失或将损失减至最低限度。条文中是按事故停电的损失来确定负荷的特性。

政治影响程度难以衡量。个别特殊的用户有特别的要求，故不在条文中表述。

1）对于中断供电将会产生人身伤亡及危及生产安全的用电负荷视为特别重要负荷。在生产连续性较高行业，当生产装置工作电源突然中断时，为确保安全停产，避免引起爆炸、火灾、中毒、人员伤亡而必须保证的负荷，为特别重要负荷，如中压及以上的锅炉给水泵、大型压缩机的润滑油泵等；或者事故一旦发生能够及时处理，防止事故扩大，保证工作人员的抢救和撤离而必须保证的用电负荷，亦为特别重要负荷。在工业生产中，如正常电源中断时处理安全停产所必需的应急照明、通信系统；保证安全停产的自动控制装置等。民用建筑中，如大型金融中心的关键电子计算机系统和防盗报警系统；大型国际比赛场馆的记分系统及监控系统等。

2）对于中断供电将会在经济上产生重大损失的用电负荷视为一级负荷。例如，使生产过程或生产装备处于不安全状态、重大产品报废、用重要原料生产的产品大量报废、生产企业的连续生产过程被打乱需要长时间才能恢复等将在经济上造成重大损失，则其负荷特性为一级负荷。大型银行营业厅的照明、一般银行的防盗系统；大型博物馆、展览馆的防盗信号电源，珍贵展品室的照明电源，一旦中断供电可能会造成珍贵文物和珍贵展品被盗，因此其负荷特性为一级负荷。在民用建筑中，重要的交通枢纽、重要的通信枢纽、重要宾馆、大型体育场馆，以及经常用于重要活动的大量人员集中的公共场所等，由于电源突然中断造成正常秩序严重混乱的用电负荷为一级负荷。

3）中断供电使主要设备损坏、大量产品报废、连续生产过程被打乱需较长时间才能恢复、重点企业大量减产等将在经济上造成较大损失，则其负荷特性为二级负荷。中断供电将影响较重要用电单位的正常工作，如交通枢纽、通信枢纽等用电单位中的重要电力负荷，以及中断供电将造成大型影剧院、大型商场等较多人员集中的重要的公共场所秩序混乱，其负荷特性为二级负荷。

4）在一个区域内，当用电负荷中一级负荷占大多数时，本区域的负荷作为一个整体可以认为是一级负荷；在一个区域内，当用电负荷中一级负荷所占的数量和容量都较少，而二级负荷所占的数量和容量较大时，本区域的负荷作为一个整体可以认为是二级负荷。在确定一个区域的负荷特性时，应分别统计特别重要负荷，一、二、三级负荷的数量和容量，并研究在电源出现故障时须向该区域保证供电的程度。

在工程设计中，特别是对大型的工矿企业，有时对某个区域的负荷定性比确定单个的负荷特性更具有可操作性。按照用电负荷在生产使用过程中的特性，对一个区域的用电负荷在整体上进行确定，其目的是确定整个区域的供电方案及作为向外申请用电的依据。如在一个生产装置中只有少量的用电设备生产连续性要求高，不允许中断供电，其负荷为一级负荷，而其他的用电设备可以断电，其性质为三级负荷，则整个生产装置的用电负荷可以确定为三级负荷；如果生产装置区的大部分用电设备生产的连续性都要求很高，停产将会造成重大的经济损失，则可以确定本装置的负荷特性为一级负荷。如果区域负荷的特性为一级负荷，则应该按照一级负荷的供电要求对整个区域供电；如果区域负荷特性是二级负荷，则对整个区域按照二级负荷的供电要求进行供电，对其中少量的特别重要负荷按照规定供电。

3.0.2 一级负荷应由双重电源供电，当一电源发生故障时，另一电源不应同时受到损坏。

【条文解析】

地区大电力网在主网电压上部是并网的，用电部门无论从电网取几回电源进线，也无法得到严格意义上的两个独立电源。所以，这里指的双重电源可以是分别来自不同电网的电源，或者来自同一电网但在运行时电路互相之间联系很弱，或者来自同一个电网但其间的电气距离较远，一个电源系统任意一处出现异常运行时或发生短路故障时，另一个电源仍能不中断供电，这样的电源都可视为双重电源。

一级负荷的供电应由双重电源供电，而且不能同时损坏，只有必须满足这两个基本条件，才可能维持其中一个电源继续供电。双重电源可一用一备，亦可同时工作，各供一部分负荷。

3.0.3 一级负荷中特别重要的负荷供电，应符合下列要求：

1 除应由双重电源供电外，尚应增设应急电源，并严禁将其他负荷接入应急供电系统；

2 设备的供电电源的切换时间，应满足设备允许中断供电的要求。

【条文解析】

一级负荷中特别重要的负荷的供电除由双重电源供电外，尚须增加应急电源。由于在实际中很难得到两个真正独立的电源，电网的各种故障都可能引起全部电源进线同时失去电源，造成停电事故，因此对特别重要负荷要由与电网不并列的、独立的应急电源供电。

工程设计中，对于其他专业提出的特别重要负荷，应仔细研究，凡能采取非电气保安措施者，应尽可能减少特别重要负荷的负荷量。

3.0.4 下列电源可作为应急电源：

1 独立于正常电源的发电机组；

2 供电网络中独立于正常电源的专用馈电线路；

3 蓄电池。

【条文解析】

多年来实际运行经验表明，电气故障是无法限制在某个范围内部的，电力部门从未保证过供电不中断。即使供电中断也不罚款。因此，应急电源应是与电网在电气上独立的各式电源，如蓄电池、柴油发电机等。供电网络中有效地独立于正常电源的专用的馈电线路即是指保证两个供电线路不大可能同时中断供电的线路。

正常与电网并联运行的自备电站不宜作为应急电源使用。

3.0.7 二级负荷的供电系统，宜由两回线路供电。在负荷较小或地区供电条件困难时，二级负荷可由一回6kV及以上专用的架空线路供电。

【条文解析】

由于二级负荷停电造成的损失较大，且二级负荷包括的范围也比一级负荷广，其供电方式的确定，如能根据供电费用及供配电系统停电概率所带来的停电损失等综合比较来确定是合理的。目前条文中对二级负荷的供电要求是根据本规范的负荷分级原则和当前供电情况确定的。

对二级负荷的供电方式，因其停电影响还是比较大的，故应由两回线路供电。两回线路与双重电源略有不同，二者都要求线路有两个独立部分，而后者还强调电源的相对独立。

只有当负荷较小或地区供电条件困难时，才允许由一回6kV及以上的专用架空线供电。这点主要考虑电缆发生故障后有时检查故障点和修复需时较长，而一般架空线路修复方便（此点和电缆的故障率无关）。当线路自配电所引出采用电缆线路时，应采用两回线路。

3.0.9 备用电源的负荷严禁接入应急供电系统。

【条文解析】

备用电源与应急电源是两种用途完全不同的电源。备用电源是当正常电源断电时，由于非安全原因用来维持电气装置或其某些部分所需的电源；而应急电源，又称安全设施电源，是用做应急供电系统组成部分的电源，是为了人体和家畜的健康和安全，以及避免对环境或其他设备造成损失的电源。本条文从安全角度考虑，其目的是防止其他负荷接入应急供电系统。

《住宅建筑电气设计规范》JGJ 242—2011

3.2.1 住宅建筑中主要用电负荷的分级应符合表3.2.1的规定，其他未列入表3.2.1中的住宅建筑用电负荷的等级宜为三级。

表3.2.1 住宅建筑主要用电负荷的分组

建筑规模	主要用电负荷名称	负荷等级
建筑高度为100m或35层及以上的住宅建筑	消防用电负荷、应急照明、航空障碍照明、走道照明、值班照明、安防系统、电子信息设备机房、客梯、排污泵、生活水泵	一级
建筑高度为50～100m且19～34层的一类高层住宅建筑	消防用电负荷、应急照明、航空障碍照明、走道照明、值班照明、安防系统、客梯、排污泵、生活水泵	
10～18层的二类高层住宅建筑	消防用电负荷、应急照明、走道照明、值班照明、安防系统、客梯、排污泵、生活水泵	二级

【条文解析】

1）表3.2.1里消防用电负荷为消防控制室、火灾自动报警及联动控制装置、火灾应急照明及疏散指示标志、防烟及排烟设施、自动灭火系统、消防水泵、消防电梯及其排水泵、电动的防火卷帘及阀门等的消防用电。

2）表3.2.1中及全文中"建筑高度为100m或35层及以上的住宅建筑"意为100m及100m以上的住宅建筑或35层及35层以上的住宅建筑。

3）表3.2.1中及全文中"建筑高度为50～100m且19～34层的一类高层住宅建筑"意为19～34层同时满足建筑高度为50～100m的住宅建筑，如果19～34层同时建筑高度为100m及100m以上的住宅建筑，应按2）执行；如果建筑高度为50m及以上且层数为18及以下或层数为19建筑高度低于50m的住宅建筑，均应按本款执行。

4) 住宅小区里的消防系统、安防系统、值班照明等用电设备应按小区里负荷等级高的要求供电。如一个住宅小区里同时有一类和二类高层住宅建筑，住宅小区里上述的用电设备应按一级负荷供电。

3.2.2 严寒和寒冷地区住宅建筑采用集中供暖系统时，热交换系统的用电负荷等级不宜低于二级。

【条文解析】

低层和多层住宅建筑一般用电负荷为三级，严寒和寒冷地区为保障集中供暖系统运行正常，对其系统的供电提出了要求。

《交通建筑电气设计规范》JGJ 243—2011

3.2.1 交通建筑中用电负荷等级应根据供电可靠性及中断供电所造成的损失或影响程度，分为一级负荷、二级负荷及三级负荷，且各级负荷应符合表 3.2.1 的规定。不同类型交通建筑的规模划分应按本规范附录 A 执行。

表 3.2.1　交通建筑中用电负荷等级

适用场所建筑类型＼负荷等级	一级负荷中特别重要负荷	一级负荷	二级负荷	三级负荷
民用机场	民用机场内的航空管制、导航、通信、气象、助航灯光系统设施和台站用电；边防、海关的安全检查设备；航班信息、显示及时钟系统 航站楼、外航驻机场办事处中不允许中断供电的重要场所用电负荷	Ⅲ类及以上民用机场航站楼中的公共区域照明、电梯、送排风系统设备、排污泵、生活水泵、行李处理系统（BHS） 航站楼、外航驻机场航站楼办事处、机场宾馆内与机场航班信息相关的系统、综合监控系统及其他信息系统 站坪照明、站坪机务；飞行区内雨水泵站等用电	航站楼内除一级负荷以外的其他主要用电负荷，包括公共场所空调系统设备、自动扶梯、自动人行道 Ⅳ类及以下民用机场航站楼的公共区域照明、电梯、送排风系统设备、排污水设备、生活水泵用电	不属于一级和二级的用电负荷

续表

建筑类型 适用场所 负荷等级	一级负荷中特别重要负荷	一级负荷	二级负荷	三级负荷
铁路旅客车站综合交通枢纽站	特大型铁路旅客车站、集大型铁路旅客车站及其他车站等为一体的大型综合交通枢纽站中不允许中断供电的重要场所用电负荷	特大型铁路旅客车站、国境站和集大型铁路旅客车站及其他车站等为一体的综合交通枢纽站的旅客站房、站台、天桥、地道用电、防灾报警设备；特大型铁路旅客车站、国境站的公共区域照明 售票系统设备、安防及安全检查设备、通信系统	大、中型铁路旅客车站、集中型铁路旅客车站及其他车站等为一体的综合交通枢纽站的旅客站房、站台、天桥、地道用电、防灾报警设备 特大和大型铁路旅客车站、国境站的列车到发预告显示系统、旅客用电梯、自动扶梯、国际换装设备、行包用电梯、皮带输送机、送排风机、排污水设备 特大型铁路旅客车站的冷热源设备 大中型铁路旅客车站的公共区域照明、管理用房照明及设备 铁路旅客车站的驻站警务室	不属于一级和二级的用电负荷
城市轨道交通车站、磁浮列车站	通信及信号系统及车站内不允许中断供电的重要场所用电负荷	综合监控系统、屏蔽门（安全门）、防护门、防淹门及地铁车站中的排水泵用电、信息设备管理用房照明、公共区域照明、自动售票系统设备	非消防用电梯及自动扶梯、地上站厅站台照明、送排风机、排污水设备	

负荷 等级 适用场所 建筑类型	一级负荷中特别重要负荷	一级负荷	二级负荷	三级负荷
港口客运站	—	一级港口客运站的通信、监控系统设备、导航设施用电	港口重要作业区、一、二级港口客运站主要用电负荷，包括公共区域照明、管理用房照明及设备、电梯、送排风系统设备、排污水设备、生活水泵	不属于一级和二级的用电负荷
汽车客运站	—	—	一、二级汽车客运站主要用电负荷，包括公共区域照明、管理用房照明及设备、电梯、送排风系统设备、排污水设备、生活水泵	

【条文解析】

本条所指的一、二、三级负荷的供电电源符合下列要求：

1）一级负荷应由两个电源供电，当一个电源发生故障时，另一个电源不应同时受到损坏。

2）对于一级负荷中的特别重要负荷，应增设应急电源，并严禁将其负荷接入应急供电系统。

3）二级负荷的供电系统，宜由两回线路供电；在负荷较小或地区供电条件困难时，二级负荷可由一回路10（6）kV及以上专用的架空线路或电缆供电。当采用电缆线路时，应采用两根电缆组成的线路供电，其每根电缆应能承受100%的二级负荷。

4）三级负荷可为单电源单回线路供电，电源故障时允许自动切除该类负荷。

当交通建筑为高层建筑时，其用电负荷等级除符合表3.2.1规定外，尚应符合高层建筑用电负荷等级的规定。

3.2.2 交通建筑中消防用电的负荷等级应符合下列规定：

1 Ⅲ类及以上民用机场航站楼、特大型和大型铁路旅客车站、集民用机场航站楼或铁路及城市轨道交通车站等为一体的大型综合交通枢纽站、城市轨道交通地下站以及具有一级耐火等级的交通建筑中消防用电，应为一级负荷；

2 其他机场航站楼、铁路客运站、城市轨道交通地面站、地上站、港口客运站、汽车客运站及其他交通建筑等的消防负荷不应低于二级负荷。

【条文解析】

交通建筑中的消防用电负荷主要有消防控制室、火灾自动报警及联动控制装置、火灾应急照明及疏散指示标志、防烟及排烟设施、自动灭火系统、消防水泵、消防电梯、消防排水泵、电动防火卷帘、电动排烟门窗、城市轨道交通车站中兼做消防疏散用的自动扶梯等。

3.2.3 当交通建筑机房及重要场所中有一级负荷中特别重要负荷的设备时，直接为其运行服务的空调用电不应低于一级负荷；有大量一级负荷设备时，直接为其运行服务的空调用电不应低于二级负荷。

【条文解析】

这里的大量一级负荷的设备，通常指用电负荷中有超过60%的用电负荷为一级负荷。

3.2.5 交通建筑群区的场内雨水泵站、供水站、采暖锅炉房、换热站、能源中心、通信（信息）楼等的用电负荷，应根据工程规模、重要性等因素合理确定负荷等级，且不应低于二级。

【条文解析】

交通类建筑的场地面积一般都比较大，雨水泵站对其场地排水具有重要作用，雨水泵站的供电一般按照防灾要求设计。当邻近雨水泵站的建筑内设有应急柴油发电机时，雨水泵站除提供市电电源外，还应引入发电机电源。

3.2.7 应急电源应满足重要用电设备对电源切换时间的要求，并应根据负荷要求按其不同的电源切换时间进行分级。应急电源的分级及切换时间的要求应符合表3.2.7的规定。

表3.2.7 应急电源的分级及切换时间的要求

应急电源级别	应急电源对电源切换时间的要求	适用场合
0级（不间断）	不间断自动连续供电	信息技术设备、重要监控系统设备、机场安检设备、UPS电源所供设备

应急电源级别	应急电源对电源切换时间的要求	适用场合
0.15级（极短时间隔）	0.15s之内自动恢复有效供电	EPS电源设备，人员密集场所、容易引起人员恐慌场所的应急照明类设施
0.5级（短时间隔）	0.5s之内自动恢复有效供电	一般场所的应急照明类设施、客运航班显示屏、除机场以外的安检设备
15级（中等间隔）	15s之内自动恢复有效供电	一般消防类设施（不包括火灾应急照明）、电梯

【条文解析】

交通建筑中重要用电负荷除满足其所具有的负荷等级要求外，还应满足重要用电负荷对电源切换时间的要求。

《人民防空地下室设计规范》GB 50038—2005

7.2.3 战时电力负荷分级，应符合下列规定：

1 一级负荷：

1）中断供电将危及人员生命安全；

2）中断供电将严重影响通信、警报的正常工作；

3）不允许中断供电的重要机械、设备；

4）中断供电将造成人员秩序严重混乱或恐慌。

2 二级负荷：

1）中断供电将严重影响医疗救护工程、防空专业队工程、人员掩蔽工程和配套工程的正常工作；

2）中断供电将影响生存环境。

3 三级负荷：除上述两款规定外的其他电力负荷。

【条文解析】

战时电力负荷分级的意义在于正确地反映出各等级负荷对供电可靠性要求的界限，以便选择符合战时的供电方式，满足战时各种用电设备的供电需要。

4.1.2 电源及供配电系统

《民用建筑电气设计规范》JGJ 16—2008

3.3.2 **应急电源与正常电源之间必须采取防止并列运行的措施。**

【条文解析】

应急电源与正常电源之间必须采取可靠措施防止并列运行，目的在于保证应急电源的专用性，防止正常电源系统故障时应急电源向正常电源系统负荷送电而失去作用。例如，应急电源原动机的启动命令必须由正常电源主开关的辅助接点发出，而不是由继电器的接点发出，因为继电器有可能误动作而造成与正常电源误并网。

3.3.3 下列电源可作为应急电源：

1 供电网络中独立于正常电源的专用馈电线路；

2 独立于正常电源的发电机组；

3 蓄电池。

【条文解析】

应急电源类型的选择应根据一级负荷中特别重要负荷的容量、允许中断供电的时间及要求的电源为交流或直流等条件来进行。

由于蓄电池装置供电稳定、可靠、切换时间短，因此对于允许停电时间为毫秒级、容量不大的特别重要负荷且可采用直流电源者，可由蓄电池装置作为应急电源。如果特别重要负荷要求交流电源供电，且容量不大的，可采用 UPS 静止型不间断供电装置（通常适用于计算机等电容性负载）。

对于应急照明负荷，可采用 EPS 应急电源（通常适用于电感及阳性负载）供电。

如果特别重要负荷中有须驱动的电动机负荷，启动电流冲击较大，但允许停电时间为 30s 以内的，可采用快速自启动的柴油发电机组，这是考虑一般快速自启动的柴油发电机组自启动时间一般为 10s 左右。

对于带有自动投入装置的独立于正常电源的专门馈电线路，是考虑其自投装置的动作时间，适用于允许中断供电时间大于电源切换时间的供电。

《供配电系统设计规范》GB 50052—2009

4.0.2 应急电源与正常电源之间，应采取防止并列运行的措施。当有特殊要求，应急电源向正常电源转换需短暂并列运行时，应采取安全运行的措施。

【条文解析】

应急电源与正常电源之间应采取可靠措施防止并列运行，目的在于保证应急电源的专用性，防止正常电源系统故障时应急电源向正常电源系统负荷送电而失去作用。例如，应急电源原动机的启动命令必须由正常电源主开关的辅助接点发出，而不是由继电器的接点发出，因为继电器有可能误动作而造成与正常电源误并网。有个别用户在应急电源向正常电源转换时，为了减少电源转换对应急设备的影响，将应急电源与正常电源短暂并列运行，并列完成后立即将应急电源断开。当需要并列操作时，应符合下列条件：

1）应取得供电部门的同意。

2）应急电源须设置频率、相位和电压的自动同步系统。

3）正常电源应设置逆功率保护。

4）并列及不并列运行时故障情况的短路保护、电击保护都应得到保证。

具有应急电源蓄电池组的静止不间断电源装置，其正常电源是经整流环节变为直流才与蓄电池组并列运行的，在对蓄电池组进行浮充储能的同时经逆变环节提供交流电源，当正常电源系统故障时，利用蓄电池组直流储能放电而自动经逆变环节不间断地提供交流电源，但由于整流环节的存在因而蓄电池组不会向正常电源进线侧反馈，也就保证了应急电源的专用性。

4.0.3 供配电系统的设计，除一级负荷中的特别重要负荷外，不应按一个电源系统检修或故障的同时另一电源又发生故障进行设计。

【条文解析】

多年运行经验证明，变压器和线路都是可靠的供电元件，用户在一个电源检修或事故的同时另一电源又发生事故的情况是极少的，而且这种事故往往都是由于误操作造成，在加强维护管理、健全必要的规章制度后是可以避免的，如果不提高维护水平，只在供配电系统上层层保险，过多地建设电源线路和变电所，不但造成大量浪费而且事故也终难避免。

4.0.4 需要两回电源线路的用户，宜采用同级电压供电。但根据各级负荷的不同需要及地区供电条件，亦可采用不同电压供电。

【条文解析】

两回电源线路采用同级电压可以互相备用，提高设备利用率，如能满足一级和二级负荷用电要求时，亦可采用不同电压供电。

4.0.6 供配电系统应简单可靠，同一电压等级的配电级数高压不宜多于两级；低压不宜多于三级。

【条文解析】

如果供配电系统接线复杂，配电层次过多，不仅管理不便、操作频繁，而且由于串联元件过多，因元件故障和操作错误而产生事故的可能性也随之增加。所以，复杂的供配电系统导致可靠性下降，不受运行和维修人员的欢迎；配电级数过多，继电保护整定时限的级数也随之增多，而电力系统容许继电保护的时限级数对10kV来说正常也只限于两级，如配电级数出现三级，则中间一级势必要与下一级或上一级之间无选择性。

高压配电系统同一电压的配电级数为两级，例如，由低压侧为 10kV 的总变电所或地区变电所配电至 10kV 配电所，再从该配电所以 10kV 配电给配电变压器，则认为 10kV 配电级数为两级。

低压配电系统的配电级数为三级，例如，从低压侧为 380V 的变电所低压配电屏至配电室分配电屏，由分配电屏至动力配电箱，由动力配电箱至终端用电设备，则认为 380V 配电级数为三级。

4.0.7 高压配电系统宜采用放射式。根据变压器的容量、分布及地理环境等情况，亦可采用树干式或环式。

【条文解析】

配电系统采用放射式供电可靠性高，便于管理，但线路和高压开关柜数量多，而辅助生产区，多属三级负荷，供电可靠性要求较低，可用树干式，线路数量少，投资也少。负荷较大的高层建筑，多属二级和一级负荷，可用分区树干式或环式，减少配电电缆线路和高压开关柜数量，从而相应少占电缆竖井和高压配电室的面积。住宅区多属三级负荷，也有高层二级和一级负荷，因此以环式或树干式为主，但根据线路路径等情况也可用放射式。

4.0.8 根据负荷的容量和分布，配变电所应靠近负荷中心。当配电电压为 35kV 时，亦可采用直降至低压配电电压。

【条文解析】

将总变电所、配电所、变电所建在靠近负荷中心位置，可以节省线材、降低电能损耗，提高电压质量，这是供配电系统设计的一条重要原则。至于对负荷较大的大型建筑和高层建筑分散设置变电所，这也是将变电所建在靠近各自低压负荷中心位置的一种形式。郊区小化肥厂等用电单位，如用电负荷均为低压又较集中，当供电电压为 35kV 时可用 35kV 直降至低压配电电压，这样既简化供配电系统，又节省投资和电能，提高电压质量。又如铁路、轨道交通的供电特点是用电点的负荷均为低压，小而集中，但用电点多而又远离，当高压配电电压为 35kV 时，各变电所亦可采用 35kV 直降至低压配电系统。

4.0.9 在用户内部邻近的变电所之间，宜设置低压联络线。

【条文解析】

一般动力和照明负荷是由同一台变压器供电，在节假日或周期性、季节性轻负荷时，将变压器退出运行并把所带负荷切换到其他变压器上，可以减少变压器的空载损耗。当变压器定期检修或故障时，可利用低压联络线来保证该变电所的检修照明及其所供的一部分负荷继续供电，从而提高了供电可靠性。

《交通建筑电气设计规范》JGJ 243—2011

3.3.3 交通建筑中具有二级负荷且不高于二级负荷的供配电系统宜由两回线路电源供电，电源的电压等级可不同级，每个进线电源的容量应满足供配电系统全部二级负荷供电的要求；在地区供电条件困难时，二级负荷可由一回 6kV 及以上专用线路供电。

【条文解析】

由于交通建筑的特殊性，对于建筑中具有不高于二级负荷的供配电系统建议由两个电源供电，电源的电压等级可不同级。当难以满足要求时，也可考虑采用自备电源。

3.3.8 对民用机场航站楼、集民用机场航站楼或铁路与城市轨道交通车站等为一体的大型综合交通枢纽站、特级铁路旅客站、多线换乘的城市轨道交通车站，应采取措施将供配电系统的谐波限制在规定范围内，并应符合本规范第 16 章的规定。

【条文解析】

此类公共交通建筑中往往有大量电子设备的使用，使系统中存在大量谐波，不仅损耗加大而且会破坏电源质量，对设备造成危害，因此须采取措施对谐波进行抑制。

4.1.3 电压选择和电能质量

《民用建筑电气设计规范》JGJ 16—2008

3.4.5 正常运行情况下，用电设备端子处的电压偏差允许值（以标称系统电压的百分数表示），宜符合下列要求：

1 对于照明，室内场所宜为±5％；对于远离变电所的小面积一般工作场所，难以满足上述要求时，可为+5％、−10％；应急照明、景观照明、道路照明和警卫照明宜为+5％、−10％；

2 一般用途电动机宜为±5％；

3 电梯电动机宜为±7％；

4 其他用电设备，当无特殊规定时宜为±5％。

【条文解析】

各种用电设备对电压偏差都有一定要求。如果电压偏差超过允许值，将导致电动机达不到额定输出功率，增加运行费用，甚至性能变劣、降低寿命。照明器端电压的电压偏差超过允许值时，将使照明器的寿命降低或光通量降低。为使用电设备正常运行和有合理的使用寿命，设计供配电系统时，应验算用电设备的电压偏差。

3.4.7 10（6）kV 配电变压器不宜采用有载调压变压器。但在当地 10（6）kV 电源电压偏差不能满足要求，且用电单位有对电压质量要求严格的设备，单独设置调压装置技术经济不合理时，也可采用 10（6）kV 有载调压变压器。

【条文解析】

电力系统通常在 35kV 以上电压的区域变电所中采用有载调压变压器进行调压，大多数用电单位的电压质量能得到满足，所以通常各用电单位不必装设有载调压变压器，既节省投资又减少了维护工作量，提高了供电可靠性。对个别距离区域变电所过远的用电单位，如果在区域变电所采取集中调压方式后，仍不能满足电压质量要求，且对电压要求严格的设备单独设置调压装置技术经济不合理时，也可采用 10（6）kV 有载调压变压器。

3.4.8 对冲击性低压负荷宜采取下列措施：

1 宜采用专线供电；

2 与其他负荷共用配电线路时，宜降低配电线路阻抗；

3 较大功率的冲击性负荷、冲击性负荷群，不宜与电压波动、闪变敏感的负荷接在同一变压器上。

【条文解析】

冲击性负荷引起的电压波动和闪变对其他用电设备影响甚大，如照明闪烁，显像管图像变形，电动机转速不均匀，电子设备、自控设备或某些仪器工作不正常等，因此应采取具体措施限制在合理的范围内，电压波动和闪变不包括电动机启动时允许的电压骤降。

《供配电系统设计规范》GB 50052—2009

5.0.1 用户的供电电压应根据用电容量、用电设备特性、供电距离、供电线路的回路数、当地公共电网现状及其发展规划等因素，经技术经济比较确定。

【条文解析】

用户需要的功率大，供电电压应相应提高，这是一般规律。

选择供电电压和输送距离有关，也和供电线路的回路数有关。输送距离长，为降低线路电压损失，宜提高供电电压等级。供电线路的回路多，则每回路的送电容量相应减少，可以降低供电电压等级。用电设备特性，如波动负荷大，宜由容量大的电网供电，也就是要提高供电电压的等级。还要看用户所在地点的电网提供什么电压方便和经济。所以，供电电压的选择，不易找出统一的规律，只能定原则。

5.0.3 供电电压大于等于35kV，当能减少配变电级数、简化结线及技术经济合理时，配电电压宜采用35kV或相应等级电压。

【条文解析】

随着经济的发展，企业的规模在不断变大，在一些特大型的化工、钢铁等企业，企业内车间用电负荷非常大，采用10kV电压已难以满足用电负荷对电压降的要求，而采用35kV或以上电压作为一级配电电压既能满足企业的用电要求，也比采用较低电压能减少配变电级数、简化结线。因此，采用35kV或以上电压作为配电电压对这类用户更为合理。对这类用户，可采用若干个35kV或相应供电电压等级的降压变电所分别设在车间旁的负荷中心位置，并以35kV或相应供电电压等级的电压线路直接在厂区配电，而不采用设置大容量总降压变电所以较低的电压配电。这样可以大大缩短低压线路，降低有色金属和电能消耗量。

又如某些企业其负荷不大但较集中，均为低压用电负荷，因工厂位于郊区取得10kV、6kV电源困难，当采用35kV电压供电，并经35kV/0.38kV降压变压器对低压负荷配电，这样可以减少变电级数，从而可以节省电能和投资，并可以提高电能质量，此时，宜采用35kV电压作为配电电压。

当然，35kV以上电压作为企业内直配电压，投资高、占地多，而且还受到设备、线路走廊、环境条件的影响，因此宜慎重确定。

《交通建筑电气设计规范》JGJ 243—2011

3.3.4 交通建筑应根据空调用冷水机组的容量以及地区供电条件，合理确定机组的额定电压和用电单位的供电电压，并应考虑大容量电动机启动时对电源母线压降的影响。由低压电源供电的单台电制冷冷水机组的电功率不宜超过550kW。

【条文解析】

建议低压供电时单台电制冷冷水机组电功率不超过550kW主要是考虑到节能的需要，当电功率超过550kW的冷水机组采用低压供电时，变压器的容量和电缆线径的选择没有采用中压供电的方案经济合理，另外也考虑到大功率设备启动时对电源压降的影响。

4.1.4 无功补偿

《民用建筑电气设计规范》JGJ 16—2008

3.6.1 应合理选择变压器容量、线缆及敷设方式等措施，减少线路感抗以提高用户的自然功率因数。当采用提高自然功率因数措施后仍达不到要求时，应进行无功补偿。

【条文解析】

在民用建筑中通常包含大量的电力变压器、异步电动机、照明灯具等用电设备。这些用电设备所需的无功功率在电网中的滞后无功负荷中所占比重很大。因此，在设计中正确选用变压器等设备的容量，不仅可以提高负荷率，而且对提高自然功率因数也具有实际意义。

当采取合理选择变压器容量、线缆及敷设方式等相应措施提高自然功率因数后，仍不能达到电网合理运行的要求时，应采用人工补偿无功功率措施。

由于并联电容器价格便宜，便于安装，维修工作量及损耗都比较小，可以制成不同容量规格，分组容易，扩建方便，既能满足目前运行要求，又能避免由于考虑将来的发展使目前装设的容量过大，因此可采用并联电力电容器作为人工补偿的主要设备。

3.6.3 补偿基本无功功率的电容器组，宜在配变电所内集中补偿。容量较大、负荷平稳且经常使用的用电设备的无功功率宜单独就地补偿。

【条文解析】

为了尽量减少线损和电压降，宜采用就地平衡无功负荷的原则来装设电容器。由于低压并联电容器的价格比高压并联电容器的低，特别是全膜金属化电容器性能优良，因此低压侧的无功负荷完全由低压电容器补偿是比较合理的。为了防止低压部分过补偿产生的不良后果，因此当有高压感性用电设备或者配电变压器台数较多时，高压部分的无功负荷应由高压电容器补偿。

并联电容器单独就地补偿是将电容器安装在电气设备附近，可以最大限度地减少线损和释放系统容量，在某些情况下还可以缩小馈电线路的截面积，减少有色金属消耗，但电容器的利用率往往不高，初次投资及维护费用增加。从提高电容器的利用率和避免招致损坏的观点出发，首先选择在容量较大的长期连续运行的用电设备上装设电容器就地补偿。

如果基本无功负荷相当稳定，为便于维护管理，宜在配、变电所内集中补偿。

3.6.4 具有下列情况之一时，宜采用手动投切的无功补偿装置：

1 补偿低压基本无功功率的电容器组；

2 常年稳定的无功功率；

3 经常投入运行的变压器或配、变电所内投切次数较少的10kV电容器组。

【条文解析】

为了节省投资和减少运行维护工作量，凡可不用自动补偿或采用自动补偿效果不大的地方均不宜装设自动无功功率补偿装置。本条所列的基本无功功率是指当用电设备投入运行时所需的最小无功功率，常年稳定的无功功率及在运行期间恒定的无功功率均不须自动补偿。我国并联电容器国家标准规定，并联电容器允许每年投切次数不超过1000次。所以，对于投切次数极少的电容器组宜采用手动投切的无功功率补偿装置。

3.6.5 具有下列情况之一时，宜采用无功自动补偿装置：

1 避免过补偿，装设无功自动补偿装置在经济上合理时；

2 避免在轻载时电压过高，而装设无功自动补偿装置在经济上合理时；

3 应满足在所有负荷情况下都能保持电压水平基本稳定，只有装设无功自动补偿装置才能达到要求时。

【条文解析】

根据供电部门对功率因数的管理规定，过补偿要罚款，对于有些对电压敏感的用电设备，在轻载时由于电容器的作用，线路电压往往升得很高，会造成这种用电设备（如灯泡）的损坏和严重影响其寿命及使用效能，如经过经济比较认为合理时，宜装设无功自动补偿装置。

由于高压无功自动补偿装置对切换元件的要求比较高，且价格较高，检修维护也较困难，因此当补偿效果相同时，宜优先采用低压无功自动补偿装置。

3.6.6 无功自动补偿宜采用功率因数调节原则，并应满足电压调整率的要求。

【条文解析】

在民用建筑中采用无功功率补偿，主要是为了满足《供电营业规则》及《国家电网公司电力系统电压质量和无功电力管理规定》对用电单位功率因数的要求，以保证整个电网在合理状态下运行，所以宜采用功率因数调节原则，同时满足电压调整率的要求。

3.6.7 电容器分组时，应符合下列要求：

1 分组电容器投切时，不应产生谐振；

2 适当减少分组数量和加大分组容量；

3 应与配套设备的技术参数相适应；

4 应满足电压偏差的允许范围。

【条文解析】

当无功功率补偿的并联电容器容量较大时，应根据补偿无功和调节电压的需要分组投切。

一些民用建筑由于采用晶闸管调光装置或大型整流装置等设备，造成电网中高次谐波的百分比很高。当分组投切大容量电容器组时，由于其容抗的变化范围较大，如果系统的谐波感抗与系统的谐波容抗相匹配，就会发生高次谐波谐振，造成过电压和过电流，严重危及系统及设备的安全运行，所以必须防止。

投入电容器时合闸涌流很大，而且容量越小，相对的涌流倍数越大。以100kVA变压器低压侧安装的电容器组为例，仅投切一台12kvar电容器，则涌流可达其额定电流的56.4倍，如投切一组300kvar电容器，涌流则仅为额定电流的12.4倍，所以电容器在分组时，应考虑配套设备，如接触器或断路器在开闭电容器时产生重击穿过电压及电弧重击穿现象。

3.6.8 接在电动机控制设备负荷侧的电容器容量，不应超过为提高电动机空载功率因数到0.9所需的数值，其过电流保护装置的整定值，应按电动机-电容器组的电流来选择，并应符合下列要求：

1 电动机仍在继续运转并产生相当大的反电势时，不应再启动；

2 不应采用星-三角启动器；

3 对电梯等经常出现负力下放处于发电运行状态的机械设备电动机，不应采用电容器单独就地补偿。

【条文解析】

当对电动机进行就地补偿时，首先应选用长期连续运行且容量较大的电动机配用电容器。电容器的容量可根据接到电动机控制器负荷侧电容器的总千乏数不超过提高电动机空载功率因数到0.9所需的数值选择。当电动机投入快速反向、重合闸、频繁启动或其他类似操作产生过电压或超转矩影响时，应允许将不超过电动机输入千伏安容量的50%电容器投入运行。在三相异步电动机单独补偿的方式中，为了避免在减速情况下产生自励或过补偿，所安装的电容器容量应为电动机空载功率因数补偿到0.9所需的数值。对于能产生过电压或超转矩的情况，仍可采用50%。当电动机与电容器同时投切时，电动机可做放电设备，不须再设其他放电设备。

民用建筑中使用较多的电梯等用电设备，在重物下降时，电动机运行于第四象限，为了避免过电压，不宜单独用电容器补偿。对于多速电动机，如不停电进行变压及变速，也容易产生过电压，也不宜单独用电容器补偿。如对这些用电设备需要采用电容器单独补偿，应为电容器单独设置控制设备，操作时先停电再进行切换，避免产生过电压。

当电容器装在电动机控制设备的负荷侧时，流过过电流装置的电流小于电动机本身的电流。设计时应考虑电动机经常在接近实际负荷下使用，所以保护继电器应按加装电容器的电动机-电容器组的电流来选择。

3.6.9 10（6）kV电容器组宜串联适当参数的电抗器。有谐波源的用户在装设低压电容器时，宜采取措施，避免谐波污染。

【条文解析】

在并联电容器回路中串联电抗器，可以限制合闸涌流和避免谐波放大。

《供配电系统设计规范》 GB 50052—2009

6.0.1 供配电系统设计中应正确选择电动机、变压器的容量，并应降低线路感抗。当工艺条件允许时，宜采用同步电动机或选用带空载切除的间歇工作制设备。

【条文解析】

在用电单位中，大量的用电设备是异步电动机、电力变压器、电阻炉、电弧炉、照明等，前两项用电设备在电网中的滞后无功功率的比重最大，有的可达全厂负荷的80%，甚至更大。因此，在设计中正确选用电动机、变压器等的容量，可以提高负荷率，对提高自然功率因数具有重要意义。

用电设备中的电弧炉、矿热炉、电渣重熔炉等短网流过的电流很大，而且容易产生很大的涡流损失，因此在布置和安装上采取适当措施减少电抗，可提高自然功率因数。在一般工业企业与民用建筑中，线路的感抗也占一定的比重，设法降低线路损耗，也是提高自然功率因数的一个重要环节。

此外，在工艺条件允许时，采用同步电动机超前运行，选用带有自动空载切除装置的电焊机和其他间隙工作制的生产设备，均可提高用电单位的自然功率因数。从节能和提高自然功率因数的条件出发，间歇制工作的生产设备应大量配置内藏式空载切除装置，并大力推广使用。

6.0.2 当采用提高自然功率因数措施后，仍达不到电网合理运行要求时，应采用并联电力电容器作为无功补偿装置。

【条文解析】

当采取6.0.1条的各种措施提高自然功率因数后，尚不能达到电网合理运行的要求时，应采用人工补偿无功功率。

人工补偿无功功率经常采用两种方法，一种是同步电动机超前运行，另一种是采用电容器补偿。同步电动机价格贵，操作控制复杂，本身损耗也较大，不仅采用小容量同步电动机不经济，即使容量较大而且长期连续运行的同步电动机也正为异步电动机加电容器补偿所代替，同时操作工人往往担心同步电动机超前运行会增加维修工作量，经常将设计中的超前运行同步电动机作滞后运行，丧失了采用同步电动机的优点。因此，除上述工艺条件适当者外，不宜选用同步电动机。当然，通过技术经济比较，当采用同步电动机作为无功补偿装置确实合理时，也可采用同步电动机作为无功补偿装置。

工业与民用建筑中所用的并联电容器价格便宜，便于安装，维修工作量、损耗都比较小，可以制成各种容量，分组容易，扩建方便，既能满足目前运行要求，又能避免由于考虑将来的发展使目前装设的容量过大，因此应采用并联电力电容器作为人工补偿的主要设备。

6.0.4 采用并联电力电容器作为无功补偿装置时，宜就地平衡补偿，并符合下列要求：

1 低压部分的无功功率，应由低压电容器补偿；

2 高压部分的无功功率，宜由高压电容器补偿；

3 容量较大，负荷平稳且经常使用的用电设备的无功功率，宜单独就地补偿；

4 补偿基本无功功率的电容器组，应在配变电所内集中补偿；

5 在环境正常的建筑物内，低压电容器宜分散设置。

【条文解析】

为了尽量减少线损和电压降，宜采用就地平衡无功功率的原则来装设电容器。目前国内生产的自愈式低压并联电容器，体积小、重量轻、功耗低、容量稳定；配有电感线圈和放电电阻，断电后 3min 内端电压下降到 50V 以下，抗涌流能力强；装有专门设计的过压力保护和熔丝保护装置，使电容器能在电流过大或内部压力超常时，把电容器单元从电路中断开；独特的结构设计使电容器的每个元件都具有良好的通风散热条件，因而电容器能在较高的环境温度 50℃下运行；允许 300 倍额定电流的涌流 1000 次。因此，在低压侧完全由低压电容器补偿是比较合理的。

为了防止低压部分过补偿产生的不良效果，高压部分应由高压电容器补偿。

无功功率单独就地补偿就是将电容器安装在电气设备的附近，可以最大限度地减少线损和释放系统容量，在某些情况下还可以缩小馈电线路的截面积，减少有色金属消耗。但电容器的利用率往往不高，初次投资及维护费用增加。从提高电容器的利用率和避免遭受损坏的角度出发，宜用于以下范围。

选择长期运行的电气设备，为其配置单独补偿电容器。由于电气设备长期运行，电容器的利用率高，在其运行时，电容器正好接在线路上，如压缩机、风机、水泵等。

首先在容量较大的用电设备上装设单独补偿电容器，对于大容量的电气设备，电容器容易获得比较良好的效益，而且相对地减少涌流。

由于每千乏电容器箱的价格随电容器容量的增加而减少，也就是当电容器容量小时，其电容器箱的价格相对比较高，因此目前最好只考虑 5kvar 及以上的电容器进行单独就地补偿，这样可以完全采用干式低压电容器。目前生产的干式低压电容器每个单元内装有限流线圈，可有效地限制涌流；同时每个单元还装有过热保护装置，当电容器温升超过额定值时，能自动地将电容器从线路中切除；此外，每个单元内均装有放电电阻，当电容器从电源断开后，可在规定时间内将电容器的残压降到安全值以内。由于这种电容器有比较多的功能，电容器箱内不须再增加元件，简化了线路，提高了可靠性。

由于基本无功功率相对稳定，为便于维护管理，应在配变电所内集中补偿。

低压电容器分散布置在建筑物内可以补偿线路无功功率，相应地减少电能损耗及电压损失。国内调查结果表明，电容器运行的损耗率只有0.25%，但不适用于环境恶劣的建筑物。因此，在正常环境的建筑物内，在进行就地补偿以后，宜在无功功率不大且相对集中的地方分散布置。在民用公共建筑中，宜按楼层分散布置；住宅小区宜在每幢或每单元底层设置配电小间，在其内考虑设置低压无功补偿装置。

当考虑在上述场所安装就地补偿柜后，管井或配电小间应留有装设这些设备的位置。

6.0.8 无功补偿装置的投切方式，具有下列情况之一时，宜装设无功自动补偿装置：

1 避免过补偿，装设无功自动补偿装置在经济上合理时；

2 避免在轻载时电压过高，造成某些用电设备损坏，而装设无功自动补偿装置在经济上合理时；

3 只有装设无功自动补偿装置才能满足在各种运行负荷的情况下的电压偏差允许值时。

【条文解析】

因为过补偿要罚款，如果无功功率不稳定且变化较大，采用自动投切可获得合理的经济效果时，宜装设无功自动补偿装置。

装有电容器的电网，对于有些对电压敏感的用电设备，在轻载时由于电容器的作用，线路电压往往升得更高，会造成这种用电设备（如灯泡）的损坏或严重影响寿命及使用效能，当能避免设备损坏，且经过经济比较认为合理时，宜装设无功自动补偿装置。

为了满足电压偏差允许值的要求，在各种负荷下有不同的无功功率调整值，如果在各种运行状态下都需要不超过电压偏差允许值，只有采用自动补偿才能满足时，就必须采用无功自动补偿装置。当经济条件许可时，宜采用动态无功功率补偿装置。

6.0.9 当采用高、低压自动补偿装置效果相同时，宜采用低压自动补偿装置。

【条文解析】

由于高压无功自动补偿装置对切换元件的要求比较高，且价格较高，检修维护也较困难，因此当补偿效果相同时，宜优先采用低压无功自动补偿装置。

《交通建筑电气设计规范》JGJ 243—2011

3.3.5 应合理选择变压器容量、线缆及敷设方式，减少线路感抗，提高用户的自然功率因数；当采用提高自然功率因数措施后仍达不到要求时，应进行无功补偿。

【条文解析】

进行无功补偿时，应注意采取措施防止谐波电流对电容器造成的串并联谐振损害。

3.3.6 10（6）kV 及以下无功补偿宜在配电变压器低压侧集中补偿，且补偿后功率因数不应低于0.9，容量较大且经常使用的用电设备的无功补偿宜单独就地补偿。

【条文解析】

一般规定用电单位功率因数不应低于0.9。但有些地区高压侧的功率因数补偿指标已要求不低于0.95，因此功率因数补偿指标尚应符合当地供电部门的规定。

4.2 变电设备（系统）

4.2.1 变配电装置

《民用建筑电气设计规范》JGJ 16—2008

4.2.1 配变电所位置选择，应根据下列要求综合确定：

1 深入或接近负荷中心；

2 进出线方便；

3 接近电源侧；

4 设备吊装、运输方便；

5 不应设在有剧烈振动或有爆炸危险介质的场所；

6 不宜设在多尘、水雾或有腐蚀性气体的场所，当无法远离时，不应设在污染源的下风侧；

7 不应设在厕所、浴室、厨房或其他经常积水场所的正下方，且不宜与上述场所贴邻。如果贴邻，相邻隔墙应做无渗漏、无结露等防水处理；

8 配变电所为独立建筑物时，不应设置在地势低洼和可能积水的场所。

【条文解析】

根据民用建筑的特点，将配变电所位置选择加以具体化。民用建筑配变电所位置选择与工业建筑除有不少共性点之外，尚有它的个别属性。

4.2.2 配变电所可设置在建筑物的地下层，但不宜设置在最底层。配变电所设置在建筑物地下层时，应根据环境要求加设机械通风、去湿设备或空气调节设备。当地下只有一层时，尚应采取预防洪水、消防水或积水从其他渠道淹渍配变电所的措施。

【条文解析】

根据多年来的经验总结，设置在建筑物地下层的配变电所遭水淹渍、散热不良的干扰确有发生。尤其在施工安装阶段常常出现上层有水漏进配变电所，或地下防水措施未做好，或预留孔未堵塞而造成配变电所进水而遭淹渍，影响配变电所安全运行的情况，这些都不可忽视。

4.2.4 住宅小区可设独立式配变电所，也可附设在建筑物内或选用户外预装式变电所。

【条文解析】

根据调查，在多层住宅小区多设置户外预装式变电所，在高层住宅小区可设置独立式配变电所或建筑物内附设式配变电所。为保障人身和设备安全，杆上变电所及高抬式变电所不应设置在住宅小区内。

4.3.1 配电变压器选择应根据建筑物的性质和负荷情况、环境条件确定，并应选用节能型变压器。

【条文解析】

节能是一项重要的国策，采用节能型变压器符合国家的环境保护和可持续发展的方针政策。

4.3.2 配电变压器的长期工作负载率不宜大于85%。

【条文解析】

在民用建筑中，变压器的季节负载变化很大。变压器制造厂家常推荐将变压器采取强冷措施，允许适当过载运行。使用单位为了减少首次安装容量，往往接受此措施。其实变压器在此情况下运行是不经济的，不宜提倡。长期工作负载率应考虑经济运行，不宜大于85%。

4.3.4 供电系统中，配电变压器宜选用D，yn11接线组别的变压器。

【条文解析】

本条规定民用建筑中的配电变压器接线组别宜选用D，yn11。该接线组别的变压器比 Y，yn0 接线组别的变压器具有明显优点，限制了三次谐波，降低了零序阻抗，即增大了相零单相短路电流值，对提高单相短路电流动作断路器的灵敏度有较大作用。综合多年来我国在民用建筑中的使用情况及现在国际上的使用情况，本规范推荐采用 D，yn11 接线组别的配电变压器。

4.3.5 设置在民用建筑中的变压器，应选择干式、气体绝缘或非可燃性液体绝缘的变压器。当单台变压器油量为 100kg 及以上时，应设置单独的变压器室。

【条文解析】

根据调查，目前在民用建筑中附设式配变电所内的配电变压器均采用干式变压器。现在国际上已生产非可燃性液体绝缘变压器，虽然国内目前尚无此类产品，但不排除以后试制成功或引进的可能。对于气体绝缘干式变压器，在我国的南方潮湿地区及北方干燥地区的地下层不宜使用，因为当变压器停止运行后，变压器的绝缘水平严重下降，不采取措施很难恢复正常运行。

4.3.6 变压器低压侧电压为 0.4kV 时，单台变压器容量不宜大于 1250kVA。预装式变电所变压器，单台容量不宜大于 800kVA。

【条文解析】

根据调查，民用建筑使用的配电变压器虽有的单台容量已达到 1600kVA 及以上，但由于其供电范围和供电半径太大，电能损耗大，对断路器等设备要求严格，故本规范规定不宜大于 1250kVA。户外预装式变电所单台变压器容量规定不宜大于 800kVA。另外，800kVA 以上的油浸式变压器要装设瓦斯保护，而变压器电源侧往往不在变压器附近，瓦斯保护很难做到。

4.4.3 配变电所电压为 10（6）kV 的母线分段处，宜装设与电源进线开关相同型号的断路器，但系统在同时满足下列条件时，可只装设隔离电器：

1　事故时手动切换电源能满足要求；

2　不需要带负荷操作；

3　对母线分段开关无继电保护或自动装置要求。

【条文解析】

条文中的隔离电器包括隔离开关、隔离触头。一般情况下，分段联络开关宜装设断路器，只有同时满足条文规定的三款要求时，才能只装设隔离电器。

4.4.4 采用电压为 10（6）kV 固定式配电装置时，应在电源侧装设隔离电器；在架空出线回路或有反馈可能的电缆出线回路中，尚应在出线侧装设隔离电器。

4.4.5 电压为 10（6）kV 的配出回路开关的出线侧，应装设与该回路开关电器有机械连锁的接地开关电器和电源指示灯或电压监视器。

【条文解析】

电压为 10（6）kV 的配电装置，现在有手车式和固定式两种。对于手车式，其手车已具有隔离功能。而固定式配电装置出线回路应设线路隔离电器，其隔离电器和相应开关电器应具有连锁功能。

4.4.7　当同一用电单位由总配变电所以放射式向分配变电所供电时，分配变电所的电源进线开关选择应符合下列规定：

1　电源进线开关宜采用能带负荷操作的开关电器，当有继电保护要求时，应采用断路器；

2　总配变电所和分配变电所相邻或位于同一建筑平面内，且两所之间无其他阻隔而能直接相通，当无继电保护要求时，分配变电所的进线可不设开关电器。

【条文解析】

本条中第 1 款规定采用能带负荷操作的电器，是为了就地而不需要到总配电所去操作。第 2 款是指与总配电所在同一建筑平面内或相邻的分配变电所，在进线处可不设开关电器，此两款规定的前提条件是放射式供电和无继电保护要求。

4.4.11　当 10（6）kV 的开关设备选用真空断路器时，应设有浪涌保护电器。

【条文解析】

条文规定真空断路器应相应附带浪涌吸收器。现在的市场产品有自带浪涌吸收器的，有不带的。条文规定的目的是必须具有浪涌吸收器。

4.4.12　对于电压为 0.4kV 系统，开关设备的选择应符合下列规定：

1　变压器低压侧电源开关宜采用断路器。

2　当低压母线分段开关采用自动投切方式时，应采用断路器，且应符合下列要求：

1）应装设"自投自复""自投手复""自投停用"三种状态的位置选择开关；

2）低压母联断路器自投时应有一定的延时，当电源主断路器因过载或短路故障分闸时，母联断路器不得自动合闸；

3）电源主断路器与母联断路器之间应有电气连锁。

3　低压系统采用固定式配电装置时，其中的断路器等开关设备的电源侧，应装设隔离电器或同时具有隔离功能的开关电器。当母线为双电源时，其电源或变压器的低压出线断路器和母线联络断路器的两侧均应装设隔离电器。与外部配变电所低压联络电源线路断路器的两侧，亦均应装设隔离电器。

【条文解析】

条文规定了低压开关的选择要求。变压器低压侧电源开关宜采用断路器，仅当变压器容量小且为三级负荷供电时，可使用熔断器开关设备。

当低压母线联络开关要求自动投切时，应采用断路器，不能使用接触器等开关电器。

4.5.2 建筑物室内配变电所，不宜设置裸露带电导体或装置，不宜设置带可燃性油的电气设备和变压器，其布置应符合下列规定：

1 不带可燃油的 10（6）kV 配电装置、低压配电装置和干式变压器等可设置在同一房间内。

具有符合 IP3X 防护等级外壳的不带可燃性油的 10（6）kV 配电装置、低压配电装置和干式变压器，可相互靠近布置。

2 电压为 10（6）kV 可燃性油浸电力电容器应设置在单独房间内。

【条文解析】

根据调查，国内各建筑设计单位在设计室内配变电所时，为保证安全，很少有使用裸露带电导体的情况，西欧国家的标准也规定不允许使用裸露带电体。配电变压器应采用带外壳保护式，由配电变压器至低压配电柜的进线线路现在国内采用保护式母线较多，而国外多使用单芯电缆。鉴于我国地域广、经济发展不均衡的具体情况，部分地区仍存在使用裸露带电导体的可能，所以条文规定为"不宜设置裸露带电导体或装置"。规定"不宜设置带可燃性油的电气设备和变压器"是根据无油设备的防火性能和经济指标与采用可燃性油设备加上防火措施的费用相比，在民用建筑中也没有使用带可燃性油的设备再采取相应的防火等措施的必要。

4.5.5 由同一配变电所供给一级负荷用电的两回路电源的配电装置宜分列设置，当不能分列设置时，其母线分段处应设置防火隔板或隔墙。

供给一级负荷用电的两回路电缆不宜敷设在同一电缆沟内。当无法分开时，宜采用耐火类电缆。当采用绝缘和护套均为非延燃性材料的电缆时，应分别设置在电缆沟的两侧支架上。

【条文解析】

当一级负荷的容量较大、供电回路数较多时，宜在配变电所内分列设置相应的配电装置。由于大部分工程中不具备分列设置的条件，故要求在母线分段处设置防火隔板或隔墙，以确保一级负荷的供电回路安全。对于供一级负荷的两回路电源电缆（指工作、备用的两回路电源），尽量不敷设在配变电所的同一电缆沟内，但工程中很难做到分沟敷设。故当同沟敷设时，应满足条文规定的要求。

4.5.6 电压为10（6）kV和0.4kV配电装置室内，宜留有适当数量的相应配电装置的备用位置。0.4kV的配电装置，尚应留有适当数量的备用回路。

【条文解析】

据调查，民用建筑配变电所的高、低压配电装置数量的变更是常有的事。因建筑物的使用性质、对象的变更，而须增加配电装置数量或增加供电容量的情况时有发生。在设计时应留有适当数量的配电装置位置，以方便以后的增加。如何量化，应根据该建筑物的具体情况分析确定。

对于0.4kV系统，为使用方的临时供电或增加某些设备或在使用中某个回路损坏须尽快恢复供电等提供方便，增加一定数量的备用回路是非常必要的。

4.5.8 有人值班的配变电所应设单独的值班室。值班室应能直通或经过走道与10（6）kV配电装置室和相应的配电装置室相通，并应有门直接通向室外或走道。

当配变电所设有低压配电装置时，值班室可与低压配电装置室合并，且值班人员工作的一端，配电装置与墙的净距不应小于3m。

【条文解析】

值班室和低压配电装置室合并，在中小型配变电所中是常见的，应在低压配电室留有适当的位置作为值班人员工作的场所。要求的3m距离，指在配电屏的前面或端头，在此范围内，放置一些必要的储藏柜、桌凳等后，仍可保证配电装置的操作安全距离。

4.5.9 变压器外廓（防护外壳）与变压器室墙壁和门的净距不应小于表4.5.9的规定。

表4.5.9 变压器外廓（防护外壳）与变压器室墙壁和门的最小净距（m）

项目　　　　　　变压器容量/kV·A	100~1000	1250~2500
油浸变压器外廓与后壁、侧壁净距	0.6	0.8
油浸变压器外廓与门净距	0.8	1.0
干式变压器带有IP2X及以上防护等级金属外壳与后壁、侧壁净距	0.6	0.8
干式变压器带有IP2X及以上防护等级金属外壳与门净距	0.8	1.0

注：表中各值不适用于制造厂的成套产品。

【条文解析】

防护外壳防护等级的要求，应符合现行国家标准《外壳防护等级（IP代码）》GB

4208—2008 的规定。现在使用的干式变压器防护外壳，很多已达到 IP5X 的水平，防护等级越高，其散热越差，选择时应根据实际情况合理确定防护等级。

4.7.3 当成排布置的配电屏长度大于 6m 时，屏后面的通道应设有两个出口。当两出口之间的距离大于 15m 时，应增加出口。

【条文解析】

本条规定是考虑设备的操作、搬运、检修和试验的方便。

《20kV 及以下变电所设计规范》GB 50053—2013

4.1.2 非充油的高、低压配电装置和非油浸型的电力变压器，可设置在同一房间内，当二者相互靠近布置时，应符合下列规定：

1 在配电室内相互靠近布置时，二者的外壳均应符合现行国家标准《外壳防护等级（IP 代码）》GB 4208—2008 中 IP2X 防护等级的有关规定；

2 在车间内相互靠近布置时，二者的外壳均应符合现行国家标准《外壳防护等级（IP 代码）》GB 4208—2008 中 IP3X 防护等级的有关规定。

【条文解析】

本条明确了在配电室内和车间内配电装置与不带油浸的变压器靠近布置的条件，不带油浸的变压器和高、低压配电装置火灾危险性较小，在符合规定的外壳防护等级的情况下可以靠近布置。

4.1.3 户内变电所每台油量大于或等于 100kg 的油浸三相变压器，应设在单独的变压器室内，并应有储油或挡油、排油等防火设施。

【条文解析】

当单台油浸三相变压器的油量大于或等于 100kg 时，由于油量大，增加了事故时发生火灾的危险性，扩大了排油的污染范围，为了防止火灾事故的扩大，规定变压器应设在单独的变压器室内，并设置灭火措施。

4.1.4 有人值班的变电所，应设单独的值班室。值班室应与配电室直通或经过通道相通，且值班室应有直接通向室外或通向变电所外走道的门。当低压配电室兼作值班室时，低压配电室的面积应适当增大。

【条文解析】

条文中的"面积应适当增大"是指应有放置值班桌或控制台的地方，以满足值班的基本条件。有通向外部的门是为了发生电气事故时人员可以安全疏散。

4.1.5 变电所宜单层布置。当采用双层布置时，变压器应设在底层，设于二层的配电室应设搬运设备的通道、平台或孔洞。

【条文解析】

变压器设在底层是为了减小楼板荷重和搬运设备方便。

4.1.6 高、低压配电室内，宜留有适当的配电装置备用位置。低压配电装置内，应留有适当数量的备用回路。

【条文解析】

留有配电装置的备用位置和低压配电装置备用回路是考虑到工艺的变动可能需要增加供电回路。

4.1.7 由同一配电所供给一级负荷用电的两回电源线路的配电装置，宜分开布置在不同的配电室；当布置在同一配电室时，配电装置宜分列布置；当配电装置并排布置时，在母线分段处应设置配电装置的防火隔板或有门洞的隔墙。

【条文解析】

由一级负荷供电的配电所的两回电源线路的配电装置宜分开布置在不同的配电室，当布置在同一配电室时，宜分列布置或在其母线分段处的配电装置内设置防火隔板或隔墙等隔离措施，这是确保由一级负荷供电电源安全的措施，保证当一回路电源故障时避免影响另一回路电源同时失效。必要时宜设母线保护或电弧光保护，以便快速切除故障。

4.1.9 大、中型和重要的变电所宜设辅助生产用房。

【条文解析】

辅助生产用房是指存放备品备件、安全用具用房及维修间等。辅助用房面积要根据变电所的规模大小和设备多少而定。

4.2.2 露天或半露天变电所的变压器四周应设高度不低于 1.8m 的固定围栏或围墙，变压器外廓与围栏或围墙的净距不应小于 0.8m，变压器底部距地面不应小于 0.3m。油重小于 1000kg 的相邻油浸变压器外廓之间的净跨不应小于 1.5m；油重 1000kg~2500kg 的相邻油浸变压器外廓之间的净距不应小于 3.0m；油重大于 2500kg 的相邻油浸变压器外廓之间的净距不应小于 5m；当不能满足上述要求时，应设置防火墙。

【条文解析】

变压器周围设立固定的围栏或围墙，是为了保证人身和设备的安全；其外廓距围栏或围墙有一定的净距主要是巡视、检修和安装的需要；其底部与地面有一定的距离，主要是防止变压器被水冲刷，防止杂草影响及方便变压器放油、取油样；规定相邻变压器之间的距离是为了保证巡视安全及当一台变压器检修时便于安装临时栅栏以保证另一台变压器的正常运行，也为了防止变压器发生事故时影响相邻变压器的安全运行。

4.2.3 当露天或半露天变压器供给一级负荷用电时，相邻油浸变压器的净距不应小于5m；当小于5m时，应设置防火墙。

【条文解析】

本条规定是为了保证对一级负荷供电的可靠性，不致在一台变压器发生火灾事故时危及相邻变压器的安全运行。本条涉及对一级负荷供电的可靠性和防火安全措施。

4.2.4 油浸变压器外廓与变压器室墙壁和门的最小净距，应符合表4.2.4的规定。

表4.2.4 油浸变压器外廓与变压器室墙壁和门的最小净距（mm）

变压器容量/kVA	100~1000	1250及以上
变压器外廓与后壁、侧壁	600	800
变压器外廓与门	800	1000

【条文解析】

本条规定的净距仅为巡视通道，不考虑变压器的就地检修条件。

4.2.5 设置在变电所内的非封闭式干式变压器，应装设高度不低于1.8m的固定围栏，围栏网孔不应大于40mm×40mm。变压器的外廓与围栏的净距不宜小于0.6m，变压器之间的净距不应小于1.0m。

【条文解析】

非封闭式干式变压器的接线部位为裸露带电体，距地面很低，为保证人身安全，应设固定的围栏防护。规定变压器外廓与围栏的净距和变压器之间的净距，是考虑安全运行和巡视的需要。

4.2.6 配电装置的长度大于6m时，其柜（屏）后通道应设两个出口，当低压配电装置两个出口间的距离超过15m时应增加出口。

【条文解析】

当变压器与低压配电装置靠近布置时，计算配电装置的长度应包括变压器的长度。由于低压屏后设备的维护检修较多，故规定长度超过15m时须增加出口，而对高压配电装置不作硬性规定。

《住宅建筑电气设计规范》JGJ 242—2011

4.2.1 单栋住宅建筑用电设备总容量为250kW以下时，宜多栋住宅建筑集中设置配变电所；单栋住宅建筑用电设备总容量在250kW及以上时，宜每栋住宅建筑设置配变电所。

【条文解析】

当住宅小区里的低层住宅、多层住宅、中高层住宅、别墅等单栋住宅建筑用电设备总容量在250kW以下时，集中设置配变电所经济合理。用电设备总容量在250kW及以上的单栋住宅建筑，配变电所可设在住宅建筑的附属群楼里，如果住宅建筑内配变电所位置难确定，可设置成室外配变电所。室外配变电所包括独立式配变电所和预装式变电站。

4.2.2 当配变电所设在住宅建筑内时，配变电所不应设在住户的正上方、正下方、贴邻和住宅建筑疏散出口的两侧，不宜设在住宅建筑地下的最底层。

【条文解析】

配变电所不宜设在住宅建筑地下的最底层主要是防水防潮，特别是多雨、低洼地区防止水流倒灌。当只有地下一层时，应抬高配变电所地面标高。

4.2.3 当配变电所设在住宅建筑外时，配变电所的外侧与住宅建筑的外墙间距，应满足防火、防噪声、防电磁辐射的要求，配变电所宜避开住户主要窗户的水平视线。

【条文解析】

室外配变电所的外侧指独立式配变电所的外墙或预装式变电站的外壳。配变电所离住户太近会影响居民安全及居住环境。防火间距国家现行的消防规范已有明确的规定，国家标准《环境电磁波卫生标准》GB 9175—1988仍在修订中，目前没有明确的技术参数。离噪声源、电磁辐射源越远越有利于人身安全，但实施起来有一定的难度。考虑到住宅建筑的特殊性，建议室外变电站的外侧与住宅建筑外墙的间距不宜小于20m，因为10/0.4kV变压器外侧（水平方向）20m处的电磁场强度（0.1~30MHz频谱范围内）一般小于10V/m，处于安全范围内。当然，由于不同区域的现场电磁场强度大小不同，故任一地点放置变压器以后的实际电磁场强度须现场测试确定。

4.3.2 设置在住宅建筑内的变压器，应选择干式、气体绝缘或非可燃性液体绝缘的变压器。

【条文解析】

根据《民用建筑电气设计规范》JGJ 16—2008第4.3.5条强制性条文："设置在民用建筑中的变压器，应选择干式、气体绝缘或非可燃性液体绝缘的变压器。当单台变压器油量为100kg及以上时，应设置单独的变压器室。"本条是从安全性考虑规定的。

《交通建筑电气设计规范》JGJ 243—2011

4.2.4 交通建筑单体建筑面积较大、供电半径较长时，宜在建筑物内分散设置配变电所。

【条文解析】

大型交通建筑往往单体建筑面积大、负荷分布广，当配变电所的供电半径较长时，建议设置分配变电所。配变电所的供电半径一般不宜超过250m。

4.2.2 防火要求

《民用建筑电气设计规范》JGJ 16—2008

4.9.1 可燃油油浸电力变压器室的耐火等级应为一级。非燃或难燃介质的电力变压器室、电压为10 (6) kV的配电装置室和电容器室的耐火等级不应低于二级。低压配电装置室和电容器室的耐火等级不应低于三级。

【条文解析】

本条关于电力变压器室耐火等级的规定必须严格遵守。

4.9.2 配变电所的门应为防火门，并应符合下列规定：

1 配变电所位于高层主体建筑（或裙房）内时，通向其他相邻房间的门应为甲级防火门，通向过道的门应为乙级防火门；

2 配变电所位于多层建筑物的二层或更高层时，通向其他相邻房间的门应为甲级防火门，通向过道的门应为乙级防火门；

3 配变电所位于多层建筑物的一层时，通向相邻房间或过道的门应为乙级防火门；

4 配变电所位于地下层或下面有地下层时，通向相邻房间或过道的门应为甲级防火门；

5 配变电所附近堆有易燃物品或通向汽车库的门应为甲级防火门；

6 配变电所直接通向室外的门应为丙级防火门。

【条文解析】

配变电所的所有门均应采用防火门，条文中规定了各种情况对门的防火等级要求，一方面是为了配变电所外部发生火灾时不对配变电造成大的影响；另一方面是在配变电所内部发生火灾时，尽量限制在本范围内。防火门分为甲、乙、丙三级，其耐火最低极限：甲级应为1.20h；乙级应为0.90h；丙级应为0.60h。

门的开启方向应本着安全疏散的原则，均向"外"开启，即通向配变电所室外的门向外开启，由较高电压等级通向较低电压等级的房间的门，向较低电压等级房间开启。

《20kV及以下变电所设计规范》GB 50053—2013

6.1.1 变压器室、配电室和电容器室的耐火等级不应低于二级。

【条文解析】

本条规定的各电气设备室的耐火等级要求是依据现行国家标准《建筑设计防火规

范》GB 50016 第 3.3.13 条的有关规定和多年来 10kV 及以下变电所的设计经验修订的。本条涉及防火安全要求。

6.1.2 位于下列场所的油浸变压器室的门应采用甲级防火门：

1 有火灾危险的车间内；

2 容易沉积可燃粉尘、可燃纤维的场所；

3 附近有粮、棉及其他易燃物大量集中的露天堆场；

4 民用建筑物内，门通向其他相邻房间；

5 油浸变压器室下面有地下室。

【条文解析】

本条规定了油浸变压器室采用甲级防火门的场所，是为了防止当变压器发生火灾事故时，变压器门因辐射热和火焰而烧毁，防止火灾事故的蔓延。

6.1.3 民用建筑内变电所防火门的设置应符合下列规定：

1 变电所位于高层主体建筑或裙房内时，通向其他相邻房间的门应为甲级防火门，通向过道的门应为乙级防火门；

2 变电所位于多层建筑物的二层或更高层时，通向其他相邻房间的门应为甲级防火门，通向过道的门应为乙级防火门；

3 变电所位于单层建筑物内或多层建筑物的一层时，通向其他相邻房间或过道的门应为乙级防火门；

4 变电所位于地下层或下面有地下层时，通向其他相邻房间或过道的门应为甲级防火门；

5 变电所附近堆有易燃物品或通向汽车库的门应为甲级防火门；

6 变电所直接通向室外的门应为丙级防火门。

【条文解析】

为保证电力系统的运行安全，防止火灾事故扩大，对民用建筑内变电所需要设置的防火门作出具体规定。本条中"相邻房间或过道"是指变电所区域外部的房间或过道。

6.1.5 当露天或半露天变电所安装油浸变压器，且变压器外廓与生产建筑物外墙的距离小于 5m 时，建筑物外墙在下列范围内不得有门、窗或通风孔：

1 油量大于 1000kg 时，在变压器总高度加 3m 及外廓两侧各加 3m 的范围内；

2 油量小于或等于 1000kg 时，在变压器总高度加 3m 及外廓两侧各加 1.5m 的范围内。

【条文解析】

本条规定是为了防止当露天或半露天安装的油浸变压器发生火灾事故时，危及附近的建筑物。

20kV 及以下的油浸变压器的单台油量各厂产品略有差别，有资料表明变压器容量为 1250kVA 及以下时的油量在 1000kg 及以下，变压器容量为 1600~6300kVA 时的油量在 1000~2500kg 范围内。具体执行本条时，需要核查变压器的油量。

6.1.6　高层建筑物的裙房和多层建筑物内的附设变电所及车间内变电所的油浸变压器室，应设置容量为 100％变压器油量的储油池。

【条文解析】

设储油池是为了当建筑物内变电所和车间内变电所的变压器发生火灾事故时，减少火灾危害和使燃烧的油在储油池内熄灭，不致使火灾事故蔓延到建筑物和车间，故应设 100％变压器油量的储油池。

储油池的通常做法是在变压器油坑内填放厚度大于 250mm 的卵石层，在卵石层底下设置储油池，或者利用变压器油坑内卵石之间的缝隙。

6.1.7　当设置容量不低于 20％变压器油量的挡油池时，应有能将油排到安全场所的设施。位于下列场所的油浸变压器室，应设置容量为 100％变压器油量的储油池或挡油设施：

1　容易沉积可燃粉尘、可燃纤维的场所；

2　附近有粮、棉及其他易燃物大量集中的露天场所；

3　油浸变压器室下面有地下室。

【条文解析】

本条规定位于危险场所的油浸变压器室设置储油池或挡油池是为了防止当油浸变压器发生火灾事故时，油流窜到室外，引燃周围物品，使事故扩大。

变压器油为有污染物质，因此挡油池的油应排入不致引起污染危害的安全场所的设施内，一般为事故油池。

6.1.9　在多层建筑物或高层建筑裙房的首层布置油浸变压器的变电站时，首层外墙开口部位的上方应设置宽度不小于 1.0m 的不燃烧体防火挑檐或高度不小于 1.2m 的窗槛墙。

【条文解析】

本条规定是为了防止当充油的电气设备发生火灾时，火焰从外墙开口部位蔓延到上层建筑物引燃物品，引起事故扩大。

4.3 低压配电

4.3.1 电器和导体的选择

《民用建筑电气设计规范》JGJ 16—2008

7.4.2 低压配电导体截面的选择应符合下列要求：

1 按敷设方式、环境条件确定的导体截面。其导体载流量不应小于预期负荷的最大计算电流和按保护条件所确定的电流；

2 线路电压损失不应超过允许值；

3 导体应满足动稳定与热稳定的要求；

4 导体最小截面应满足机械强度的要求。配电线路每一相导体截面不应小于表7.4.2的规定。

表7.4.2 导体最小允许截面

布线系统形式	线路用途	导体最小截面（mm²）	
		铜	铝
固定敷设的电缆和绝缘电线	电力和照明线路	1.5	2.5
	信号和控制线路	0.5	—
固定敷设的裸导体	电力（供电）线路	10	16
	信号和控制线路	4	—
用绝缘电线和电缆的柔性连接	任何用途	0.75	—
	特殊用途的特低压电路	0.75	—

【条文解析】

本条为电缆截面选择的基本原则。当电力电缆截面选择不当时，会影响可靠运行和使用寿命，乃至危及安全。

导体的动稳定主要是裸导体敷设时应做校验，电力电缆应做热稳定校验。

7.4.5 中性导体和保护导体截面的选择应符合下列规定：

1 具有下列情况时，中性导体应和相导体具有相同截面：

1）任何截面的单相两线制电路；

2）三相四线和单相三线电路中，相导体截面不大于16mm²（铜）或25mm²（铝）。

2 三相四线制电路中，相导体截面大于16mm²（铜）或25mm²（铝）且满足下列全部条件时，中性导体截面可小于相导体截面：

1）在正常工作时，中性导体预期最大电流不大于减小了的中性导体截面的允许载流量。

2）对 TT 或 TN 系统，在中性导体截面小于相导体截面的地方，中性导体上需装设相应于该导体截面的过电流保护，该保护应使相导体断电但不必断开中性导体。当满足下列两个条件时，则中性导体上不需要装设过电流保护：

——回路相导体的保护装置已能保护中性导体；

——在正常工作时可能通过中性导体上的最大电流明显小于该导体的载流量。

3）中性导体截面不小于 16mm^2（铜）或 25mm^2（铝）。

3 保护导体必须有足够的截面，其截面可用下列方法之一确定：

1）当切断时间在 0.1~5s 时，保护导体的截面应按下式确定：

$$S \geqslant \frac{\sqrt{I^2 t}}{K} \tag{7.4.5}$$

式中 S——截面积（mm^2）；

I——发生了阻抗可以忽略的故障时的故障电流（方均根值）（A）；

t——保护电器自动切断供电的时间（s）；

K——取决于保护导体、绝缘和其他部分的材料以及初始温度和最终温度的系数，可按现行国家标准《建筑物电气装置 第 5-54 部分：电气设备的选择和安装——接地配置、保护导体和保护联结导体》GB 16895.3—2004 计算和选取。

对常用的不同导体材料和绝缘的保护导体的 K 值可按表 7.4.5-1 选取。

表 7.4.5-1 不同导体材料和绝缘的 K 值

材料 绝缘	导体绝缘					
	70℃ PVC	90℃ PVC	85℃ 橡胶	60℃ 橡胶	矿物质	
					带 PVC	裸的
初始温度（℃）	70	90	85	60	70	105
最终温度（℃）	160/140	160/140	220	200	160	250
导体材料 铜	115/103	100/86	134	141	115	135
导体材料 铝	76/68	66/57	89	93	—	—

当计算所得截面尺寸是非标准尺寸时，应采用较大标准截面的导体。

2）当保护导体与相导体使用相同材料时，保护导体截面不应小于表 7.4.5-2 的规定。

表 7.4.5-2　保护导体的最小截面（mm²）

相导体的截面 S	相应保护导体的最小截面 S
$S \leqslant 16$	S
$16 < S \leqslant 35$	16
$S > 35$	$S/2$

在任何情况下，供电电缆外护物或电缆组成部分以外的每根保护导体的截面均应符合下列规定：

——有防机械损伤保护时，铜导体不得小于 2.5mm²；铝导体不得小于 16mm²；

——无防机械损伤保护时，铜导体不得小于 4mm²；铝导体不得小于 16mm²。

4　TN-C、TN-C-S 系统中的 PEN 导体应满足下列要求：

1）必须有耐受最高电压的绝缘；

2）TN-C-S 系统中的 PEN 导体从某点分为中性导体和保护导体后，不得再将这些导体互相连接。

【条文解析】

保护导体可采用多芯电缆的芯线、固定敷设的裸导体或绝缘导体及符合截面积及连接要求的电缆金属外护层和金属套管等。

TN-C、TN-C-S 系统中的 PEN 导体应按可能受到的最高电压进行绝缘，以避免产生杂散电流。

7.5.3　三相四线制系统中四极开关的选用，应符合下列规定：

1　保证电源转换的功能性开关电器应作用于所有带电导体，且不得使这些电源并联；

2　TN-C-S、TN-S 系统中的电源转换开关，应采用切断相导体和中性导体的四极开关；

3　正常供电电源与备用发电机之间，其电源转换开关应采用四极开关；

4　TT 系统的电源进线开关应采用四极开关；

5　IT 系统中当有中性导体时应采用四极开关。

【条文解析】

本条规定了三相四线制系统中四极开关的选用。

1）保证电源转换的功能性开关电器应作用于所有带电导体，且不得使这些电源并联，除非该装置是为这种情况特殊设计的。

2) TN-C-S、TN-S 系统中的电源转换开关应采用同时切断相导体和中性导体的四极开关。在电源转换时切断中性导体可以避免中性导体产生分流（包括在中性导体流过的三次谐波及其他高次谐波），这种分流会使线路上的电流矢量和不为 0，以致在线路周围产生电磁场及电磁干扰。采用四极开关可保证中性导体电流只会流经相应的电源开关的中性导体，避免中性导体产生分流和在线路周围产生电磁场及电磁干扰。

3) 正常供电电源与备用发电机之间，其电源转换开关应采用四极开关，断开所有的带电导体。

4) TT 系统的电源进线开关应采用四极开关，以避免电源侧故障时，危险电位沿中性导体引入。

《低压配电设计规范》GB 50054—2011

3.1.4 在 TN-C 系统中不应将保护接地中性导体隔离，严禁将保护接地中性导体接入开关电器。

【条文解析】

在 TN-C 系统中，当保护接地中性导体断开时，有可能危及人身安全，因此必须严格执行。

3.1.5 隔离电器应符合下列规定：

1 断开触头之间的隔离距离，应可见或能明显标示"闭合"和"断开"状态；

2 隔离电器应能防止意外的闭合；

3 应有防止意外断开隔离电器的锁定措施。

【条文解析】

隔离电器的可靠性是非常重要的，因此对隔离电器作此规定。

3.1.7 半导体开关电器，严禁作为隔离电器。

【条文解析】

为了保证人身安全，隔离电器应可靠地将回路与电源隔离，而半导体开关电器不具有这样的功能，因此必须严格执行。

3.1.10 隔离器、熔断器和连接片，严禁作为功能性开关电器。

【条文解析】

隔离器、熔断器及连接片不具有接通、断开负荷电流的功能，所以不能作为功能性开关电器。如果装设错误，将可能造成人身和财产损失，因此必须严格执行。

3.1.11 剩余电流动作保护电器的选择，应符合下列规定：

1 除在 TN-S 系统中，当中性导体为可靠的地电位时可不断开外，应能断开所保护回路的所有带电导体；

2 剩余电流动作保护电器的额定剩余不动作电流，应大于在负荷正常运行时预期出现的对地泄漏电流；

3 剩余电流动作保护电器的类型，应根据接地故障的类型按现行国家标准《剩余电流动作保护电器的一般要求》GB/Z 6829—2008 的有关规定确定。

【条文解析】

1）要求剩余电流动作保护电器能断开所保护回路的所有带电导体，包括中性导体，是为了防止在回路中可能发生的误动作。对于剩余电流动作保护电器"在 TN-S 系统中，当中性导体为可靠的地电位时可不断开"的规定，是考虑到当中性导体为可靠的地电位时，断开中性导体是没有意义的，而中性导体是否为可靠的地电位，需要技术人员根据工程的具体情况决定。

2）要求在负荷正常运行时，不希望剩余电流动作保护电器动作，所以在选择剩余电流动作保护电器和划分回路时，应该防止可能出现的对地泄漏电流引起剩余电流动作保护电器误动作。在现行国家标准《电击防护 装置和设备的通用部分》GB/T 17045—2008 中对用电设备的保护导体电流限值作了规定。

3）对选择剩余电流动作保护电器的类型作了规定。

3.1.12 采用剩余电流动作保护电器作为间接接触防护电器的回路时，必须装设保护导体。

【条文解析】

在没有保护导体的回路中，剩余电流动作保护电器是不能正确动作的，因此必须装设保护导体。

3.1.13 在 TT 系统中，除电气装置的电源进线端与保护电器之间的电气装置符合现行国家标准《电击防护 装置和设备的通用部分》GB/T 17045—2008 规定的Ⅱ类设备的要求或绝缘水平与Ⅱ类设备相同外，当仅用一台剩余电流动作保护电器保护电气装置时，应将保护电器布置在电气装置的电源进线端。

【条文解析】

本条是为了使剩余电流动作保护电器能够保护整个 TT 系统。

3.1.14 在 IT 系统中，当采用剩余电流动作保护电器保护电气装置，且在第一次故障不断开电路时，其额定剩余不动作电流值不应小于第一次对地故障时流经故障回路的电流。

【条文解析】

在 IT 系统中，发生第一次对地故障时，是可以不断开电路的，因此剩余电流动作保护电器不应该动作。所以，剩余电流动作保护电器的额定剩余不动作电流值不应小于第一次对地故障时流经故障回路的电流。

3.1.15　在符合下列情况时，应选用具有断开中性极的开关电器：

1　有中性导体的 IT 系统与 TT 系统或 TN 系统之间的电源转换开关电器；

2　TT 系统中，当负荷侧有中性导体时选用隔离电器；

3　IT 系统中，当有中性导体时选用开关电器。

【条文解析】

本条对在某些情况下选用具有中性极的开关电器（通称四极开关）作了规定，但这并不是说只是在这些情况下应该用具有中性极的开关电器。在其他情况下，开关极数的确定，应由技术人员根据本规范规定和工程的具体情况来决定。应该说明的是如果选用了具有中性极的开关电器，而中性极发生故障则有可能使中性线断开。

3.2.2　选择导体截面，应符合下列规定：

1　按敷设方式及环境条件确定的导体载流量，不应小于计算电流；

2　导体应满足线路保护的要求；

3　导体应满足动稳定与热稳定的要求；

4　线路电压损失应满足用电设备正常工作及启动时端电压的要求；

5　导体最小截面应满足机械强度的要求。固定敷设的导体最小截面，应根据敷设方式、绝缘子支持点间距和导体材料按表 3.2.2 的规定确定。

表 3.2.2　固定敷设的导体最小截面

敷设方式	绝缘子支持点间距/m	导体最小截面/mm²	
		铜导体	铝导体
裸导体敷设在绝缘子上	—	10	16
绝缘导体敷设在绝缘子上	≤2	1.5	10
	>2，且≤6	2.5	10
	>6，且≤16	4	10
	>16，且≤25	6	10
绝缘导体穿导管敷设或在槽盒中敷设	—	1.5	10

6 用于负荷长期稳定的电缆，经技术经济比较确认合理时，可按经济电流密度选择导体截面，且应符合现行国家标准《电力工程电缆设计规范》GB 50217—2007 的有关规定。

【条文解析】

按敷设方式及外界影响确定的导体载流量，不应小于计算电流，同时还应满足线路保护的要求的规定。因为在设计线路保护时，经常与本回路的阻抗、导体的截面有关。

根据现行国家标准《电缆的导体》GB/T 3956—2008 的规定，铝导体的最小截面是 $10mm^2$，所以规定固定敷设的铝导线最小截面是 $10mm^2$。

当电缆用于长期稳定的负荷时，可按经济电流密度选择导体的截面，这是引用了现行国家标准《电力工程电缆设计规范》GB 50217—2007 中的规定。当电缆用于长期稳定的负荷时，按经济电流截面选择导体的截面，可以有利于节约能源。

3.2.12 当从电气系统的某一点起，由保护接地中性导体改变为单独的中性导体和保护导体时，应符合下列规定：

1 保护导体和中性导体应分别设置单独的端子或母线；

2 保护接地中性导体应首先接到为保护导体设置的端子或母线上；

3 中性导体不应连接到电气系统的任何其他的接地部分。

【条文解析】

本条是保护接地体中性导体、保护导体和中性导体之间关系的基本要求。

3.2.13 装置外可导电部分严禁作为保护接地中性导体的一部分。

【条文解析】

装置外可导电部分在电气连接的可靠性方面没有保证，因此严禁作为保护接地中性导体的一部分。

《住宅建筑电气设计规范》JGJ 242—2011

6.4.1 住宅建筑套内的电源线应选用铜材质导体。

【条文解析】

住宅建筑套内电源布线选用铜芯导体除考虑其机械强度、使用寿命等因素外，还考虑到导体的载流量与直径，铝质导体的载流量低于铜质导体。目前住宅建筑套内86系列的电源插座面板占多数，一般16A的电源插座回路选用 $2.5mm^2$ 的铜质导体电线，如果改用铝质导体，要选用 $4mm^2$ 的电线。三根 $4mm^2$ 电线在75系列接线盒内接电源插座面板，施工比较困难。

6.4.2 敷设在电气竖井内的封闭母线、预制分支电缆、电缆及电源线等供电干线，可选用铜、铝或合金材质的导体。

【条文解析】

供电干线不包括消防用电设备的电源线缆。

6.4.3 高层住宅建筑中明敷的线缆应选用低烟、低毒的阻燃类线缆。

【条文解析】

明敷线缆包括电缆明敷、电缆敷设在电缆梯架里和电线穿保护导管明敷。阻燃类别应根据敷设场所的具体条件选择。

《交通建筑电气设计规范》 JGJ 243—2011

6.3.2 低压断路器的脱扣器、脱扣线圈应内置于断路器本体中，并应符合现行国家标准《低压开关和控制设备 第2部分：断路器》GB 14048.2—2008 的规定。

【条文解析】

有些不规范的用法，即用户采用外置保护继电器，互感器+负荷开关来实现过流保护。这种应用方式事实上目前没有规范来约束，对于低压电器，应满足国家 CCC 强制认证，但现有的外置低压保护控制器没有 CCC 认证，与过流保护相关联的最重要的基本保护特性（如过载、短路、分断能力等）也没有 CCC 试验报告。这种用法的电器其分断能力、保护动作特性、选择性、电磁兼容、环境试验、可靠性等与常规断路器相比相差甚远。

6.3.3 主进线低压断路器的长延时保护宜采用长延时斜率可调的反时限脱扣曲线。

【条文解析】

本条主要考虑能保证进线断路器和中压保护装置的选择性配合。对于此种主进线长延时保护，若斜率一定，考虑到上级中压熔断器的保护，可能会和长延时保护曲线相重合，从而导致重合段没有了选择性。

6.3.6 机场建筑 400Hz 电源系统等特殊场合使用的低压断路器，应选用能满足 400Hz 电网中使用的断路器和剩余电流保护装置。

【条文解析】

由于频率的不同，原本在 50Hz 电网使用的断路器磁脱扣值和剩余电流保护装置的剩余动作电流值都可能发生变化，故 400Hz 电源系统中，宜选用能满足 400Hz 电网中使用的断路器和剩余电流保护装置。

6.3.7 对于供电连续性要求较高的重要回路，低压断路器宜选择能在接通负荷的情况下在线整定保护参数的断路器。

【条文解析】

若负荷发生了变化，在线整定可以在不断电的情况下调整保护参数，利于使用维护，并保证重要负荷的供电连续性，这对大型机场、火车站及地铁、磁浮车站等交通建筑供电连续性要求高的交通建筑尤为重要。

6.3.8 处在盐雾、干冷、湿热、高海拔等特定环境中的交通建筑，其低压电器应能满足现行国家标准《电工电子产品环境试验》GB/T 2423—2008 有关环境适应性的要求。

【条文解析】

港口等场所由于靠近海边须考虑盐雾，北方须考虑干冷，南方会有湿热及高海拔环境，这些都会影响断路器的长期正常运行，故对极限使用环境提出要求有利于提高供电可靠性。

6.3.9 对于用于一、二级负荷的保护电器，其过流保护宜实现完全选择性保护。

【条文解析】

一、二级负荷一般都是较重要的负荷，要求完全选择性是为了避免发生故障时由于保护电器的无选择性导致停电范围扩大。

6.3.10 直流操作电源和其他直流系统中用作保护的断路器应选用直流系统专用断路器。

【条文解析】

由于直流电弧不易熄灭，为确保重要的交通类建筑和负载的安全，直流操作电源和其他直流系统中应选用直流专用断路器，不宜用交流断路器代替直流断路器。

6.3.11 在交通建筑物室外安装的开关插座应具有 IP44 及以上的防护等级，其中海运港口客运站室外开关插座应有 IP66 及以上防护等级或安装于具有相应防护等级的配电箱中。

【条文解析】

IP44 表示设备能够防止大于 1.0mm 的固体物进入，且从任何方向向设备外壳溅水不会造成有害影响；IP66 表示设备具有密封防尘功能且猛烈海浪或强烈喷水进入设备外壳的水量不会达到有害程度。本条规定海运港口室外安装的开关插座具有 IP66 及以上的防护等级，主要是为防海浪冲击，而且通常开关旋钮比正常开关要大，方便在戴手套的情况下操作。

4.3.2 配电线路的保护

《民用建筑电气设计规范》JGJ 16—2008

7.6.2 配电线路的短路保护应在短路电流对导体和连接件产生的热效应和机械力造成危险之前切断短路电流。

【条文解析】

本条规定是对短路保护设备选择的要求，以及它与导体的选择相配合，使配电线路在发生短路故障时不会损坏。其一方面是对断路器的分断能力有要求，另一方面是对导体的热稳定有要求。

在设计配电系统时，首先应根据计算电流选择保护断路器，再根据断路器的整定电流和动作时间来选择导体的截面。

7.6.4 配电线路的过负荷保护，应在过负荷电流引起的导体温升对导体的绝缘、接头、端子或导体周围的物质造成损害前切断负荷电流。对于突然断电比过负荷造成的损失更大的线路，该线路的过负荷保护应作用于信号而不应切断电路。

【条文解析】

电气线路短时间的过负荷（如电动机启动）是难免的，它并不对线路造成损害。长时间即使不大的过负荷也将对线路的绝缘、接头、端子造成损害。绝缘因长期超过允许温升将因老化加速缩短线路使用寿命。严重的过负荷（如过负荷100%）将使绝缘在短时间内软化变形、介质损耗增大、耐压水平降低，最后导致短路，引发火灾和其他灾害。

《低压配电设计规范》GB 50054—2011

6.1.1 配电线路应装设短路保护和过负荷保护。

【条文解析】

短路保护和过负荷保护是预防电气火灾的重要措施之一，配电线路装设短路保护和过负荷保护的目的就是避免线路因过电流导致绝缘受损，进而引发火灾及其他灾害。一般来说，短路保护作用于切断电源，过负荷保护作用于切断电源或发出报警信号。

6.1.2 配电线路装设的上下级保护器，其动作特性应具有选择性，且各级之间应能协调配合。非重要负荷的保护电器，可采用部分选择性或无选择性切断。

【条文解析】

随着低压电器的快速发展，上下级保护电器之间的选择、配合特性不断改善。对于过负荷保护，上下级保护电器动作特性之间的选择性比较容易实现，例如，装在上级的保护电器采用具有定时限动作特性或反时限动作特性的保护电器。对于熔断器而言，上下级的熔体额定电流比只要满足 1.6：1 即可保证选择性；上下级断路器通过其保护特性曲线的配合或者短延时调节也不难做到这一点。但对于短路保护，要做到选择性配合还有一定难度，须综合考虑脱扣器电流动作的整定值、延时、区域选择性联锁、能量选择等多种技术手段。根据目前低压电器的技术发展情况，完全实现保护的选择性还是有一定难度的，从经济、技术两方面考虑，对于非重要负荷还是允许采用部分选择性或无选择性切断。

6.1.3　用电设备末端配电线路的保护，除应符合本规范的规定外，尚应符合现行国家标准《通用用电设备配电设计规范》GB 50055—2011 的有关规定。

【条文解析】

供给用电设备的末端线路，除符合本规范要求外，尚有用电设备的特殊保护要求，所以还要符合现行国家标准《通用用电设备配电设计规范》GB 50055—2011 的规定。但用电设备本身的过电流保护不属于本规范规定的范围。

6.1.4　除当回路相导体的保护装置能保护中性导体的短路，而且正常工作时通过中性导体的最大电流小于其载流量外，尚应采取当中性导体出现过电流时能自动切断相导体的措施。

【条文解析】

当电气装置中存在大量谐波电流时，会引起相导体及中性导体的过负荷，而中性导体的过负荷是最常见的。在三相四线回路中，有时当相导体载流量在正常值范围以内时，中性导体已经严重过载。所以，应根据配电系统中谐波的情况采取中性导体的保护措施。

如果没有谐波，即使中性导体截面积小于相导体截面积，但正常工作时通过中性导体的最大电流明显小于其载流量，这时不必检测中性导体过电流。

如果有谐波，但中性导体截面积大于等于相导体截面积，并且能够保证中性导体通过的最大电流小于等于其载流量，这时不必检测中性导体过电流。

如果谐波含量很高，即使中性导体截面积大于等于相导体截面积，也难以保证中性导体不出现过电流，这时应根据中性导体载流量检测过电流。当检测到过电流时，只要动作于切断相导体即可，中性导体不必切断。

6.2.4　当短路保护电器为断路器时，被保护线路末端的短路电流不应小于断路器瞬时或短延时过电流脱扣整定电流的 1.3 倍。

【条文解析】

按照现行国家标准《低压开关设备和控制设备 第2部分：断路器》GB 14048.2—2008 的规定，断路器的制造误差为±20％，再加上计算误差、电网电压偏差等因素，故规定被保护线路末端的短路电流不应小于低压断路器瞬时或短延时过电流脱扣器整定电流的 1.3 倍。

6.2.5 短路保护电器应装设在回路首端和回路导体载流量减小的地方。当不能设置在回路导体载流量减小的地方时，应采用下列措施：

1 短路保护电器至回路导体载流量减小处的这一段线路长度，不应超过 3m；

2 应采取将该段线路的短路危险减至最小的措施；

3 该段线路不应靠近可燃物。

【条文解析】

导体载流量减小的原因包括截面积、材料、敷设方式发生变化等。

6.3.1 配电线路的过负荷保护，应在过负荷电流引起的导体温升对导体的绝缘、接头、端子或导体周围的物质造成损害之前切断电源。

【条文解析】

电气线路短时间的过负荷（如电动机启动）是难免的，它并不对线路造成损害。长时间即使不大的过负荷也将对线路的绝缘、接头、端子造成损害。绝缘因长期超过允许温升将因老化加速缩短线路使用寿命。严重的过负荷（如过负荷 100％）将使绝缘在短时间内软化变形、介质损耗增大、耐压水平降低，最后导致短路，引发火灾和其他灾害。

6.3.2 过负荷保护电器宜采用反时限特性的保护电器，其分断能力可低于保护电器安装处的短路电流值，但应能承受通过的短路能量。

【条文解析】

被保护线路导体的绝缘热承受能力一般呈反时限特性，与之相适应，过负荷保护电器的时间-电流特性也宜为反时限特性，以实现热效应的配合。

6.3.4 过负荷保护电器，应装设在回路首端或导体载流量减小处。当过负荷保护电器与回路导体载流量减小处之间的这一段线路没有引出分支线路或插座回路，且符合下列条件之一时，过负荷保护电器可在该段回路任意处装设：

1 过负荷保护电器与回路导体载流量减小处的距离不超过 3m，该段线路采取了防止机械损伤等保护措施，且不靠近可燃物；

2 该段线路的短路保护符合本规范第 6.2 节的规定。

【条文解析】

本条第 1 款规定是为了操作与维护方便，例如，一段安装在高处的水平母干线变截面后经插接开关箱引至配电箱，插接开关箱可以安装在便于操作的高度，但距离母干线截面减小处的距离不能大于 3m。

6.3.6 过负荷断电将引起严重后果的线路，其过负荷保护不应切断线路，可作用于信号。

【条文解析】

线路短时间的过负荷并不立即引起灾害，在某些情况下可让导体超过允许温度运行，即使缩短一些使用寿命也应保证对重要负荷的不间断供电，例如，消防水泵、旋转电机的励磁回路，起重电磁铁的供电回路，电流互感器的二次回路等，这时保护可作用于信号。

6.3.7 多根并联导体组成的回路采用一个过负荷保护电器时，其线路的允许持续载流量，可按每根并联导体的允许持续载流量之和计，且应符合下列规定：

1 导体的型号、截面、长度和敷设方式均相同；

2 线路全长内无分支线路引出；

3 线路的布置使各并联导体的负载电流基本相等。

【条文解析】

如果满足条文的规定即可认为并联导线中的电流分配是相等的，这样对于并联导线的过负荷保护的要求则简单明了。

6.4.1 当建筑物配电系统符合下列情况时，宜设置剩余电流监测或保护电器，其应动作于信号或切断电源：

1 配电线路绝缘损坏时，可能出现接地故障；

2 接地故障产生的接地电弧，可能引起火灾危险。

【条文解析】

接地电弧引起的火灾属于电气火灾中短路性火灾的一种，其发生概率很高，是导致电气火灾的最大隐患。为了减少其发生，应采取措施及时发现接地故障。电弧性对地短路起火难以用一般的过电流防护电器防护，但是剩余电流监测器对此类故障具有足够的灵敏度，且价格便宜，安装方便，可及时对接地故障作出反应，作用于切断电源或发出报警信号。

6.4.2 剩余电流监测或保护电器的安装位置，应能使其全面监视有起火危险的配电线路的绝缘情况。

【条文解析】

建筑物内配电线路的绝缘情况应受到全面监视，不能出现监测盲区。一般来说，可在建筑物电源总进线配电箱处设置剩余电流监测器，该监测器可以安装在总进线回路上，也可以安装在各馈出回路上，这样可以对建筑物实施全面的防护。在设计、安装正确，产品符合电磁兼容要求的情况下，建筑物内任何一点出现接地故障剩余电流监测器都应能够作出反应。如果在总进线配电箱处安装了剩余电流监测器，之后的各级配电箱可以不再安装剩余电流监测器。

如果正常情况下泄漏电流较大，剩余电流监测器安装在总配电柜进线或出线回路上时，动作电流值难以整定，可将总进线配电柜处的剩余电流监测器的动作电流整定值适当放大，也可在下级配电箱的进线或出线回路中安装剩余电流监测器。

4.3.3 配电线路的敷设

《民用建筑电气设计规范》JGJ 16—2008

8.1.2 布线系统的敷设方法应根据建筑物构造、环境特征、使用要求、用电设备分布等条件及所选用导体的类型等因素综合确定。

【条文解析】

布线系统的选择和敷设方式的确定主要取决于建筑物的构造和环境特征等敷设条件和所选用电线或电缆的类型。当几种布线系统同时能满足要求时，则应根据建筑物使用要求、用电设备的分布等因素综合比较，决定合理的布线系统及敷设方式。

8.1.3 布线系统的选择和敷设，应避免因环境温度、外部热源、浸水、灰尘聚集及腐蚀性或污染物质等外部影响对布线系统带来的损害，并应防止在敷设和使用过程中因受撞击、振动、电线或电缆自重和建筑物的变形等各种机械应力作用而带来的损害。

【条文解析】

环境温度、外部热源的热效应，进水对绝缘的损害，灰尘聚集对散热和绝缘的不良影响，腐蚀性和污染物质的腐蚀和损坏，撞击、振动和其他应力作用及因建筑物的变形而引起的危害等，对布线系统的敷设和使用安全都将产生极为不利的影响和危害。因此，在选择布线及敷设方式时，必须多方比较，选取合适的方式或采取相应措施，以减少或避免上述不良影响和危害。

8.1.5 布线用塑料导管、线槽及附件应采用非火焰蔓延类制品。

【条文解析】

为保证线路运行安全和满足防火、阻燃要求，布线用刚性塑料导管（槽）及附件必须选用非火焰蔓延类制品。

8.1.8　布线用各种电缆、电缆桥架、金属线槽及封闭式母线在穿越防火分区楼板、隔墙时，其空隙应采用相当于建筑构件耐火极限的不燃烧材料填塞密实。

【条文解析】

电缆、电缆桥架、金属线槽及封闭式母线在穿越不同防火分区的楼板、墙体时，其洞口采取防火封堵，是为防止火灾蔓延扩大灾情。应按布线形式的不同，分别采用经消防部门检测合格的防火包、防火堵料或防火隔板。

8.2.1　直敷布线可用于正常环境室内场所和挑檐下的室外场所。

【条文解析】

直敷布线主要用于居住及办公建筑室内电气照明和日用电器插座线路的明敷布线。

8.2.2　建筑物顶棚内、墙体及顶棚的抹灰层、保温层及装饰面板内，严禁采用直敷布线。

【条文解析】

建筑物顶棚内，人员不易进入，平时不易进行观察和监测。当进入进行维修检查时，明敷线路将可能造成机械损伤，引起绝缘破坏等而引发火灾事故。因此，规定在建筑物顶棚内严禁采用直敷布线。

严禁将护套绝缘电线直接敷设在建筑物墙体及顶棚的抹灰层、保温层及装饰面板内的规定是基于以下几点：

1）常因电线质量不佳或施工粗糙、违反操作规定而造成严重漏电，危及人身安全；

2）不能检修和更换电线；

3）会因从墙面钉入铁件而损坏线路，引发事故；

4）电线因受水泥、石灰等碱性介质的腐蚀而加速老化，严重时会使绝缘层产生龟裂，受潮时可能发生严重漏电。

8.2.3　直敷布线应采用护套绝缘电线，其截面不宜大于 $6mm^2$。

【条文解析】

直敷布线时将电线直接布设在敷设面上，应平直、不松弛和不扭曲。为保证安全，应采用带有绝缘护套的电线，工程设计中多采用铜芯塑料护套绝缘电线。截面限定在 $6mm^2$ 及以下，是因为 $10mm^2$ 及以上的护套绝缘电线其线芯由多股线构成，其柔性大，施工时难以保证线路的横平竖直，影响工程质量和美观。况且，作为照明和日用电器插座线路，$6mm^2$ 铜芯护套绝缘电线载流量已足够，据此也限制此种布线方式的使用范围。

8.3.2　明敷于潮湿场所或埋地敷设的金属导管，应采用管壁厚度不小于 2.0mm 的钢导管。明敷或暗敷于干燥场所的金属导管宜采用管壁厚度不小于 1.5mm 的电线管。

【条文解析】

金属导管明敷于潮湿场所或埋地敷设时，会受到不同程度的锈蚀，为保障线路安全，应采用厚壁钢导管。

8.3.3 穿导管的绝缘电线（两根除外），其总截面积（包括外护层）不应超过导管内截面积的 40%。

【条文解析】

采用导管布线方式，电线总截面积与导管内截面积的比值，除应根据满足电线在通电以后的散热要求决定外，还要根据满足线路在施工或维修更换电线时，不损坏电线及其绝缘等要求决定。

8.3.4 穿金属导管的交流线路，应将同一回路的所有相导体和中性导体穿于同一根导管内。

【条文解析】

金属导管指建筑电气工程中广泛使用的钢导管等铁磁性管材。此种管材会因管内存在的不平衡交流电流产生的涡流效应使管材温度升高，导管内绝缘电线的绝缘迅速老化，甚至脱落，发生漏电、短路、着火等。所以，应将同一回路的所有相导体和中性导体穿于同一根导管内。

8.3.5 除下列情况外，不同回路的线路不宜穿于同一根金属导管内：

1 标称电压为 50V 及以下的回路；

2 同一设备或同一联动系统设备的主回路和无电磁兼容要求的控制回路；

3 同一照明灯具的几个回路。

【条文解析】

不同回路的线路能否共管敷设，应根据发生故障的危险性和相互之间在运行和维修时的影响决定。一般情况下不同回路的线路不应穿于同一导管内。条文中"除外"的几种情况，是经多年实践证明其危险性不大和相互之间的影响较小，有时是必须共管敷设的。

8.3.7 当金属导管布线的管路较长或转弯较多时，宜加装拉线盒（箱），也可加大管径。

【条文解析】

当线路较长或弯曲较多时，如按规定的电线总截面和导管内截面比值选择管径，可能造成穿线困难，在穿线时由于阻力大可能损坏电线绝缘或电线本身被拉断。因此，应加装拉线盒（箱）或加大管径。

8.4.2　明敷或暗敷于建筑物顶棚内正常环境的室内场所时，可采用双层金属层的基本型可挠金属电线保护套管。明敷于潮湿场所或暗敷于墙体、混凝土地面、楼板垫层或现浇钢筋混凝土楼板内或直埋地下时，应采用双层金属层外覆聚氯乙烯护套的防水型可挠金属电线保护套管。

【条文解析】

民用建筑布线系统所采用的可挠金属电线保护套管，主要为基本型和防水型两类。基本型套管外层为热镀锌钢带，中间层为钢带，里层为电工纸，适用于明敷或暗敷在正常环境的室内场所。防水型套管是用特殊方法在基本型套管表面包覆一层具有良好耐韧性软质聚氯乙烯，具有优异的耐水性和耐腐蚀性，适用于明敷在潮湿场所或暗敷于墙体、现浇钢筋混凝土内或直埋地下配管。

8.4.8　可挠金属电线保护套管布线，其套管的金属外壳应可靠接地。

【条文解析】

条文规定是为了保证运行安全，可挠金属电线保护套管与管、盒（箱）必须与保护接地导体（PE）可靠连接。连接应采用可挠金属电线保护套管专用接地夹子，跨线为截面不小于 $4mm^2$ 的多股软铜线。

8.4.10　可挠金属电线保护套管之间及其与盒、箱或钢导管连接时，应采用专用附件。

【条文解析】

为保证可挠金属电线保护套管布线质量和运行安全，可挠金属电线保护套管之间及与盒、箱或钢制电线保护导管的连接必须采用符合标准的专用附件。

8.5.1　金属线槽布线宜用于正常环境的室内场所明敷，有严重腐蚀的场所不宜采用金属线槽。

具有槽盖的封闭式金属线槽，可在建筑顶棚内敷设。

【条文解析】

一般的国产金属线槽多由厚度为 0.4～1.5mm 的钢板制成，虽表面经镀锌、喷涂等防腐处理，但仍不能用于有严重腐蚀的场所。

带有槽盖的封闭式金属线槽具有与金属导管相当的防火性能，故可以敷设在建筑物顶棚内。

8.5.3　同一路径无电磁兼容要求的配电线路，可敷设于同一金属线槽内。线槽内电线或电缆的总截面（包括外护层）不应超过线槽内截面的20％，载流导体不宜超过

30 根。

控制和信号线路的电线或电缆的总截面不应超过线槽内截面的 50%，电线或电缆根数不限。

有电磁兼容要求的线路与其他线路敷设于同一金属线槽内时，应用金属隔板隔离或采用屏蔽电线、电缆。

注：1. 控制、信号等线路可视为非载流导体；

　　 2. 三根以上载流电线或电缆在线槽内敷设，当乘以本规范第 7 章所规定的载流量校正系数时，可不限电线或电缆根数，其在线槽内的总截面不应超过线槽内截面的 20%。

【条文解析】

同一路径的不同回路可以共槽敷设，是金属线槽布线较金属导管布线的一个突破。金属线槽布线在大型民用建筑，特别是功能要求较高、电气线路种类较多的工程中，越来越普遍应用。多个回路可以共槽敷设是基于金属线槽布线的电线电缆填充率小、散热条件好、施工及维护方便及线路间相互影响较小等原因。

金属线槽布线时，电线、电缆的总截面与线槽内截面及载流导体的根数，应满足散热、敷线和维修更换等安全要求。控制、信号线路等非载流导体，不存在因散热不良而损坏电线绝缘问题，截面积比值可增至 50%。

8.5.4　电线或电缆在金属线槽内不应有接头。当在线槽内有分支时，其分支接头应设在便于安装、检查的部位。电线、电缆和分支接头的总截面（包括外护层）不应超过该点线槽内截面的 75%。

【条文解析】

电线在金属线槽内有接头破坏了电线的原有绝缘，并会因接头不良、包扎绝缘受潮损坏而引起短路故障，因此宜避免在线槽内有接头。

8.6.1　刚性塑料导管（槽）布线宜用于室内场所和有酸碱腐蚀性介质的场所，在高温和易受机械损伤的场所不宜采用明敷设。

【条文解析】

刚性塑料导管（槽）具有较强的耐酸、碱腐蚀性能，且防潮性能良好，应优先在潮湿及有酸、碱腐蚀的场所采用。由于刚性塑料导管材质较脆，高温易变形，故不宜在高温和容易遭受机械损伤的场所明敷设。

8.6.7　刚性塑料导管暗敷或埋地敷设时，引出地（楼）面的管路应采取防止机械损伤的措施。

【条文解析】

由于刚性塑料导管材质发脆，抗机械损伤能力差，故在引出地面或楼面的一定高度内，应穿钢管或采取其他防止机械损伤措施。

8.6.9　沿建筑的表面或在支架上敷设的刚性塑料导管（槽），宜在线路直线段部分每隔30m加装伸缩接头或其他温度补偿装置。

【条文解析】

刚性塑料导管（槽）沿建筑物表面和支架敷设，要求达到"横平竖直"，不应因使用或环境温度的变化而变形或损坏。因此，宜在管路直线段部分每隔30m加装伸缩接头或其他温度补偿装置。

8.8.1　预制分支电缆布线宜用于高层、多层及大型公共建筑物室内低压树干式配电系统。

【条文解析】

预制分支电缆因其具有载流量较大、耐腐蚀、防水性能好、安装方便等优点，已被广泛应用在高层、多层建筑及大型公共建筑中，作为低压树干式系统的配电干线使用。

8.8.2　预制分支电缆应根据使用场所的环境特征及功能要求，选用具有聚氯乙烯绝缘聚氯乙烯护套、交联聚乙烯绝缘聚氯乙烯护套或聚烯烃护套的普通、阻燃或耐火型的单芯或多芯预制分支电缆。

在敷设环境和安装条件时，宜选用单芯预制分支电缆。

【条文解析】

预制分支电缆是在聚氯乙烯绝缘或交联聚乙烯绝缘聚氯乙烯护套的非阻燃、阻燃或耐火型聚氯乙烯护套或钢带铠装单芯或多芯电力电缆上，由制造厂按设计要求的截面及分支距离，采用全程机械化制作分支接头，具有较优良的供电可靠性。

8.8.5　当预制分支电缆的主电缆采用单芯电缆用在交流电路时，电缆的固定用夹具应选用专用附件。严禁使用封闭导磁金属夹具。

【条文解析】

单芯预制分支电缆在运行时，其周围产生强烈的交变磁场，为防止其产生的涡流效应给布线系统造成的不良影响，对电缆的支承桥架、卡具等的选择，应采取分隔磁路的措施。

8.9.1　矿物绝缘（MI）电缆布线宜用于民用建筑中高温或有耐火要求的场所。

【条文解析】

由于矿物绝缘（MI）电缆采用无机物氧化镁作为芯线绝缘材料，无缝铜管外套和铜质线芯，宜用于高温或有耐火要求的场所。

8.9.4 矿物结构电缆应根据电缆敷设环境，确定电缆最高使用温度，合理选择相应的电缆载流量，确定电缆规格。

【条文解析】

矿物绝缘电缆，在不同线芯最高使用温度下，相同截面的电缆可具有不同的载流量。使用温度越高，载流量越大。因此，在选择电缆规格时，应根据环境温度、性质、电缆用途合理确定线芯最高使用温度。

在确定合适的线芯最高使用温度后，根据不同使用温度下的电缆允许载流量，合理选择相应的电缆规格。

8.9.5 应根据线路实际长度及电缆交货长度，合理确定矿物绝缘电缆规格，宜避免中间接头。

【条文解析】

矿物绝缘电缆中间接头是线路运行和耐火性能的薄弱环节，应设法避免。由于受原材料的限制，矿物绝缘电缆，特别是大截面单芯电缆其成品交货长度都较短。为避免中间接头，应根据制造厂规定的电缆成品交货长度、敷设线路长度合理选择电缆规格。

8.9.6 电缆敷设时，电缆的最小允许弯曲半径不应小于表 8.9.6 的规定。

表 8.9.6 矿物绝缘（MI）电缆最小允许弯曲半径

电缆外径 d /mm	$d<7$	$7{\leqslant}d<12$	$12{\leqslant}d<15$	$d{\geqslant}15$
电缆内侧最小允许弯曲半径 R	$2d$	$3d$	$4d$	$6d$

【条文解析】

当遇有大小截面不同的电缆相同走向时，应按最大截面电缆的弯曲半径进行弯曲，以达到美观整齐要求。

8.9.7 电缆在下列场所敷设时，应将电缆敷设成"S"或"Ω"形弯，其弯曲半径不应小于电缆外径的6倍：

1 在温度变化大的场所；

2 有振动源场所的布线；

3 建筑物变形缝。

【条文解析】

电缆敷设成"S"或"Ω"形弯是对电缆线路经过建筑物变形缝或引入振动源设备

所引起的电缆线路的变形补偿。

8.9.9 单芯矿物绝缘电缆在进出配柜（箱）处及支承电缆的桥架、支架及固定卡具，均应采取分隔磁路的措施。

8.9.10 多根单芯电缆敷设时，应选择减少涡流影响的排列方式。

【条文解析】

上述两条均为防止矿物绝缘电缆线路在运行时产生涡流效应的要求。

8.10.2 在有腐蚀或特别潮湿的场所采用电缆桥架布线时，应根据腐蚀介质的不同采取相应的防护措施，并宜选用塑料护套电缆。

【条文解析】

民用建筑电气工程所采用的电缆桥架一般为钢制产品，其防腐措施一般有塑料喷涂、电镀锌（适用于轻防腐环境）、热浸锌（适用于重防腐环境）等多种方式。

8.10.5 电缆桥架多层敷设时，其层间距离应符合下列规定：

1 电力电缆桥架间不应小于 0.3m；

2 电信电缆与电力电缆桥架间不宜小于 0.5m，当有屏蔽盖板时可减少到 0.3m；

3 控制电缆桥架间不应小于 0.2m；

4 桥架上部距顶棚、楼板或梁等障碍物不宜小于 0.3m。

【条文解析】

采用电缆桥架布线，通常敷设的电缆数量较多而且较为集中。为了散热和维护的需要，桥架层间应留有一定的距离。强电、弱电电缆之间，为避免强电线路对弱电线路的干扰，当没有采取其他屏蔽措施时，桥架层间距离有必要加大一些。

8.10.6 当两组或两组以上电缆桥架在同一高度平行或上下平行敷设时，各相邻电缆桥架间应预留维护、检修距离。

【条文解析】

为了便于管理维护，相邻的电缆桥架之间应留有一定的距离，制造厂家推荐数值为 600mm。

8.10.8 下列不同电压、不同用途的电缆，不宜敷设在同一层桥架上：

1 1kV 以上和 1kV 以下的电缆；

2 向同一负荷供电的两回路电源电缆；

3 应急照明和其他照明的电缆；

4 电力和电信电缆。

当受条件限制需安装在同一层桥架上时，应用隔板隔开。

【条文解析】

本条规定是为了保障线路运行安全和避免相互间的干扰和影响。

8.10.13 钢制电缆桥架直线段长度超过 30m、铝合金或玻璃钢制电缆桥架长度超过 15m 时，宜设置伸缩节。电缆桥架跨越建筑物变形缝处，应设置补偿装置。

【条文解析】

电缆桥架直线段超过 30m 设伸缩节和跨越建筑物变形缝设补偿装置，其目的是保证桥架在运行中，不因温度变化和建筑物变形而发生变形、断裂等故障。

8.11.1 封闭式母线布线适用于干燥和无腐蚀性气体的室内场所。

【条文解析】

封闭式母线不应使用在潮湿和有腐蚀气体的场所（专用型产品除外），是因为封闭式母线在受到潮湿空气和腐蚀性气体长期侵蚀后，绝缘强度降低，导体的绝缘层老化，甚至被损坏，将可能导致发生线路短路事故。

8.11.7 当封闭式母线直线敷设长度超过 80m 时，每 50~60m 宜设置膨胀节。

【条文解析】

当封闭式母线运行时，导体会随温度上升而沿长度方向膨胀伸长，伸长多少与电气负荷大小和持续时间等因素有关。为适应膨胀变形，保证封闭式母线正常运行，应按规定设置膨胀节。

8.12.1 电气竖井内布线适用于多层和高层内强电及弱电垂直干线的敷设。可采用金属导管、金属线槽、电缆、电缆桥架及封闭式母线等布线方式。

【条文解析】

电气竖井内布线是高层民用建筑中强电及弱电垂直干线线路特有的一种布线方式。竖井内常用的布线方式为金属导管、金属线槽、各种电缆或电缆桥架及封闭式母线等布线。

在电气竖井内除敷设干线回路外，还可以设置各层的电力、照明分配电箱及弱电线路的分线箱等电气设备。

8.12.2 竖井的位置和数量应根据建筑物规模、用电负荷性质、各支线供电半径及建筑物的变形缝位置和防火分区等因素确定，并应符合下列要求：

1 宜靠近用电负荷中心；

2 不应和电梯井、管道井共用同一竖井；

3 邻近不应有烟道、热力管道及其他散热量大或潮湿的设施；

4 在条件允许时宜避免与电梯井及楼梯间相邻。

【条文解析】

电气竖井的数量和位置选择，应保证系统的可靠性和减少电能损耗。

8.12.4　竖井的井壁应是耐火极限不低于 1h 的非燃烧体。竖井在每层楼应设维护检修门并应开向公共走廊，其耐火等级不应低于丙级。楼层间钢筋混凝土楼板或钢结构楼板应做防火密封隔离，线缆穿过楼板应进行防火封堵。

【条文解析】

本条是根据建筑物防火要求和防止电气线路在火灾时延燃等要求而规定的。为防止火灾沿电气线路蔓延，封闭式母线等布线在穿过竖井楼板或墙壁时，应以防火隔板、防火堵料等材料做好密封隔离。

8.12.5　竖井大小除应满足布线间隔及端子箱、配电箱布置所必需尺寸外，宜在箱体前留有不小于 0.8m 的操作、维护距离，当建筑平面受限制时，可利用公共走道满足操作、维护距离的要求。

【条文解析】

电气竖井的大小应根据线路及设备的布置确定，而且必须充分考虑布线施工及设备运行的操作、维护距离。

8.12.8　电力和电信线路，宜分别设置竖井。当受条件限制必须合用时，电力与电信线路应分别布置在竖井两侧或采取隔离措施。

【条文解析】

为保证线路的安全运行，避免相互干扰，方便维护管理，强电和弱电竖井宜分别设置。

《低压配电设计规范》GB 50054—2011

7.1.5　电缆敷设的防火封堵，应符合下列规定：

1　布线系统通过地板、墙壁、屋顶、天花板、隔墙等建筑构件时，其孔隙应按等同建筑构件耐火等级的规定封堵；

2　电缆敷设采用的导管和槽盒材料，应符合现行国家标准《电气安装用电缆槽管系统　第 1 部分：通用要求》GB/T 19215.1—2003、《电气安装用电缆槽管系统　第 2 部分：特殊要求　第 1 节：用于安装在墙上或天花板上的电缆槽管系统》GB/T 19215.2—2003 和《电气安装用导管系统　第 1 部分：通用要求》GB/T 20041.1—2005 规定的耐燃试验要求，当导管和槽盒内部截面积等于大于 710mm² 时，应从内部封堵；

3　电缆防火封堵的材料，应按耐火等级要求，采用防火胶泥、耐火隔板、填料阻火包或防火帽；

4 电缆防火封堵的结构，应满足按等效工程条件下标准的耐火极限。

【条文解析】

电缆敷设的防火封堵是防止电气火灾的重要措施，因此作此规定。

7.2.12 暗敷于地下的金属导管不应穿过设备基础；金属导管及金属槽盒在穿过建筑物伸缩缝、沉降缝时，应采取防止伸缩或沉降的补偿措施。

【条文解析】

本条是为了防止金属导管和金属槽盒损坏而规定的。

7.2.13 采用金属导管布线，除非重要负荷、线路长度小于15m、金属导管的壁厚大于等于2mm，并采取了可靠的防水、防腐蚀措施后，可在屋外直接埋地敷设外，不宜在屋外直接埋地敷设。

【条文解析】

金属导管是不适合在屋外直接埋地敷设的，但是对于短距离非重要用电负荷的线路可以适当放宽限制。

7.4.1 除配电室外，无遮护的裸导体至地面的距离，不应小于3.5m；采用防护等级不低于现行国家标准《外壳防护等级（IP代码）》GB 4208—2008规定的IP2×的网孔遮栏时，不应小于2.5m。网状遮栏与裸导体的间距，不应小于100mm；板状遮栏与裸导体的间距，不应小于50mm。

【条文解析】

本条主要是为避免车间内工人或维修人员等在搬金属梯子或手持长杆形金属工具时，不慎碰到裸导体，从而导致人身伤亡。

7.5.3 封闭式母线外壳及支架应可靠接地，全长应不少于2处与接地干线相连。

【条文解析】

做好封闭式母线的接地是非常重要的，因此作此规定。

《人民防空地下室设计规范》GB 50038—2005

7.4.1 进、出防空地下室的动力、照明线路，应采用电缆或护套线。

【条文解析】

进、出防空地下室的电气线路，动力回路选用电缆，口部照明回路选用护套线，主要是考虑其穿管时防护密闭措施比较容易，密闭效果好。

7.4.3 穿过外墙、临空墙、防护密闭隔墙和密闭隔墙的各种电缆（包括动力、照明、通信、网络等）管线和预留备用管，应进行防护密闭或密闭处理，应选用管壁厚度不小于2.5mm的热镀锌钢管。

【条文解析】

防空地下室有"防核武器、常规武器、生化武器"等要求，电气管线进出防空地下室的处理一定要与工程防护、密闭功能相一致，这些部位的防护、密闭相当重要，当管道密封不严密时，会造成漏气、漏毒等现象，甚至滤毒通风时室内形不成超压。

在防护密闭隔墙上的预埋管应根据工程抗力级别的不同，采取相应的防护密闭措施。在密闭墙上的预埋管采取密闭封堵措施。

穿过外墙、临空墙、防护密闭隔墙和密闭隔墙的电气预埋管线应选用管壁厚度不小于2.5mm的热镀锌钢管。在其他部位的管线可按有关地面建筑的设计规范或规定选用管材。

7.4.5 各人员出入口和连通口的防护密闭门门框墙、密闭门门框墙上均应预埋4~6根备用管，管径为50~80mm，管壁厚度不小于2.5mm的热镀锌钢管，并应符合防护密闭要求。

【条文解析】

预留备用穿线钢管是为了满足平时和战时可能增加的各种动力、照明、内部电源、通信、自动检测等的需要。防止工程竣工后，因增加各种管线，在密闭隔墙上随便钻洞、打孔，影响到防空地下室的密闭和结构强度。

7.4.6 当防空地下室内的电缆或导线数量较多，且又集中敷设时，可采用电缆桥架敷设的方式。但电缆桥架不得直接穿过临空墙、防护密闭隔墙、密闭隔墙。当必须通过时应改为穿管敷设，并应符合防护密闭要求。

【条文解析】

如果电缆桥架直接穿过临空墙、防护密闭隔墙和密闭隔墙，多根电缆穿在一个孔内，防空地下室的防护、密闭性能均被破坏。所以，在此处位置穿墙时，必须改为电缆穿管方式。应该一根电缆穿一根管，并应符合防护和密闭要求。

7.4.7 各类母线槽不得直接穿过临空墙、防护密闭隔墙、密闭隔墙，当必须通过时，需采用防护密闭母线，并应符合防护密闭要求。

【条文解析】

各类母线槽是由铜汇流排用绝缘材料包裹绑扎而制成的，每层间是不密闭的，它要穿过密闭隔墙其内芯会漏气。所以，应在穿过密闭隔墙段处，选用防护密闭型母线，该母线的线芯经过密封处理，能达到密闭的要求。

7.4.8 由室外地下进、出防空地下室的强电或弱电线路，应分别设置强电或弱电防爆波电缆井。防爆波电缆井宜设置在紧靠外墙外侧。除留有设计需要的穿墙管数量外，还应符合第7.4.5条中预埋备用管的要求。

【条文解析】

强电和弱电电缆直接由室外地下进、出防空地下室时，应防止互相干扰，须分别设置强电、弱电防爆波电缆井，在室外宜紧靠外墙设置防爆波电缆井。由地面建筑上部直接引下至防空地下室内时，可不设置防爆波电缆井，但电缆穿管应采取防护密闭措施。设置防爆波电缆井是为了防止冲击波沿着电缆进入防空地下室室内。

7.4.9 从低压配电室、电站控制室至每个防护单元的战时配电回路应各自独立。战时内部电源配电回路的电缆穿过其他防护单元或非防护区时，在穿过的其他防护单元或非防护区内，应采取与受电端防护单元等级相一致的防护措施。

【条文解析】

电力系统电源进入防空地下室的低压配电室内，由它配至各个防护单元的配电回路应独立，同样，电站控制室至各个防护单元的配电回路也应独立，均以放射式配电。目的是保证各防护单元电源的独立性，互不影响，自成系统。

电缆线路的保护措施应与工程抗力级别一致，是为了保证受电端的供电可靠。目的是防止电缆破坏受损，防护单元失电。一般根据环境条件和抗力级别可采取电缆穿钢管明敷或暗敷，采用铠装电缆、组合式钢板电缆桥架等保护措施。

7.4.10 电缆、护套线、弱电线路和备用预埋管穿过临空墙、防护密闭隔墙、密闭隔墙，除平时有要求外，可不作密闭处理，临战时应采取防护密闭或密闭封堵，在30d转换时限内完成。对于不符合一根电缆穿一根密闭管的平时设备的电缆，应在临战转换期限内拆除。

【条文解析】

由于电缆管线采取战时封堵措施后，不便于平时管线的维护、更换，也影响到战时的防护密闭效果，而且临战封堵的工作量不是很大，在规定的转换时限30d内完全能够完成，因此规定封堵措施在临战时实施。

对于平时有封堵要求的管线，仍应按平时要求实施，如防火分区间的管线封堵。

《住宅建筑电气设计规范》JGJ 242—2011

7.2.1 住宅建筑套内配电线路布线可采用金属导管或塑料导管。暗敷的金属导管管壁厚度不应小于1.5mm，暗敷的塑料导管管壁厚度不应小于2.0mm。

【条文解析】

本条规定塑料导管管壁厚度不应小于2.0mm是因为聚氯乙烯硬质电线管PC20及以上的管材壁厚大于或等于2.1mm，聚氯乙烯半硬质电线管FPC壁厚均大于或等于 2.0mm。

7.2.3 敷设在钢筋混凝土现浇楼板内的线缆保护导管最大外径不应大于楼板厚度的 1/3，敷设在垫层的线缆保护导管最大外径不应大于垫层厚度的 1/2。线缆保护导管暗敷时，外护层厚度不应小于 15mm；消防设备线缆保护导管暗敷时，外护层厚度不应小于 30mm。

【条文解析】

外护层厚度为线缆保护导管外侧与建筑物、构筑物表面的距离。

7.2.4 当电源线缆导管与采暖热水管同层敷设时，电源线缆导管宜敷设在采暖热水管的下面，并不应与采暖热水管平行敷设。电源线缆与采暖热水管相交处不应有接头。

【条文解析】

当采暖系统是地面辐射供暖或低温热水地板辐射供暖时，考虑其散热效果及对电源线的影响，电源线导管最好敷设于采暖水管层下混凝土现浇板内。

7.2.6 净高小于 2.5m 且经常有人停留的地下室，应采用导管或线槽布线。

【条文解析】

净高小于 2.5m 且经常有人停留的地下室，电源线缆采用导管或线槽封闭式布线方式是为了保障人身安全。

7.4.1 电气竖井宜用于住宅建筑供电电源垂直干线等的敷设，并可采取电缆直敷、导管、线槽、电缆桥架及封闭式母线等明敷设布线方式。当穿管管径不大于电气竖井壁厚的 1/3 时，线缆可穿导管暗敷设于电气竖井壁内。

【条文解析】

明敷设包括电缆直接明敷、穿管明敷、桥架敷设等。

7.4.2 当电能表箱设于电气竖井内时，电气竖井内电源线缆宜采用导管、金属线槽等封闭式布线方式。

【条文解析】

电能表箱如果安装在电气竖井内，非电气专业人员有可能打开竖井查看电能表，为保障人身安全，竖井内 AC50V 以上的电源线缆宜采用保护槽管封闭式布线。

7.4.3 电气竖井的井壁应为耐火极限不低于 1h 的不燃烧体。电气竖井应在每层设维护检修门，并宜加门锁或门控装置。维护检修门的耐火等级不应低于丙级，并应向公共通道开启。

【条文解析】

电气竖井加门锁或门控装置是为了保证住宅建筑的用电安全及电气设备的维护，防窃电和防非电气专业人员进入。门控装置包括门磁、电力锁等出入口控制系统。

住宅建筑电气竖井检修门除应满足竖井内设备检修要求外，检修门的高×宽尺寸不宜小于1.8m×0.6m。

7.4.6 电气竖井内应急电源和非应急电源的电气线路之间应保持不小于0.3m的距离或采取隔离措施。

【条文解析】

条文中间距不应小于300mm取值于《民用建筑电气设计规范》JGJ 16—2008第8.12.7条；隔离措施可采用电缆穿导管或电缆敷设在封闭式桥架里，采取隔离措施后间距不应小于150mm。

7.4.7 强电和弱电线缆宜分别设置竖井。当受条件限制需合用时，强电和弱电线缆应分别布置在竖井两侧或采取隔离措施。

【条文解析】

强电与弱电的隔离措施可以用金属隔板分开或采用两者线缆均穿金属管、金属线槽。采取隔离措施后，根据《综合布线系统工程设计规范》GB 50311—2007中的表7.0.1-1，最小间距可为10~300mm。

7.4.8 电气竖井内应设电气照明及至少一个单相三孔电源插座，电源插座距地宜为0.5~1.0m。

【条文解析】

电气竖井内的电源插座宜采用独立回路供电，电气竖井内照明宜采用应急照明。电气竖井内的照明开关宜设在电气竖井外，设在电气竖井内时照明开关面板宜带光显示。

7.4.9 电气竖井内应敷设接地干线和接地端子。

【条文解析】

接地干线宜由变电所PE母线引来，接地端子应与接地干线连接，并做等电位连接。

7.5.4 电缆与住宅建筑平行敷设时，电缆应埋设在住宅建筑的散水坡外。电缆进出住宅建筑时，应避开人行出入口处，所穿保护管应在住宅建筑散水坡外，且距离不应小于200mm，管口应实施阻水堵塞，并宜在距住宅建筑外墙3~5m处设电缆井。

【条文解析】

距住宅建筑外墙3~5m处设电缆井是为了解决室内外高差,有时3~5m让不开住宅建筑的散水和设备管线,电缆井的位置可根据实际情况进行调整。

《交通建筑电气设计规范》JGJ 243—2011

6.4.1 配电线路的敷设应考虑安装和维护简便。

【条文解析】

由于现代交通建筑的配电系统日趋庞大和复杂,与其他子系统在安装位置上经常出现冲突,在不影响建筑功能需求的情况下,要考虑安装和维护的简便性,以节约安装维护费用,提高系统使用寿命和可靠性。

6.4.2 配电线路不应造成下列有害影响:

1 火焰蔓延对建筑物和消防系统的影响;

2 燃烧产生含卤烟雾对人身的伤害;

3 产生过强的电磁辐射对弱电系统的影响。

【条文解析】

以往关注点只集中在外界对线路的影响,没有考虑线路本身对外界的有害影响,特别是线路本身如果选择不当,可能成为火焰蔓延的通道甚至火源,一般交通建筑都是人员密集的场所,而一旦发生火灾,电线电缆护套和绝缘层如果含有卤素,散发的有毒烟雾很容易致人死亡,造成巨大的灾难,同时,线路的电磁辐射释放及其回收过程可能产生的影响都应该在设计考虑范围之内。

6.4.3 交通建筑中除直埋敷设的电缆和穿管暗敷的电线电缆外,其他成束敷设的电线电缆应采用阻燃电线电缆;用于消防负荷的应采用阻燃耐火电线电缆或矿物绝缘(MI)电缆。

【条文解析】

本条所指的穿管暗敷是指电线电缆穿金属保护管敷设于不燃烧体结构内。成束敷设的电线电缆应采用阻燃电线电缆,这是因为多根电线电缆成束敷设在同一通道内时,当电线电缆引燃后,放热量大增,但向空间的释放热量不同步递增,此时如放热等于吸热(包含散热),则维持燃烧,当放热大于吸热(包含散热),则燃烧趋旺。

6.4.5 不同场所电线的阻燃级别选择不宜低于表6.4.5的规定。

表 6.4.5　不同场所电线的阻燃级别

阻燃级别	适用场所	电线截面
B 级	Ⅱ类及以上民用机场航站楼、特大型铁路旅客车站、集民用机场航站楼或铁路与城市轨道交通车站等为一体的大型综合交通枢纽站及单栋建筑面积超过 100000m² 的具有一级耐火等级的交通建筑	50mm² 及以上
C 级		35mm² 及以下
C 级	Ⅲ类以下民用机场航站楼、大中型铁路旅客车站、地铁车站、磁浮列车站、一级港口客运站、一级汽车客运站及单栋建筑面积超过 20000m² 的具有二级耐火等级的交通建筑	50mm² 及以上
D 级		35mm² 及以下
D 级	不属于以上所列的其他交通建筑	所有截面

【条文解析】

阻燃电线的阻燃等级选择与阻燃电缆的阻燃等级选择是有区别的。电线大多数是绝缘层与护套层合一，与电缆相比，线径相对小，非金属材料的表面积大，要通过较高阻燃级别实验标准难度较大，尤其是小截面电线更为不易。在实际工程中一般电线成束量不大，尤其是小截面电线需要高阻燃级别敷设的情况一般很少。

以 35mm² 作为电线的一个分界，是因为阻燃试验标准考虑到小线径的特点。一般 D 级阻燃等级是适用于线径小于等于 12mm 以下的电线电缆，从多数电线生产企业提供的产品来看，35mm² 的线径一般在 12mm 以下。

在特殊情况下，电线成束敷设的根数很多，计算每米可燃物达到 1.5L 及以上时，应按电缆计算可燃物含量的方法选择电线的阻燃级别。

6.4.7 Ⅱ类及以上民用机场航站楼、特大型和大型铁路旅客车站、集民用机场航站楼或铁路与城市轨道交通车站等为一体的大型综合交通枢纽站、地铁车站、磁浮列车站具有一级耐火等级的交通建筑内，成束敷设的电线电缆应采用绝缘及护套为低烟无卤阻燃的电线电缆。

【条文解析】

本条主要是从人员密集的交通建筑发生火灾时，为提高人员的安全率、存活率而作出的强制性规定。

火灾事故中，直接火烧造成人员死亡的比例很低，近 80% 是由于烟雾和毒气窒息而造成人员死亡；或者由于火灾产生的烟雾阻碍人员视线，使受灾人员不能顺利找到疏散路线，引起恐慌造成人员踩踏，不知所措，又使人难以呼吸而直接致命。一般由 PVC 燃烧后产生的烟雾，其毒性指数高达 15.01，人在此浓烟中只能存活 2~3min。

浓烟的另一个特征是随热气流升腾奔突且无孔不入，其移动速度比火焰传播快得多（可达 20m/min 以上）。因此，在电气火灾中，烟密度的大小是火场逃离人员生命存活的函数。烟是燃质在燃烧过程中产生的不透明颗粒在空气中的漂浮物。它既决定于材质燃烧时的充分性，又与燃烧物被烧蚀的量有关。燃烧越容易、越充分，就越少有烟。

由于 PVC 材质的高发烟率和较高的毒性指数，欧美从 20 世纪 90 年代起已开始减少或禁止 VV、ZRVV 之类的高卤型电缆在室内的使用，以低烟无卤的电线电缆替代。

从对人身安全负责的角度出发，对于在交通建筑中人流密集的场所和人流难以疏散的地方（如Ⅱ类及以上民用机场航站楼、特大型和大型铁路旅客车站、集机场航站楼或铁路与城市轨道交通车站等为一体的大型综合交通枢纽站、地铁车站、磁浮列车站及具有一级耐火等级的交通建筑），成束敷设的电线电缆规定采用绝缘及护套为低烟无卤阻燃的电线电缆（绝缘材料不含卤素，燃烧时产生的烟尘较少并且具有阻止或延缓火焰蔓延的电线电缆），以此可大大减少火灾事故中线缆燃烧后产生的烟雾和毒气，为火灾发生时人员争取到更多宝贵的逃生时间。

另外，用于消防负荷成束敷设的电线电缆，除了应采用绝缘及护套为低烟无卤阻燃的电线电缆外还要具有耐火功能，可采用低烟无卤阻燃耐火电线电缆（材料不含卤素，燃烧时产生的烟尘较少并且具有阻止或延缓火焰蔓延、在火焰燃烧的规定时间内可保持线路完整性的电线电缆）或矿物绝缘（MI）电缆。

6.4.9 低烟无卤阻燃电线电缆宜采用辐照交联型。

【条文解析】

目前低压低烟无卤阻燃电线电缆中，普遍采用温水交联或辐照交联两种工艺实现绝缘层的交联，辐照交联工艺可以改善阻燃交联绝缘层因为吸湿而导致绝缘电阻降低的状况，国内曾经发生过因为选择了温水交联的无卤电线在安装后绝缘电阻降低，不能通过验收的先例。

采用辐照交联工艺生产的电线电缆，绝缘层分子结构在高能电子束轰击下打开直接交联，不含有残留化合物，且绝缘层交联质量均匀，可以获得更稳定长久的使用寿命。因为可以直接采用阻燃交联绝缘层，可以使电线电缆获得更高的阻燃性能。

当有特殊需要时，辐照交联型的电线电缆，亦可以得到更高的耐温等级。

6.4.10 与建筑内应急发电机组或 EPS 装置连接、用于消防设施的配电线路，应采用阻燃耐火电线电缆或封闭母线，其火灾条件下通电时间应满足相应的消防供电时间要求；由 EPS 装置配出的线路，其在火灾条件下的连续工作时间应满足 EPS 持续工作时间要求。

【条文解析】

与自备发电机组、EPS 装置连接的用于消防设施配电外接线路一旦火灾时中断，将无法发挥相应的作用，因此作此规定。耐火的电线电缆或封闭母线包括耐火化合物绝缘的铜芯线缆、矿物绝缘铜芯电缆及耐火化合物绝缘的封闭母线。

6.4.13 封闭母线可应用于交通建筑中负载较大或者扩展性要求高的场合，其防护等级应与相邻的电气设施敷设环境相适应。当敷设于潮湿或腐蚀性环境中时，应采取必要的防水、防腐措施。

【条文解析】

封闭母线的主要特点是载流能力强，引出分支方便，可靠性较高。近年来封闭母线在适应严酷环境和客户需求方面，发展了很多先进技术，可以应用在户外环境或潮湿、腐蚀性环境，但应考虑其防护等级的匹配。采用封闭母线出现问题的，一个重要原因在于选择的技术指标与现实环境所需要的指标不相符合，因此在防护等级上，应针对具体物理环境确定，对于户外敷设的母线，必须严格达到足够的防水防尘能力。

6.4.14 封闭式母线的线路走向，应考虑其他管路设备的位置关系，当与水管交错或相邻时，母线宜在管道的上方或同一水平高度敷设，否则应提高其防护等级。

【条文解析】

由于水管存在滴水或喷水的危险性，所以在其周边安装的母线要考虑这个风险，宜提高自身防护等级，一般可选用 IP54 及以上产品。

6.4.15 与安检、传送等设施无关的配电线路不应穿过安检、传送等设施的基础；配电干线不应在安检设施的上方穿越。

【条文解析】

本条规定主要是为防止配电线路对安检、传送等设施的干扰。

6.4.16 与轨道交通运行无关的电气线路不宜穿越轨道。

【条文解析】

轨道交通车站的电气线缆较多，真正与轨道交通运行有关的电气线缆并不多，但有时极个别与轨道交通运行无关的电气线缆需要穿越轨道，设计中在轨道施工时预埋管，供其穿越，但一般情况下宜尽可能避免。

4.4 照明

《民用建筑电气设计规范》JGJ 16—2008

10.2.3 照明光源的颜色质量取决于光源本身的表观颜色及其显色性能。一般照明光源可根据其相关色温分为三类，其适用场所可按表10.2.3选取。

表 10.2.3 光源的颜色分类

光源颜色分类	相关色温/K	颜色特征	适用场所示例
Ⅰ	<3300	暖	居室、餐厅、宴会厅、多功能厅、酒吧、咖啡厅、重点陈列厅
Ⅱ	3300~5300	中间	教室、办公室、会议室、阅览室、营业厅、一般休息厅、普通餐厅、洗衣房
Ⅲ	>5300	冷	设计室、计算机房、高照度场所

【条文解析】

根据 CIE 建议，将光源的颜色分为三类。其中，Ⅰ类适用于住宅或寒冷地区；Ⅱ类适用于办公室等，应用范围较广；Ⅲ类适用于体育场馆等高照度场所或温暖气候地区。

10.2.5 照明光源的颜色特征与室内表面的配色宜互相协调，并应形成相应于房间功能的色彩环境。

【条文解析】

如果室内表面颜色的彩色度较高，光源的光线将被强烈地选择吸收，使色彩环境发生强烈变化而改变了原设计的色彩意图，从而不能满足功能要求。

10.3.4 自机场跑道中点起、沿跑道延长线双向各15km、两侧散开角各10°的区域内，障碍物顶部与跑道端点连线与水平面夹角大于0.57°的障碍物应装设航空障碍标志灯，并应符合国家现行标准《民用机场飞行区技术标准》MH 5001—2006 的规定。

航空障碍灯应符合国家现行标准《航空障碍灯》MH/T 6012—1999 的规定，并应具有相关认证。

10.3.5 航空障碍灯的设置应符合下列规定：

1 障碍标志灯应装设在建筑物或构筑物的最高部位。当制高点平面面积较大或为建筑群时，除在最高端装设障碍标志灯外，还应在其外侧转角的顶端分别设置。

2 障碍标志灯的水平、垂直距离不宜大于45m。

3 障碍标志灯宜采用自动通断电源的控制装置，并宜设有变化光强的措施。

4 航空障碍标志灯技术要求应符合表 10.3.5 的规定。

表 10.3.5 航空障碍灯技术要求

障碍标志灯类型	低光强	中光强		高光强
灯光颜色	航空红色	航空红色	航空白色	航空白色
控光方式及数据/（次/min）	恒定光	闪光 20~60	闪光 20~60	闪光 20~60
有效光强	32.5cd 用于夜间	2000cd±25% 用于夜间	· 2000cd ± 25% 用于夜间 · 2000cd ± 25% 用于白昼、黎明或黄昏	· 2000cd±25% 用于夜间 · 2000cd ± 25% 用于黄昏与黎明 · 270000cd/140000cd ± 25% 用于白昼
可视范围	· 水平光束扩散角 360° · 垂直光束扩散角 ≥10° 最大光强位于水平仰角 4°~20°之间	· 水平光束扩散角 360° · 垂直光束扩散角 ≥3° 最大光强位于水平仰角 0°	· 水平光束扩散角 360° · 垂直光束扩散角 ≥3°	· 水平光束扩散角 90°或 120° · 垂直光束扩散角 3°~7°
适用高度	· 高出地面 45m 以下全部使用 · 高出地面 45m 以上部分与中光强结合使用	高出地面 45m 时	高出地面 90m 时	高出地面 153m（500 英尺）时

注：夜间对应的背景亮度小于 50cd/m²；黄昏与黎明对应的背景亮度小于 50~500cd/m²；白昼对应的背景亮度小于 500cd/m²。

5 障碍标志灯的设置应便于更换光源。

6 障碍标志灯电源应按主体建筑中最高负荷等级要求供电。

【条文解析】

上述两条均依据民航法规中的有关规定。应注意的是，为了减少夜间标志灯对居民的干扰，低于 45m 的建筑物和其他建筑物低于 45m 的部分只能使用低光强（小于 32.5cd）的障碍标志灯。

10.4.1 室内照明光源的确定，应根据使用场所的不同，合理地选择光源的光效、显色性、寿命、启动点燃和再点燃时间等光电特性指标以及环境条件对光源光电参数的影响。

【条文解析】

在选择光源时应合理地选择光电参数，本条的用意是要根据使用对象以某一个或某几个指标作为主要选择依据。

10.4.2 室内照明应采用高光效光源和高效灯具。在有特殊要求不宜使用气体放电光源的场所，可选用卤钨灯或普通白炽灯光源。

【条文解析】

本条的中心意义是推行节能高效光源和灯具。但是由于白炽灯和卤钨灯有可瞬时点亮、显色性好、易于调光等特点并且频繁开闭对光源寿命的影响较小，也不会产生强烈的电磁干扰，在此情况下可以选用这两种光源。

10.4.5 室内一般照明宜采用同一类型的光源。当有装饰性或功能性要求时，亦可采用不同种类的光源。

【条文解析】

本条主要考虑在一般房间内的光色和显色性能指标尽量一致，避免在光源选择上出现复杂化，也不利于维护工作。但在有些场所，由于建筑功能的需要，为避免出现平淡的光环境或是为了区别不同使用性质——如工作区和交通区，也可以采用不同类型的光源。

10.4.6 对于需要进行彩色新闻摄影和电视转播的场所，室内光源的色温宜为2800～3500K，色温偏差不应大于150K；室外或有天然采光的室内的光源色温宜为4500～6500K，色温偏差不应大于500K。光源的一般显色指数不应低于65，要求较高的场所应大于80。

【条文解析】

这是从转播彩色电视的效果考虑，因为用两种色温相差较大的光源进行混光是难以达到理想效果的。

10.4.8 室内装修遮光格栅的反射表面应选用难燃材料，其反射比不应低于0.7。

【条文解析】

这是对装有格栅或光檐、发光顶棚、光梁等照明形式对其材质的规定。

10.4.9 对于仅满足视觉功能的照明，宜采用直接照明和选用开敞式灯具。

【条文解析】

本条主要是从节能上考虑，即在体育比赛场地或办公、教室等用房的一般照明，尽可能采用直接型开启式或带有格栅的灯具，少采用在出光口上装有透光材料的灯具或间接照明。

10.4.10 在高度较高的空间安装的灯具宜采用长寿命光源或采取延长光源寿命的措施。

【条文解析】

在高空间安装的灯具因检修灯具、更换光源较麻烦，所以要采用延长光源寿命的措施，以延长光源更换周期。

10.4.11 筒灯宜采用插拔式单端荧光灯。

【条文解析】

插拔式单端荧光灯的镇流器可以安装在灯具上，因而当更换光源时不必更换镇流器。

10.6.1 根据视觉工作要求，应采用高光效光源、高效灯具和节能器材，并应考虑最初投资与长期运行的综合经济效益。

【条文解析】

本条主要是强调处理好技术与经济、直接与间接效益的关系。

10.6.2 一般工作场所宜采用细管径直管荧光灯和紧凑型荧光灯。高大房间和室外场所的一般照明宜采用金属卤化物灯、高压钠灯等高光强气体放电光源。

【条文解析】

由于细管径三基色荧光灯和紧凑型单端荧光灯的光电参数较白炽灯和传统粗管径荧光灯有很多优越性，因此在条件允许的情况下应优先采用。高大房间和室外场所由于不易产生眩光，故可采用光效更高的金属卤化物灯、高压钠灯等高光强气体放电光源。

10.6.4 除有装饰需要外，应选用直射光通比例高、控光性能合理的高效灯具。室内用灯具效率不宜低于70%，装有遮光格栅时不应低于60%，室外用灯具效率不宜低于50%。

【条文解析】

直射光通比率高低决定了灯具的光通效率。因此，在无装修要求的场所应优先采用直射光通比例高的灯具。控光器的材质优劣对灯具配光的稳定性，保持特有的效率是至关重要的，因此应采用变质速度慢、不易污染的控光器以减少光能衰减率。

10.6.5 灯具的结构和材质应便于维护清洁和更换光源。

【条文解析】

创造维护清洁灯具的条件以实现在维护周期内对灯具进行维护。

10.6.10　正确选择照明方案，并应优先采用分区一般照明方式。

【条文解析】

在有局部照度要求较高的场所应优先采用分区一般照明，这样就可不必将整个房间照度水平都提高。

10.6.11　室内表面宜采用高反射率的饰面材料。

【条文解析】

室内主要表面的高反射率是对工作面照度的重要补充。

10.6.12　对于采用节能型电感镇流器的气体放电光源，宜采取分散方式进行无功功率补偿。

【条文解析】

由于气体放电灯配套电感镇流器时通常功率因数很低，一般仅为0.4~0.5，所以应设置电容补偿，以提高功率因数。有条件时，宜在灯内装设补偿电容，以降低照明线路电流值，降低线路损耗和电压损失。另外，由于照明使用时间上的灵活性，对气体放电光源采取分散补偿，有助于适应照明负荷变化性较大的特点。

10.6.13　应根据环境条件、使用特点合理选择照明控制方式，并应符合下列规定：

1　应充分利用天然光，并应根据天然光的照度变化控制电气照明的分区；

2　根据照明使用特点，应采取分区控制灯光或适当增加照明开关点；

3　公共场所照明、室外照明宜采用集中遥控节能管理方式或采用自动光控装置。

【条文解析】

当有天然采光条件时应充分利用，以节约人工照明电能，这就要求在照明控制上应很好配合。一般应平行于窗的方向进行控制或适当增加照明开关，以根据需要开、关照明灯具。公用照明、室外照明的控制管理对节电具有重要意义，因此采用集中或自动控制有利于科学管理。

10.6.15　低压照明配电系统设计应便于按经济核算单位装表计量。

【条文解析】

从有利节电管理角度出发，在系统设计中应考虑有分室、分组计量要求时安装表计的可能性。

10.6.16　景观照明宜采取下列节能措施：

1　景观照明应采用长寿命高光效光源和高效灯具，并宜采取点燃后适当降低电压以延长光源寿命的措施；

2　景观照明应设置深夜减光控制方案。

【条文解析】

对景观照明的设置应采取慎重态度。因其用电量较大并且安装位置特殊，因此还要特别注意节电原则和维护灯具的可能性。

10.7.3 三相照明线路各相负荷的分配宜保持平衡，最大相负荷电流不宜超过三相负荷平均值的 115％，最小相负荷电流不宜小于三相负荷平均值的 85％。

【条文解析】

在工作中需要给定一个分配电盘的最大与最小相负荷电流差值以方便设计。

10.7.4 重要的照明负荷，宜在负荷末级配电盘采用自动切换电源的方式供电，负荷较大时，可采用由两个专用回路各带 50％ 的照明灯具的配电方式。

【条文解析】

重要的照明负荷采用两个专用回路（两个电源）各带一半照明负荷的办法，有利于简化系统，减少自动投切层次。当然对应急照明负荷首先还是要考虑自动切换电源的方式。

10.7.5 备用照明应由两路电源或两回路线路供电。

【条文解析】

本条规定是为了保证备用照明的可靠性而提出的方法，并且根据供电条件提出了相应的低电保证措施。

10.7.7 在照明分支回路中，不得采用三相低压断路器对三个单相分支回路进行控制和保护。

【条文解析】

因照明负荷主要为单相设备，因此采用三相断路器时如其中一相发生故障也会三相跳闸，从而扩大了停电范围，因此应当避免出现这种情况。

10.8.1 住宅（公寓）电气照明设计应符合下列规定：

1 住宅（公寓）照明宜选用细管径直管荧光灯或紧凑型荧光灯。当因装饰需要选用白炽灯时，宜选用双螺旋白炽灯。

2 灯具的选择应根据具体房间的功能而定，宜采用直接照明和开启式灯具，并宜选用节能型灯具。

3 起居室的照明宜满足多功能使用要求，除应设置一般照明外，还宜设置装饰台灯、落地灯等。高级公寓的起居厅照明宜采用可调光方式。

4 住宅（公寓）的公共走道、走廊、楼梯间应设人工照明，除高层住宅（公寓）的电梯厅和火灾应急照明外，均应安装节能型自熄开关或设带指示灯（或自发光装置）

的双控延时开关。

5 卫生间、浴室等潮湿且易污场所，宜采用防潮易清洁的灯具。

6 卫生间的灯具位置应避免安装在便器或浴缸的上面及其背后。开关宜设于卫生间门外。

7 高级住宅（公寓）的客厅、通道和卫生间，宜采用带指示灯的跷板式开关。

8 每户住宅（公寓）电源插座的数量不应少于表10.8.1的规定。

表10.8.1 每户电源插座的设置数量

部位 插座类型	起居室（厅）	卧室	厨房	卫生间	洗衣机、冰箱、排风机、 空调器等安装位置
二、三孔双联插座/组	3	2	2	—	—
防溅水型二、三孔双联插座/组	—	—	—	1	—
三孔插座/个	—	—	—	—	各1

9 住宅内电热水器、柜式空调宜选用三孔15A插座；空调、排油烟机宜选用三孔10A插座；其他宜选用二、三孔10A插座；洗衣机插座、空调及电热水器插座宜选用带开关控制的插座；厨房、卫生间应选用防溅水型插座。

10 每户应配置一块电能表、一个配电箱（分户箱）。每户电能表宜集中安装于电表箱内（预付费、远传计量的电能表可除外），电能表出线端应装设保护电器。电能表的安装位置应符合当地供电部门的要求。

11 住宅配电箱（分户箱）的进线端应装设短路、过负荷和过、欠电压保护电器。分户箱宜设在住户走廊或门厅内便于检修、维护的地方。

12 住宅分户箱内应配置有过电流保护的照明供电回路、一般电源插座回路、空调插座回路、电炊具及电热水器等专用电源插座回路。厨房电源插座和卫生间电源插座不宜同一回路。除壁挂式空调器的电源插座回路外，其他电源插座回路均应设置剩余电流动作保护器。

13 电源插座底边距地低于1.8m时，应选用安全型插座。

【条文解析】

住宅（公寓）电气照明应具有浓厚的生活感，据统计一般人每天几乎有一多半的时间要在自己的家里度过，远远超过了在办公室、学校里停留的时间，因此不断改善住宅的光环境是至关重要的。

住宅照明质量的提高有赖于合理地选择光源和灯具，而灯具造型的多样化又是个人对灯具形式偏爱的需要，在条件允许时应尊重使用者的意愿进行照明设计，以利住宅的商品化、生活化。

随着照明设置和家用电器的普及和增多，要求住宅内必须设置足够多的电源插座，并宜按使用功能分回路供电，以保证安全、方便使用。

在住宅照明设计中，规定在插座回路上设置剩余电流动作保护器，是因为插座回路所连接的家用电器主要是移动式和手持式设备，从防单相接地故障保护角度，这是必要的。

10.8.2 学校电气照明设计应符合下列规定：

1 用于晚间学习的教室的平均照度值宜较普通教室高一级，且照度均匀度不应低于0.7。

2 教室照明灯具与课桌面的垂直距离不宜小于1.7m。

3 教室设有固定黑板时，应装设黑板照明，且黑板上的垂直照度值不宜低于教室的平均水平照度值。

4 光学实验室、生物实验室一般照明照度宜为100~200lx，实验桌上应设置局部照明。

5 教室照明的控制应沿平行外窗方向顺序设置开关，黑板照明开关应单独装设。走廊照明开关的设置宜在上课后关掉部分灯具。

6 在多媒体教学的报告厅、大教室等场所，宜设置供记录用的照明和非多媒体教室使用的一般照明，且一般照明宜采用调光方式或采用与电视屏幕平行的分组控制方式。

7 演播室的演播区，垂直照度宜在2000~3000lx，文艺演播室的垂直照度可为1000~1500lx。演播用照明的用电功率，初步设计时可按0.3~0.5kW/m²估算。当演播室高度小于或等于7m时，宜采用轨道式布灯，当高度大于7m时，可采用固定式布灯形式。

演播室的面积超过200m²时，应设置疏散照明。

8 大阅览室照明宜采用荧光灯具。其一般照明宜沿外窗平行方向控制或分区控制。供长时间阅览的阅览室宜设置局部照明。

9 书库照明宜采用窄配光荧光灯具。灯具与图书等易燃物的距离应大于0.5m。地面宜采用反射比较高的建筑材料。对于珍贵图书和文物书库，应选用有过滤紫外线的灯具。

10 书库照明用电源配电箱应有电源指示灯并应设于书库之外。书库通道照明应在通道两端独立设置双控开关。书库照明的控制宜在配电箱分路集中控制。

11 存放重要文献资料和珍贵书籍的图书馆应设应急照明、值班照明和警卫照明。

12 图书馆内的公用照明与工作（办公）区照明宜分开配电。

【条文解析】

教学用照明应解决好反复地长距离注视黑板或教学模型与近距离记录笔记和阅读教材的视觉功能要求，为此处理好教室照度与亮度分布是很关键的课题。

在正常视野中一些物件表面之间的亮度比，宜限制在下列指标之内：

书本与课桌面和书本与地面 1:1/3。

书本与采光窗 1:5。

同时教室内表面反射比 ρ 宜控制在下述范围：

顶棚 $\rho = 50\% \sim 70\%$；墙面 $\rho = 40\% \sim 60\%$；黑板 $\rho \leqslant 20\%$；地面 $\rho = 30\% \sim 50\%$。

并且在一个教室内，从任何正常位置水平视线 45° 以上高度角所能观察到任何发光体的亮度值不宜超过 5000cd/m²。

黑板照明安装位置可按下述原则确定：当黑板照明灯具距地安装高度为 2.20 ~ 2.40m 时，其灯具与黑板的水平距离宜为 0.75 ~ 0.80m。

10.8.3 办公楼电气照明设计应符合下列规定：

1 办公室、设计绘图室、计算机室等宜采用直管荧光灯。对于室内饰面及地面材料的反射比，顶棚宜为 0.7；墙面宜为 0.5；地面宜为 0.3。

2 办公房间的一般照明宜设计在工作区的两侧，采用荧光灯时宜使灯具纵轴与水平视线相平行。不宜将灯具布置在工作位置的正前方。大开间办公室宜采用与外窗平行的布灯形式。

3 出租办公室的照明灯具和插座，宜按建筑的开间或根据智能大楼办公室基本单元进行布置。

4 在有计算机终端设备的办公用房，应避免在屏幕上出现人和杂物的映像，宜限制灯具下垂线 50° 角以上的亮度不应大于 200cd/m²。

5 宜在会议室、洽谈室照明设计时确定调光控制或设置集中控制系统，并设定不同照明方案。

6 设有专用主席台或某一侧有明显背景墙的大型会议厅，宜采用顶灯配以台前安装的辅助照明，并应使台板上 1.5m 处平均垂直照度不小于 300lx。

【条文解析】

办公楼照明设计的主要任务是提高工作效率，减少视觉疲劳和直接眩光，创造舒适的工作环境。为此，现代办公室的光环境设计应使亮度分布保持在以下数值：

视觉对象与相邻表面　1∶1/3。

视觉对象与远处较暗的表面　1∶1/10。

视觉对象与远处较亮的表面　1∶10。

灯具与附近表面　20∶1。

还应将灯具的亮度限制在2000~10000cd/m²，同时尚应根据办公室朝向及使用人的年龄因素，有区别地选择照度水平。

办公室照明的布灯方案是关系到限制直接眩光和反射眩光的重要环节，因此应避免将灯具布置在工作台的正前方以免灯光从作业面向眼睛直接反射。所以，工作区和工作人员的位置一定要同灯具的排列联系起来考虑，即将一般照明布置在工作区的两侧从而得到较好的效果。

会议室是对外的"窗口"，对会议室的照明设计应重视垂直照度，在有窗的情况下为使背窗而坐的人们显现出清楚的面容，应使脸部垂直照度不低于300lx。

限于目前供电条件，办公楼停电后常常到下班时已记不清是开灯还是关灯状态，为此除了可在配电装置位置的选择上加以考虑外，也可采用"二次开关"（在正常情况下和普通开关一样使用，当市电或本单位停电，不管开关处于是开或关皆自动变为关断状态），以解决人们的担心。

10.8.4　商业电气照明设计应符合下列规定：

1　商业照明应选用显色性高、光效高、红外辐射低、寿命长的节能光源。

2　营业厅照明宜由一般照明、专用照明和重点照明组合而成。不宜把装饰商品用照明兼作一般照明。

3　营业厅一般照明应满足水平照度要求，且对布艺、服装以及货架上的商品则应确定垂直面上的照度。

4　对于玻璃器皿、宝石、贵金属等类陈列柜台，应采用高亮度光源；对于布艺、服装、化妆品等柜台，宜采用高显色性光源；由一般照明和局部照明所产生的照度不宜低于500lx。

5　重点照明的照度宜为一般照明照度的3~5倍，柜台内照明的照度宜为一般照明照度的2~3倍。

6　在无确切资料时，导轨灯的容量可每延长米按100W计算。

7　橱窗照明宜采用带有遮光格栅或漫射型灯具。当采用带有遮光格栅的灯具安装在橱窗顶部距地高度大于3m时，灯具的遮光角不宜小于30°；当安装高度低于3m，灯具遮光角宜为 45°以上。

8 室外橱窗照明的设置应避免出现镜像，陈列品的亮度应大于室外景物亮度的 10%。展览橱窗的照度宜为营业厅照度的 2~4 倍。

9 对贵重物品的营业厅宜设值班照明和备用照明。

10 大营业厅照明不宜采用分散控制方式。

【条文解析】

营业厅照明设计应根据商品种类、商品等级、预期的顾客类型等因素，以能把顾客的注意力吸引到商品上为原则，同时应充分注意照明对顾客的心理作用，并突出商品的特征，以提高其价值感。

营业厅照明光源的光色和显色性对厅内气氛、商品质感、顾客的需求心理具有很大影响。在大型商业营业厅中，使用光效高、显色性好、寿命长（在商业建筑中因多数是开灯营业，所以光源寿命尤应予以重视）的陶瓷金属卤化物灯和高显钠灯为主要光源，在柜台中间的通道上配以三基色荧光灯和小功率金属卤化物灯结合式构图方案已越来越多地被采用，而在一般商业营业厅中较广泛地采用了直管荧光灯或把重点商品布置在设有高显色光源的一个特定位置，以使顾客对商品的本色感到确切从而放心地购买。为了表现典雅的环境，在低于 3m 高的古玩、地毯、高级布料、服装等商店，可采用低色温光源，以得到融合、安定、典雅的气氛。

营业厅一般照明的照度并不一定是指整个商场的平均水平。因为营业厅中通道的照度就可以低些，同时营业厅一般照明不宜追求过高照度，这是由于一般照明的照度提高将使重点照明的照度相应提高，对于有效地控制光热对任何商品所产生的不利影响也是不适宜的。

随着商品布置的改变应配合好重点照明的投射方向和角度，并应以定向强光突出商品的立体感、质感、光泽感和价值感。

橱窗照明的设计既要起到宣传商品又要有美化环境的作用。而展览橱窗照明的照度取决于人们的步行速度和注视性。

根据人类具有的向光本性，在门厅的设计上应注意照亮入口深处的正面，或将正面的墙体作为橱窗而用重点照明将其照亮。

10.8.5 饭店电气照明设计应符合下列规定：

1 饭店照明宜选用显色性较好、光效较高的暖色光源。

2 大门厅照明应提高垂直照度，并宜随室内照度的变化而调节灯光或采用分路控制方式。门厅休息区照明应满足客人阅读报刊所需要的照度。

3 大宴会厅照明宜采用调光方式，同时宜设置小型演出用的可自由升降的灯光吊杆，灯光控制宜在厅内和灯光控制室两地操作。应根据彩色电视转播的要求预留电容量。

4 当设有红外无线同声传译系统的多功能厅的照明采用热辐射光源时，其照度不宜大于 500lx。

5 屋顶旋转厅的照度，在观景时不宜低于 0.5lx。

6 客房床头照明宜采用调光方式。

7 客房照明应防止不舒适眩光和光幕反射，设置在写字台上的灯具应具备合适的遮光角，其亮度不应大于 $510cd/m^2$。

8 客房穿衣镜和卫生间内化妆镜的照明灯具应安装在视野立体角 60° 以外，灯具亮度不宜大于 $2100cd/m^2$。卫生间照明、排风机的控制宜设在卫生间门外。

9 客房的进门处宜设有可切断除冰柜、充电专用插座和通道灯外的电源的节能控制器。当节能控制器切断电源时，高级客房内的风机盘管，宜转为低速运行。

10 饭店的公共大厅、门厅、休息厅、大楼梯厅、公共走道、客房层走道以及室外庭园等场所的照明，宜在总服务台或相应层服务台处进行集中控制，客房层走道照明亦可就地控制。

11 饭店的休息厅、餐厅、茶室、咖啡厅、快餐厅等宜设有地面插座及灯光广告用插座。

12 室外网球场或游泳池宜设有正常照明，并应设置杀虫灯或杀虫器。

13 地下车库出入口处应设有适应区照明。

【条文解析】

饭店照明应通过不同的亮度对比努力创造出引人入胜的环境气氛，避免单调的均匀照明。同时高照度有助于活动并增强紧迫感而低照度宜产生轻松、沉静和浪漫的感觉。

饭店照明既有视觉作业要求高的，如总服务台、收款台等场所，又有要求不高的场所，如招待会等处。要把不同视觉作业的照明方案结合在一起，并且同这些作业在美学和情调方面和谐一致。

客房是饭店的核心，客房照明应考虑短暂的临时性阅读需要，同时还要避免给客人带来烦躁和不安。客房内设置壁灯虽然可点缀房间活跃气氛，但对于客房内的设备更新、调整家具布置等不利因素较多，特别是当壁灯位置安装不够准确、灯具选型不当时，更显得与室内装修设计不甚协调，但是客房床头灯为避免占据床头桌上的有限空间，应尽量组合在床头板家具上，并可水平移动。客房隔声问题应给予足够重视，特别是相邻客房的隔墙上各类插座和接线盒对应安装时，必须采取隔声措施。

门厅是饭店的"窗口"。照明灯具的形式应结合吊顶层次的变化使照明效果更加协调，并应特别突出总服务台的功能形象。门厅入口照明的照度选择幅度应当大些，并采用可调光方式以适应白天和傍晚对门厅入口照明照度的不同要求。

餐厅照明灯具宜结合餐厅的性质和装修特点，采取不同的照明手法，有区别地进行选型，以丰富餐厅的内涵。但作为自助餐厅或快餐厅的照度宜选用较高一些，因为明亮的环境有助于快捷服务，加快顾客周转，提高餐厅使用效率。同时餐厅应选用显色指数较高的光源并特别注意要选用高效灯具，因为高级餐厅只要是营业时间，不管用餐客人的数量多少而必须点亮照明。

大宴会厅照明应采用豪华的建筑化照明，以提高饭店的档次。目前高空间的宴会大厅照明多采用显色性好、光效高的金属卤化物灯配合卤钨灯和荧光灯。当宴会厅作多用途、多功能使用，如设有红外线同声传译系统时，由于热辐射光源的波长靠近红外线区，光热辐射对红外线同声传译系统产生干扰而影响传送效果。有资料建议采用热辐射光源时，照度水平允许值为40fc（约400lx），此处考虑到实际情况而提出不大于500lx，当选用荧光灯时则允许为100~200fc。

10.8.6 医院电气照明设计应符合下列规定：

1 医院照明设计应合理选择光源和光色，对于诊室、检查室和病房等场所宜采用高显色光源。

2 诊疗室、护理单元通道和病房的照明设计，宜避免卧床病人视野内产生直射眩光；高级病房宜采用间接照明方式。

3 护理单元的通道照明宜在深夜可关掉其中一部分或采用可调光方式。

4 护理单元的疏散通道和疏散门应设置灯光疏散标志。

5 病房的照明宜以病床床头照明为主，并宜设置一般照明，灯具亮度不宜大于2000cd/m^2。当采用荧光灯时宜采用高显色性光源，精神病房不宜选用荧光灯。

6 当在病房的床头上设有多功能控制板时，其上宜设有床头照明灯开关、电源插座、呼叫信号、对讲电话插座以及接地端子等。

7 单间病房的卫生间内宜设有紧急呼叫信号装置。

8 病房内宜设有夜间照明。在病床床头部位的照度不宜大于0.1lx，儿科病房病床床头部位的照度可为1.0lx。

9 手术室内除应设有专用手术无影灯外，宜另设有一般照明，其光源色温应与无影灯光源相适应。手术室的一般照明宜采用调光方式。

10 手术专用无影灯的照度应在 $20\times10^3 \sim 100\times10^3$ lx，胸外科内手术专用无影灯的照度应为 $60\times10^3 \sim 100\times10^3$ lx。口腔科无影灯的照度可为 10×10^3 lx。

11 进行神经外科手术时，应减少光谱区在 800~1000nm 的辐射能照射在病人身上。

12 候诊室、传染病院的诊室和厕所、呼吸器科、血库、穿刺、妇科冲洗、手术室等场所应设置紫外线杀菌灯。当紫外线杀菌灯固定安装时应避免出现在病人的视野之内或应采取特殊控制方式。

13 X 线诊断室、加速器治疗室、核医学科扫描室和 γ 照相室等的外门上宜设有工作标志灯和防止误入室内的安全装置，并应可切断机组电源。

【条文解析】

医院照明应创造宽敞舒适的气氛、整洁安静的环境，因此光源的光色、显色性和建筑空间配色的相互协调所形成的"颜色气候"的合理性是构成良好设计非常重要的因素。

医院照明应充分满足医院功能，有利于发挥医疗设备的作用。

医院的门厅照明应使病人产生安定的情绪，因此不宜选用华丽的灯具造型。急诊部照明设计宜按检查室的要求充分注意光源的显色性能并应满足可进行局部小手术照明的需要。

对于诊室的照明灯具布置，还应适应屏风或布帘分隔使用时的情况。病人接受检查或进入手术室前，在很多情况下是仰卧在病床上，因此，应尽量避免在病人仰卧的视线内产生直接眩光。

病房的床头灯设置应尽量减少病人间相互干扰并应防止碰撞病人，目前多采用组装式病房用的多功能控制板，允许有 90°~150° 范围的横向移动。至于在精神病房内不宜采用荧光灯，主要是由于其具有的频闪效应和不良附件所产生的噪声更易引起精神病人的烦躁与不安，不利于疗养。而手术照明主要采用成套手术无影灯，安装在手术床上 1.50m 处时，其在手术台中心的照明集束光斑应大于 15cm，光源的相关色温应为 3500~6700K。至于神经外科手术要求限制 800~1000nm 的辐射能，主要是因为这个光谱区的红外线能量易于被肌肉和体内水分吸收，它将导致外露的组织变干并将过多的热量射向医生，故应加以限制。

10.8.7 体育场馆电气照明设计应符合下列规定：

1 体育场地照明光源宜选用高效金属卤化物气体放电灯。场地用直接配光灯具宜带有限制眩光的附件，并应附有灯具安装角度指示器。

2 室内比赛场地照明宜满足多样性使用功能。宜采用宽配光与窄配光灯具相结合的布灯方式或选用非对称配光灯具。

3 综合性大型体育场宜采用光带式布灯或与塔式布灯组成的混合式布灯形式，灯具宜选用窄配光，其 1/10 峰值光强与峰值光强的夹角不宜大于 15°。

4 训练场地的水平照度最小值与平均值之比不宜大于 1:2，手球、速滑、田径场地照明可不大于 1:3。

5 当游泳池内设置水下照明时，水下照明灯具上沿距水面宜为 0.3~0.5m；浅水部分灯具间距宜为 2.5~3.0m；深水部分灯具间距宜为 3.5~4.5m。

【条文解析】

体育建筑的场地照明应创造良好的光环境，以使运动员集中注意力充分发挥竞技水平，使裁判员可以迅速准确地作出判断，使在场的观众得以轻松地欣赏运动员的技术动作，使彩色电视转播的画面清晰逼真。

体育建筑的照明质量主要取决于照度水平、照度均匀度、眩光控制程度及立体感效果等指标，并据此来评价。对运动员来讲较低的照度就可满足竞赛要求，但对观众而言就要照度高些，才能满足其看清场上活动的视觉需要。由于观众与场地间的距离不同，照度要求也各异。照明对知觉颜色的影响取决于光的显色性能，同时为了保持水平照度、垂直照度及电视转播全景时画面亮度的一致性，保证场地照明的合理的均匀度是很必要的，使球体获得造型立体感效果和适当阴影以取得距离感，对于提高可见度水平也是有益的。

为了控制直接眩光和反射眩光，防止对运动员、裁判员及观众产生不利影响，体育场馆照明通常是通过控制灯具最大光强射线与地面（水池面）的夹角来实现的。具体数据可依照国家现行行业标准《体育场馆照明设计及检测标准》JGJ 153—2007 中的规定执行。

10.8.8 博展馆电气照明设计应符合下列规定：

1 博展馆的照明光源宜采用高显色荧光灯、小型金属卤化物灯和 PAR 灯，并应限制紫外线对展品的不利影响。当采用卤钨灯时，其灯具应配以抗热玻璃或滤光层。

2 对于壁挂式展示品，在保证必要照度的前提下，应使展示品表面的亮度在 $25cd/m^2$ 以上，并应使展示品表面的照度保持一定的均匀性，最低照度与最高照度之比应大于 0.75。

3 对于有光泽或放入玻璃镜柜内的壁挂式展示品，一般照明光源的位置应避开反射干扰区。

为了防止镜面映像，应使观众面向展示品方向的亮度与展示品表面亮度之比小于 0.5。

4 对于具有立体造型的展示品，宜在展示品的侧前方 40°~60°处设置定向聚光灯，其照度宜为一般照度的 3~5 倍；当展示品为暗色时，其照度应为一般照度的 5~10 倍。

5 陈列橱柜的照明应注意照明灯具的配置和遮光板的设置，防止直射眩光。

6 对于在灯光作用下易变质褪色的展示品，应选择低照度水平和采用可过滤紫外线辐射的光源；对于机器和雕塑等展品，应有较强的灯光。弱光展示区宜设在强光展示区之前，并应使照度水平不同的展厅之间有适宜的过渡照明。

7 展厅灯光宜采用自动调光系统。

8 展厅的每层面积超过 1500m² 时，应设有备用照明。重要藏品库房宜设有警卫照明。

9 藏品库房和展厅的照明线路应采用铜芯绝缘导线暗配线方式。藏品库房的电源开关应统一设在藏品库区内的藏品库房总门之外，并应装设防火剩余电流动作保护装置。藏品库房照明宜分区控制。

【条文解析】

博展馆照明应满足观赏、教育和学术研究等功能要求。创造高质量的光环境和良好的实体感效果，对正确认识精美艺术展品和品位美的感受是非常重要的。

陈列厅照明应注意使画面、纤维制品或其他展品获得正确的显色性。一般要求 Ra > 80，同时还应充分保护展品以防止某些展品颜色材质受到长时间的或强烈的光辐射而变质褪色。有资料表明变质程度主要取决于辐射的程度、曝光的时间、辐射光的光谱特性及不同材料吸收辐射能的能力和经受影响的能力等。某些环境因素如高温、高湿和大气中各种活性气体亦可增加变质速度。

光照对展品（藏品）的破坏性尤以紫外线为甚。同时光波越短，光作用强度越大。当玻璃厚度大于 3mm 时可滤去波长小于 325nm 的紫外线。

有关资料表明，在相同照度的情况下，荧光灯对文物、标本的损坏程度是白炽灯的 1.3 倍，为此从有利于耐久保存出发，藏品库房的照明以选用白炽灯为宜。

珍品展室应尽可能减少受光时间，宜采用人工照明方式，同时为了防止紫外线二次反射，可在内墙面上涂刷吸收紫外线的氧化锌涂料。

陈列厅的一般照明布灯应注意展板的分隔及增加重点照明时的协调性，同时应充分重视展示面上的照度均匀度，对于较大的画面在其整个面上最低照度与最高照度之比保持在 0.3 以上。

对雕刻等立体造型展品，陈列面与主光源轴向光强的夹角，如低于 20°时将使展品表面凸凹的阴影变强，因此宜将光源装设在侧前方 40°~60°，当展品为暗色如青铜制品时，其照度宜为一般照明的 5~10 倍。

对于展示柜台内装设的光源应有遮光板，以防止通过展品的光泽面投射到观众的眼中。

为避免在观赏陈列品时分心，应使地面的反射比低于 10%。

10.8.9 影剧院电气照明设计应符合下列规定：

1 影剧院观众厅在演出时的照度宜为 3~5lx。

2 观众厅照明应采用平滑调光方式，并应防止不舒适眩光。当使用荧光灯调光时，光源功率宜选用统一规格。

3 观众厅照明宜根据使用需要多处控制，并宜设有值班、清扫用照明，其控制开关宜设在前厅值班室。

4 观众厅及其出口、疏散楼梯间、疏散通道以及演员和工作人员的出口，应设有应急照明。观众厅的疏散标志灯宜选用亮度可调式，演出时可减光 40%，疏散时不应减光。

5 甲、乙等剧场观众厅应设置座位排号灯，其电源电压不应超过 36V。

6 化妆室照明宜选用高显色性光源，光源的色温应与舞台照明光源色温接近。演员化妆台宜设有安全特低电压电源插座。

7 门厅、休息厅宜配置备用电源回路。

8 影剧院前厅、休息厅、观众厅和走廊等场所，其照明控制开关宜集中设在前厅值班室或带锁的配电箱内。

【条文解析】

影剧院观众厅照明应根据上演及场间休息的视觉工作变化，创造良好舒适的照明气氛，并应提供基本的阅读需要。因此，对观众厅照明的设计原则应是采用低亮度光源。注意防止对楼层观众产生不舒适眩光，在演出时观众的视野内不应出现光源；观众厅照明灯具的造型和设置位置不应妨碍舞台灯光、放映电影和易于在顶棚内进行维修灯具更换光源。

观众厅和演员化妆室用照明应很好地与舞台灯光进行协调。舞台灯光是表演艺术专用灯光，舞台灯光的设计应当满足照明写实与审美效果，并能渲染创作意图。通常剧场舞台灯光在舞台演出区内的照度宜在 1000~2000lx。大型剧场在舞台口附近的适当位置可设置激光系统，通常采用三个通道扫描器产生的红、绿、黄、蓝等多种颜色图案以丰富演出效果。

观众厅照明一般都采用可调光方式。这一方面是由剧场功能所决定的，另一方面也是视觉卫生所需要。但是对于观众厅面积不超过 200m² 或观众容量不足 300 座者可不受此规定限制。

关于观众厅座位排号灯，根据《剧场建筑设计规范》JGJ 57—2000 中的规定，主体结构耐久年限在 50 年以上（甲、乙等级）的剧场需要设置。排号灯可采用电致发光技术。

目前为扩大经营范围，影剧院还经营舞会、茶会或举办展销等活动。鉴于舞厅灯光的标准等级差异较大，因此对舞厅灯光的设置应按专业要求设计，其照度不应低于 5lx。

10.9.1 景观照明设计应符合下列规定：

1 建筑景观照明设计应服从城市景观照明设计的总体要求。景观亮度、光色及光影效果应与所在区域整体光环境相协调。

2 当景观照明涉及文物古建、航空航海标志等，或将照明设施安装在公共区域时，应取得相关部门批准。

3 景观照明的设置应表现建筑物或构筑物的特征，并应显示出建筑艺术立体感。

4 对于标志性建筑、具有重要政治文化意义的构筑物，宜作为区域景观照明设计方案的重点对象加以突出。

5 城市繁华商业街区的景观照明宜结合店牌与广告照明、橱窗照明等进行整体设计。

6 城市景观照明宜与城市街区照明结合设置，应满足道路照明要求并注意避免对行人、行车视线的干扰以及对正常灯光标志的干扰。

【条文解析】

一个城市或地区的景观含自然景观和人文景观两类。自然景观包括地形、水体、动植物及气候变化所带来的季节景观。人文景观包括历史建筑与现代建筑、庭园广场、街区商铺及文化民俗活动等。所有这些构成了城市夜景照明的基本载体，因此必须进行深入合理的评价与分析。同时应认识到其原有灯光系统的客观存在和对整体夜景效果所具有的不可忽略的影响。同时景观照明的设置应与环境及有关专业密切配合。

10.9.2 照明方式与亮度水平控制应符合下列要求：

1 建筑物泛光照明应考虑整体效果。光线的主投射方向宜与主视线方向构成 30°~70°夹角。不应单独使用色温高于 6000K 的光源。

2 应根据受照面的材料表面反射比及颜色选配灯具及确定安装位置，并应使建筑物上半部的平均亮度高于下半部。当建筑表面反射比低于 0.2 时，不宜采用投射光照明方式。

3 可采用在建筑自身或在相邻建筑物上设置灯具的布灯方式或将两种方式结合，

也可将灯具设置在地面绿化带中。

4 在建筑物自身上设置照明灯具时，应使窗墙形成均匀的光幕效果。

5 采用投射光照明的被照景物的平均亮度水平宜符合表10.9.2的规定。

表 10.9.2 被照景物亮度水平

被照景物所处区域	亮度范围/(cd/m²)
城市中心商业区、娱乐区、大型广场	<15
一般城市街区、边缘商业区、城镇中心区	<10
居住区、城市郊区、较大面积的园林景区	<5

6 对体形较大且具有较丰富轮廓线的建筑，可采用轮廓装饰照明。当同时设置轮廓装饰照明和投射光照明时，投身光照明应保持在较低的亮度水平。

7 对体形高大且具有较大平整立面的建筑，可在立面上设置由多组霓虹灯、彩色荧光灯或彩色 LED 灯构成的大型灯组。

8 采用玻璃幕墙或外墙开窗面积较大的办公、商业、文化娱乐建筑，宜采用以内透光照明为主的景观照明方式。

9 喷水照明的设置应使灯具的主要光束集中于水柱和喷水端部的水花。当使用彩色滤光片时，应根据不同的透射比正确选择光源功率。

10 当采用安装于行人水平视线以下位置的照明灯具时，应避免出现眩光。

11 景观照明的灯具安装位置，应避免在白天对建筑外观产生不利的影响。

【条文解析】

立面投光（泛光）照明要确定好被照物立面各部位表面的照度或亮度，使照明层次感强，不用把整个景物均匀地照亮，特别是高大建筑物，但是也不能在同一照明区内出现明显的光斑、暗区或扭曲其形象的情况。

轮廓照明的方法是用点光源每隔 300~500mm 连续安装形成光带，或用串灯、霓虹灯、美耐灯、导光管、通体发光光纤等线性灯饰器材直接勾画景观轮廓。但应注意单独使用这种照明方式时，由于夜间景物是暗的，近距离的观感并不好。因此，一般做法是同时使用投光照明和轮廓照明。在选用轮廓灯时应根据景物的轮廓造型、饰面材料、维修难易程度、能源消耗及造价等具体情况，综合分析后确定。

内透光照明是利用室内光线向外透射形成夜景照明效果。在室内靠窗或需要重点表现其夜景的部位，如玻璃幕墙、廊柱、透空结构或艺术阳台等部位专门设置内透光照明设施，形成透光发光面或发光体来表现建筑物的夜景。也可在室内靠窗或玻璃幕墙处设置专用灯具和具备良好反射效果的窗帘，在夜晚窗帘降下后，利用反射光线形成景观效果。

随着激光、光纤、全息摄影特别是电脑技术等高新科技的发展及其在夜景照明中的推广应用，人们用特殊方法和手段营造特殊夜景照明的方式也应运而生，如使用激光器，通过各种颜色的激光光束在夜空进行激光立体造型表演，使用端头出光的光纤，形成一个个明亮的光点作为夜景装饰照明，亮点的明暗和颜色变化由电脑控制，有规律地变化形成各种奇特的照明效果。

《建筑照明设计标准》GB 50034—2013

3.1.1　照明方式的确定应符合下列规定：

1　工作场所应设置一般照明；

2　当同一场所内的不同区域有不同照度要求时，应采用分区一般照明；

3　对于作业面照度要求较高，只采用一般照明不合理的场所，宜采用混合照明；

4　在一个工作场所内不应只采用局部照明；

5　当需要提高特定区域或目标的照度时，宜采用重点照明。

【条文解析】

照明方式可分为一般照明、局部照明、混合照明和重点照明。本条规定了确定照明方式的原则。

1）为照亮整个场所，均应采用一般照明。

2）当同一场所的不同区域有不同照度要求时，为节约能源，贯彻照度该高则高和该低则低的原则，应采用分区一般照明。

3）对于部分作业面照度要求高，但作业面密度又不大的场所，若只采用一般照明，会大大增加安装功率，因而是不合理的，应采用混合照明方式，即增加局部照明来提高作业面照度，以节约能源，这样做在技术经济方面是合理的。

4）在一个工作场所内，如果只采用局部照明会形成亮度分布不均匀，从而影响视觉作业，故不应只采用局部照明。

5）在商场建筑、博物馆建筑、美术馆建筑等一些场所，需要突出显示某些特定的目标，采用重点照明提高该目标的照度。

3.1.2　照明种类的确定应符合下列规定：

1　室内工作及相关辅助场所，均应设置正常照明。

2　当下列场所正常照明电源失效时，应设置应急照明：

1）需确保正常工作或活动继续进行的场所，应设置备用照明；

2）需确保处于潜在危险之中的人员安全的场所，应设置安全照明；

3）需确保人员安全疏散的出口和通道，应设置疏散照明。

3　需在夜间非工作时间值守或巡视的场所应设置值班照明。

4　需警戒的场所，应根据警戒范围的要求设置警卫照明。

5　在危及航行安全的建筑物、构筑物上，应根据相关部门的规定设置障碍照明。

【条文解析】

本条规定了确定照明种类的原则。

1）所有工作及相关辅助场所均应设置在正常情况下使用的室内外照明。

2）本条规定了应急照明的种类和设计要求。

①备用照明是在当正常照明因电源失效后，可能会造成爆炸、火灾和人身伤亡等严重事故的场所，或停止工作将造成很大影响或经济损失的场所而设的继续工作用的照明，或在发生火灾时为了保证消防作用能正常进行而设置的照明。

②安全照明是在正常照明因电源失效后，为确保处于潜在危险状态下的人员安全而设置的照明，如使用圆盘锯等作业场所。

③疏散照明是在正常照明因电源失效后，为了避免发生意外事故，而需要对人员进行安全疏散时，在出口和通道设置的指示出口位置及方向的疏散标志灯和为照亮疏散通道而设置的照明。

3）值班照明是在非工作时间里，为需要夜间值守或巡视值班的车间、商店营业厅、展厅等场所提供的照明。它对照度要求不高，可以利用工作照明中能单独控制的一部分，也可利用应急照明，对其电源没有特殊要求。

4）在重要的厂区、库区等有警戒任务的场所，为了防范的需要，应根据警戒范围的要求设置警卫照明。

5）在飞行区域建设的高楼、烟囱、水塔及在飞机起飞和降落的航道上等，对飞机的安全起降可能构成威胁，应按民航部门的规定，装设障碍标志灯；船舶在夜间航行时，航道两侧或中间的建筑物、构筑物等可能危及航行安全，应按交通部门有关规定，在有关建筑物、构筑物或障碍物上装设障碍标志灯。

3.2.1　当选择光源时，应满足显色性、启动时间等要求，并应根据光源、灯具及镇流器等的效率或效能、寿命等在进行综合技术经济分析比较后确定。

【条文解析】

在选择光源时，不单是比较光源价格，更应进行全寿命期的综合经济分析比较，因为一些高效、长寿命光源，虽价格较高，但使用数量减少，运行维护费用降低，经济上和技术上是合理的。

3.2.3 应急照明应选用能快速点亮的光源。

【条文解析】

应急照明采用荧光灯、发光二极管灯等，因在正常照明断电时可在几秒内达到标准流明值；对于疏散标志灯还可采用发光二极管灯。而采用高强度气体放电灯达不到上述要求。

3.2.4 照明设计应根据识别颜色要求和场所特点，选用相应显色指数的光源。

【条文解析】

显色性要求高的场所，应采用显色指数高的光源，如采用 R_a 大于80的三基色稀土荧光灯；显色指数要求低的场所，可采用显色指数较低而光效更高、寿命更长的光源。

3.3.2 在满足眩光限制和配光要求条件下，应选用效率或效能高的灯具，并应符合下列规定：

1 直管形荧光灯灯具的效率不应低于表3.3.2-1的规定。

表3.3.2-1 直管形荧光灯灯具的效率（%）

灯具出光口形式	开敞式	保护罩（玻璃或塑料）		格栅
		透明	棱镜	
灯具效率	75	70	55	65

2 紧凑型荧光灯筒灯灯具的效率不应低于表3.3.2-2的规定。

表3.3.2-2 紧凑型荧光灯筒灯灯具的效率（%）

灯具出光口形式	开敞式	保护罩	格栅
灯具效率	55	50	45

3 小功率金属卤化物灯筒灯灯具的效率不应低于表3.3.2-3的规定。

表3.3.2-3 小功率金属卤化物灯筒灯灯具的效率（%）

灯具出光口形式	开敞式	保护罩	格栅
灯具效率	60	55	50

4　高强度气体放电灯灯具的效率不应低于表3.3.2-4的规定。

表3.3.2-4　高强度气体放电灯灯具的效率（％）

灯具出光口形式	开敞式	格栅或透光罩
灯具效率	75	60

5　发光二极管筒灯灯具的效能不应低于表3.3.2-5的规定。

表3.3.2-5　发光二极管筒灯灯具的效能（lm/W）

色温	2700K		3000K		4000K	
灯具出光口形式	格栅	保护罩	格栅	保护罩	格栅	保护罩
灯具效能	55	60	60	65	65	70

6　发光二极管平面灯灯具的效能不应低于表3.3.2-6的规定。

表3.3.2-6　发光二极管平面灯灯具的效能（lm/W）

色温	2700K		3000K		4000K	
灯盘出光口形式	反射式	直射式	反射式	直射式	反射式	直射式
灯具效能	60	65	65	70	70	75

【条文解析】

本条规定了荧光灯灯具、高强度气体放电灯和发光二极管灯灯具的最低效率或效能值，以利于节能。这些规定仅是最低允许值。传统的荧光灯灯具、高强度气体放电灯能够单独检测出光源和整个灯具所发出的总光通量，这样可以计算出灯具的效率；但发光二极管灯不能单独检测出发光体发出的光通量，只能计算出整个灯具所发出的总光通量，因此总光通量除以系统消耗的功率就得到了效能。这些值是根据我国现有灯具效率或效能水平制定的。

3.3.3　各种场所严禁采用触电防护的类别为0类的灯具。

【条文解析】

从2009年1月1日起，现行国家标准《灯具　第1部分：一般要求与试验》GB 7000.1—2007强制性国标开始正式实施，0类灯具已停止使用。按该标准给出灯具防电击分类为0类、Ⅰ类、Ⅱ类和Ⅲ类。0类灯具已停止生产、销售和使用，因为这种灯具仅依靠基本绝缘来防护直接接触的电击，而不能防护绝缘失效使灯具外露可导电部分带电导致间接接触的电击。0 类灯具停止使用，就只能选用 Ⅰ 类、Ⅱ 类和 Ⅲ 类灯具。实际应用最多的是 Ⅰ 类灯具，Ⅰ 类灯具除基本绝缘外，还有一种附加措施，即外露可导电部分应连接 PE 线以接地。而具有双层绝缘或加强绝缘的 Ⅱ 类灯具和采用安全特低电压（SELV）供电的 Ⅲ 类灯具则使用较少，多用于局部照明（如台灯、工作灯、手提灯等）。

4.1.2 符合下列一项或多项条件，作业面或参考平面的照度标准值可按本标准第 4.1.1 条的分级提高一级。

1 视觉要求高的精细作业场所，眼睛至识别对象的距离大于 500mm；

2 连续长时间紧张的视觉作业，对视觉器官有不良影响；

3 识别移动对象，要求识别时间短促而辨认困难；

4 视觉作业对操作安全有重要影响；

5 识别对象与背景辨认困难；

6 作业精度要求高，且产生差错会造成很大损失；

7 视觉能力显著低于正常能力；

8 建筑等级和功能要求高。

【条文解析】

本条根据视觉条件等要求列出了需要提高照度的条件，但不论符合几个条件，只能提高一级。

4.1.3 符合下列一项或多项条件，作业面或参考平面的照度标准值可按本标准第 4.1.1 条的分级降低一级。

1 进行很短时间的作业；

2 作用精度或速度无关紧要；

3 建筑等级和功能要求较低。

【条文解析】

本条根据视觉条件等要求列出了需要降低照度的条件，但不论符合几个条件，只能降低一级。

4.1.7 设计照度与照度标准值的偏差不应超过±10％。

【条文解析】

考虑到照明设计时布灯的需要和光源功率及光通量的变化不是连续的这一实际情况，根据我国国情，规定了设计照度值与照度标准值比较，可有−10％～+10％的偏差。

此偏差适用于装 10 个灯具以上的照明场所；当小于或等于 10 个灯具时，允许适当超过此偏差。

7.1.1 一般照明光源的电源电压应采用 220V；1500W 及以上的高强度气体放电灯的电源电压宜采用 380V。

【条文解析】

按我国电力网的标准电压，一般照明光源采用 220V 电压；对于大功率（1500W 及以上）的高强度气体放电灯有 220V 及 380V 两种电压者，采用 380V 电压，可以降低配电线路电流，减少线路损耗。

7.1.4 照明灯具的端电压不宜大于其额定电压的 105%，且宜符合下列规定：

1 一般工作场所不宜低于其额定电压的 95%；

2 当远离变电所的小面积一般工作场所难以满足第 1 款要求时，可为 90%；

3 应急照明和用安全特低电压（SELV）供电的照明不宜低于其额定电压的 90%。

【条文解析】

本条是对照明器具实际端电压的规定。电压过高会导致光源使用寿命的缩短和能耗的过分增加；电压过低将使照度大幅度降低，影响照明质量。本条规定的电压偏差值与国家标准《供配电系统设计规范》GB 50052—2009 的规定一致。

7.2.1 供照明用的配电变压器的设置应符合下列规定：

1 当电力设备无大功率冲击性负荷时，照明和电力宜共用变压器；

2 当电力设备有大功率冲击性负荷时，照明宜与冲击性负荷接自不同变压器；当需接自同一变压器时，照明应由专用馈电线供电；

3 当照明安装功率较大或有谐波含量较大时，宜采用照明专用变压器。

【条文解析】

照明设施安装功率不大，电力设备又没有大功率冲击性负荷，共用变压器比较经济，但照明最好由独立馈电干线供电，以保持相对稳定的电压。照明设施安装功率大，采用专用变压器，有利于电压稳定，以保证照度的稳定和光源的使用寿命。另外，当照明设施使用电子调光设备可能产生大量高次谐波时，宜采用专用变压器以避免对其他负荷的干扰。

7.2.10 当照明装置采用安全特低电压供电时，应采用安全隔离变压器，且二次侧不应接地。

【条文解析】

用安全特低电压（SELV）时，其降压变压器的初级和次级应予隔离，二次侧不作保护接地，以免高电压侵入到特低电压（交流50V及以下）侧而导致不安全。

《人民防空地下室设计规范》GB 50038—2005

7.5.1 照明光源宜采用各种高效节能荧光灯和白炽灯，并应满足照明场所的照度、显色性和防眩光等要求。

【条文解析】

防空地下室一般净高较低，宜选用高效节能和长寿命的荧光灯管，环境潮湿的房间，如洗消间、开水间等和少数特殊场所可选用白炽灯。

7.5.2 防空地下室平时和战时的照明均应有正常照明和应急照明；平时照明还应设值班照明，出入口处宜设过渡照明。

【条文解析】

照明种类按国家标准《建筑照明设计标准》GB 50034划分为六种照明，考虑到警卫照明、障碍照明和节日照明在防空地下室中基本没有，所以分为正常照明、应急照明和值班照明。值班照明是非工作时间为值班所设置的照明。

7.5.4 战时的应急照明宜利用平时的应急照明；战时的正常照明可与平时的部分正常照明或值班照明相结合。

【条文解析】

战时应急照明利用平时的应急照明，主要是功能一致，其区别主要是供电保证时间不一致。

由于平时使用的需要，设计照明灯具较多，照度也比较高，而战时照度较低，不需要那么多灯具，因此将平时照明的一部分作为战时的正常照明，回路分开控制，两者有机结合。

7.5.5 应急照明应符合下列要求：

1 疏散照明应由疏散指示标志照明和疏散通道照明组成。疏散通道照明的地面最低照度值不低于5lx；

2 安全照明的照度值不低于正常照明照度值的5%；

3 备用照明的照度值，（消防控制室、消防水泵房、收、发信机房、值班室、防化通信值班室、电站控制室、柴油发电机房、通道、配电室等场所）不低于正常照明照度值的10%。有特殊要求的房间，应满足最低工作需要的照度值；

4 战时应急照明的连续供电时间不应小于该防空地下室的隔绝防护时间（见表5.2.4）。

【条文解析】

疏散照明、安全照明、备用照明的照度标准参照国家《建筑照明设计标准》GB 50034 的规定。

战时应急照明的连续供电时间不应小于隔绝防护时间的要求，是从最不利的供电电源情况下考虑的，目前市场上供应的应急照明灯具是按照平时消防疏散要求的时间设置的，一般为 30~60min。因此，在战时必须储备备用蓄电池或集中设置长时效的 UPS、EPS 蓄电池组电源。当防空地下室内设有内部电源（柴油发电机组）时，战时应急照明蓄电池组的连续供电时间同于平时消防疏散时间。

7.5.14 灯具的选择宜选用重量较轻的线吊或链吊灯具和卡口灯头。当室内净高较低或平时使用需要而选用吸顶灯时，应在临战时加设防掉落保护网。

【条文解析】

选用重量较轻的灯具、卡口灯头、线吊或链吊灯头，是为了防止战时遭受袭击时，结构产生剧烈震动，造成灯具掉落伤人。

7.5.15 通道、出入口、公用房间的照明与房间照明宜由不同回路供电。

【条文解析】

为便于管理和使用，公共部分与房间分开，这样公共部分的灯具回路在节假日、下班后兼作值班照明。

7.5.16 从防护区内引到非防护区的照明电源回路，当防护区内和非防护区灯具共用一个电源回路时，应在防护密闭门内侧、临战封堵处内侧设置短路保护装置，或对非防护区的灯具设置单独回路供电。

【条文解析】

当非防护区与防护区内照明灯具合用同一回路时，非防护区的照明灯具、线路战时一旦被破坏，发生短路会影响到防护区内的照明。

7.5.17 战时主要出入口防护密闭门外直至地面的通道照明电源，宜由防护单元内人防电源柜（箱）供电，不宜只使用电力系统电源。

【条文解析】

战时主要出入口是战时人员在三种通风方式时均能进、出的出入口，特别是在滤毒式通风时，人员只能从这个出入口进出，所以由防护密闭门以外直至地面的通道照明灯具电源应由防空地下室内部电源来保证。特别是位于地下多层的防空地下室，主要出入口至地面所通过的路径更长，更需要保证照明电源。

《住宅建筑规范》GB 50368—2005

9.7.3 10 层及 10 层以上住宅建筑的楼梯间、电梯间及其前室应设置应急照明。

【条文解析】

本条对 10 层及 10 层以上住宅建筑的楼梯间、电梯间及其前室的应急照明作了规定。为防止人员触电和防止火势通过电气设备、线路扩大，在火灾时需要及时切断起火部位及相关区域的电源。此时若无应急照明，人员在惊慌之中势必产生混乱，不利于人员的安全疏散。

《住宅建筑电气设计规范》JGJ 242—2011

9.2.3 住宅建筑的门厅、前室、公共走道、楼梯间等应设人工照明及节能控制。当应急照明采用节能自熄开关控制时，在应急情况下，设有火灾自动报警系统的应急照明应自动点亮；无火灾自动报警系统的应急照明可集中点亮。

【条文解析】

人工照明的节能控制包括声光控制、智能控制等，但住宅首层电梯间应留值班照明。住宅建筑公共照明采用节能自熄开关控制时，光源可选用白炽灯。因为关灯频繁的场所选用紧凑型荧光灯，会影响其寿命并增加物业管理费用。在应急状态下，无火灾自动报警系统的应急照明集中点亮可采用手动控制，控制装置宜安装在有人值班室里。

9.2.4 住宅建筑的门厅应设置便于残疾人使用的照明开关，开关处宜有标识。

【条文解析】

住宅建筑的门厅或首层电梯间的照明控制方式，要考虑残疾人操作方便。至少有一处照明灯残疾人可控制或常亮。

9.3.1 高层住宅建筑的楼梯间、电梯间及其前室和长度超过 20m 的内走道，应设置应急照明；中高层住宅建筑的楼梯间、电梯间及其前室和长度超过 20m 的内走道，宜设置应急照明。应急照明应由消防专用回路供电。

【条文解析】

住宅建筑一般按楼层划分防火分区，扣除居住面积，住宅建筑每层公共交通面积不是很大，如果按每层每个防火分区来设置应急照明配电箱，显然不是很合理。考虑到住宅建筑的特殊性及火灾应急时疏散的重要性，建议住宅建筑每 4~6 层设置一个应急照明配电箱，每层或每个防火分区的应急照明应采用一个从应急照明配电箱引来的专用回路供电，应急照明配电箱应由消防专用回路供电。

9.3.3　高层住宅建筑楼梯间应急照明可采用不同回路跨楼层竖向供电，每个回路的光源数不宜超过 20 个。

【条文解析】

高层住宅建筑的楼梯间均设防火门，楼梯间是一个相对独立的区域，楼梯间采用不同回路供电是确保火灾时居民安全疏散。如果每层楼梯间只有一个应急照明灯，宜 1、3、5…层一个回路，2、4、6…层一个回路；如果每层楼梯间有两个应急照明灯，应有两个回路供电。

9.4.2　起居室（厅）、餐厅等公共活动场所的照明应在屋顶至少预留一个电源出线口。

【条文解析】

起居室、餐厅等公共活动场所，当使用面积小于 20m² 时，屋顶应预留一个照明电源出线口，灯位宜居中。当使用面积大于 20m² 时，根据公共活动场所的布局，屋顶应预留一个以上的照明电源出线口。

9.4.4　卫生间等潮湿场所，宜采用防潮易清洁的灯具；卫生间的灯具位置不应安装在 0、1 区内及上方。装有淋浴或浴盆卫生间的照明回路，宜装设剩余电流动作保护器，灯具、浴霸开关宜设于卫生间门外。

【条文解析】

装有淋浴或浴盆卫生间的照明回路装设剩余电流动作保护器是为了保障人身安全。为卫生间照明回路单独装设剩余电流动作保护器安全可靠，但不够经济合理。卫生间的照明可与卫生间的电源插座同回路，这样设计既安全又经济，缺点是发生故障时，照明没电，给居民行动带来不便。

装有淋浴或浴盆卫生间的浴霸可与卫生间的照明同回路，宜装设剩余电流动作保护器。

《交通建筑电气设计规范》JGJ 243—2011

8.1.4　交通建筑应合理选择照明设备，并应采用正确的安装方式。

【条文解析】

合理选择照明设备，并采用正确的安装方式，可以获得较佳的照度和亮度，同时可避免不舒适的眩光。

8.2.3　交通建筑中的高大空间公共场所，当利用灯光作为辅助引导旅客客流时，其场所内非作业区域照明的照度均匀度可适度减小，但不应小于 0.4，且不应影响旅客的视觉环境。

【条文解析】

对交通建筑内非作业区引导灯光的均匀度要求可适当降低，也没有必要要求做得太均匀，但原则是不应影响旅客的视觉环境。

8.2.5 高大空间的公共场所，垂直照度（E_v）与水平照度（E_h）之比不宜小于 0.25。

【条文解析】

高大空间的公共场所当一般照度不高时，对垂直照度的规定就显得尤为重要，即 E_v/E_h（垂直照度与水平照度之比）不小于 0.25，当须获得较满意效果时则可适当增大。

8.3.1 大空间及公共场所的照明方式应按下列规定确定：

1 应设置一般照明，当不同区域有不同照度要求时，应采用分区设置一般照明；

2 对部分作业面照度要求较高，仅采用一般照明不合理的场所，宜增加局部照明；

3 在一个工作场所内不应仅采用局部照明；

4 候机（车）厅、出发厅、站厅等场所，当照明区域内空间及高度较大，且有装饰效果要求采用以非直接的照明方式为主时，在满足基本照明功能要求的基础上，该区域内的照度标准值可降低一级；

5 设置在地下的车站出入口应设置过渡照明；白天车站出入口内外亮度变化，宜按 1：10 到 1：15 取值，夜间出入口内外亮度变化，宜按 2：1 到 4：1 取值；

6 交通建筑中的标识、引导指示，应根据其种类、形式、表面材质、色彩、安装位置以及周边环境特点选择相应的照明方式；

7 当标识采用外投光照明时，应控制其投射范围，散射到标识外的溢散光不应超过外投光的 20%。

【条文解析】

本条规定了照明方式的确定原则。

第 1 款 大空间及公共场所均应设一般照明，对不同区域有不同照度要求时，为了节约能源，又达到照度该高则高和该低则低的标准要求，可采用分区一般照明。

第 2 款 对于作业面照度要求高、作业面密度又不大的场所，可采用增加局部照明来提高作业面照度，以节约能源。

第 3 款 在一个场所内，如果只设局部照明会造成亮度分布不均匀而影响视觉，故交通建筑中不应只设局部照明。

第 4 款 交通建筑中的高大空间常会采用以非直接照明为主的照明方式，当采用此照明方式时，整个空间亮度大为增加，视觉舒适度也得以提高，在满足照明使用功能的前提下，允许该区域内的照度降低一级。

第5款 对于设置在地下的车站（如地铁车站等）出入口，为使乘客眼球适应明暗环境的变化，不产生盲区，应考虑过渡照明。

第6款 交通建筑中的标识、引导指示可以满足旅客以最快速度寻找到所需之目标，应采用相应的灯光色彩及显目的安装位置，使旅客一目了然。

第7款 标识采用外投光时控制溢散光，保证标识的有效性，防止眩光或光污染。

8.3.2 大空间及公共场所的照明种类应按下列规定确定：

1 各场所均应设置正常照明。

2 各场所下列情况应设置应急照明：

1）正常照明因故障熄灭后，需确保正常工作或活动继续进行的场所，应设置备用照明；

2）正常照明因故障熄灭后，需确保各类人员安全疏散的出口和通道，应设置疏散照明；

3）应急照明设置部位可按表8.3.2选择。

表 8.3.2 应急照明的设置部位

应急照明种类	设置部位
备用照明	消防控制室、自备电源室、变配电室、消防水泵房、防烟及排烟机房、电话总机房、电子信息机房、建筑设备监控系统控制室、安全防范控制中心、监控机房、机场塔台、售（办）票厅、候机（车）厅、出发到达大厅、站厅、安检、检票、行李托运、行李认领处以及在火灾、事故时仍需要坚持工作的其他场所，指挥中心、急救中心等
疏散照明	疏散楼梯间、防烟楼梯间前室、疏散通道、消防电梯间及其前室、合用前室、售（办）票厅、候机（车）厅、出发到达大厅、站厅、安检、行李托运、行李认领、长度超过20m的内走道、安全出口等

3 危及航行安全的建筑物、构筑物应根据航行要求设置障碍照明。

4 旅客公共场所应设置合理的引导标识照明。

5 在不影响交通安全的前提下，宜设置建筑泛光照明。

【条文解析】

本条规定了确定照明种类的原则。

8.3.3 大空间及公共场所的照明光源应按下列规定选择：

1 选用的照明光源应符合国家现行相关标准的规定。

2 选择照明光源时，应在满足显色性、色温、启动时间等要求的条件下，根据光源、灯具及镇流器效率、寿命和价格等在进行综合技术经济分析比较后确定。

3 照明设计时，应按下列条件选择光源：

1）高度较高的场所，宜按使用要求采用金属卤化物灯或大功率细管径荧光灯、电子感应（无极）灯等；

2）办公室、休息室等高度较低的场所，宜采用细管径直管型荧光灯或紧凑型荧光灯等；

3）商店、营业厅等场所宜选用细管径直管型荧光灯、紧凑型荧光灯或小功率陶瓷金属卤化物灯、LED 灯。

4 应急照明应选用紧凑型荧光灯、荧光灯、LED 灯等能快速点燃的光源，疏散指示标志照明宜选用 LED 疏散指示灯。

5 办票处、候机（车）处、海关、安检、行李托运、行李认领等场所应根据识别颜色要求和场所特点，选用高显色指数的光源。

6 公共场所内标识、引导照明所采用的光源显色指数不应小于 80。

7 铁路旅客车站所采用的光源不应与站内的黄色信号灯颜色相混。

8 交通建筑宜充分利用自然光：

1）人工照明的照度宜随室外自然光的变化自动调节；

2）宜利用各种导光或反光装置将自然光引入室内进行照明。

【条文解析】

本条规定了确定照明光源的选择原则。

8.3.4 大空间及公共场所的照明灯具及其附属装置应按下列方法选择：

1 照明灯具应符合国家现行有关标准的规定。

2 在满足眩光限制和配光要求的条件下，应选用效率高的灯具。

3 灯具宜根据照明场所及环境条件，按下列规定选择：

1）较高大的场所宜选用深罩型灯具；

2）较低的场所宜选用直管型荧光灯灯具或紧凑型节能灯具；

3）机场、车站前广场、站台、天桥、道路转盘或停车场等其他室外场所宜采用高强气体放电灯光源的灯具或高杆照明灯具；高杆照明宜采用非对称配光灯具，灯具配光最大光强角度宜在 45°以上。

【条文解析】

本条规定了灯具及其附属装置的确定原则。

8.3.5 高大空间上部安装灯具时，应考虑灯具本体的安全性及必要的维修措施，灯具宜集中、分组布置在有条件设置维修马道的位置。

【条文解析】

高大空间上部安装灯具时应考虑如防止灯具玻璃罩破碎脱落等措施及必要的维修措施，如设置马道或升降式灯具，以方便日后维修、更换。

8.4.1 照明配电应符合下列规定：

1 主要供给气体放电灯的三相配电线路，其中性线截面应满足不平衡电流及谐波电流的要求，且不应小于相线截面；

2 引导标识照明的配电可按相应建筑的高级别负荷电源供给；

3 交通建筑中人员较密集的主要场所或重要场所的照明负荷，宜采用两个不同照明供电电源回路各带50％正常照明灯的供电方式。

【条文解析】

本条规定了照明配电的一般原则。

第1款 主要考虑照明负荷使用的不平衡性及气体放电灯线路的非线性所产生的高次谐波，使三相平衡中性导体中也会流过三的奇数倍谐波电流，有可能达到相电流的数值，故而作此规定，保证安全性。

第2款 标识照明在交通建筑中特别是人流较大的场所作用非常大，在紧急情况时亦可起到辅助引导的作用，因此有条件时可采用应急电源供电。

第3款 执行本款可使得一旦该场所有一路电源故障，另一路至少能保证该场所内50％的照明不会受影响，以此减少故障影响的范围。

8.4.2 应急照明的配电应按相应建筑的最高级别负荷电源供给，且应能自动投入。

【条文解析】

交通建筑的公共场所内往往会有大量的旅客和其他人员通行，有时也会非常集中，而且旅客对建筑内的环境并不熟悉，一旦建筑内供电系统出现故障（特别是夜晚），势必会影响到整体建筑的正常照明，导致照明灯的熄灭。由于突发的黑暗会造成建筑内的旅客或其他人员出现恐慌，程序混乱，严重时可能发生人员拥堵、踩踏等恶性事故，造成人员的伤亡。为避免此类情况发生，本条规定了在交通建筑的公共场所内应设置应急照明。同时为确保在供电系统出现故障时，应急照明的有效性，本条规定并强调了对于应急照明的配电应按其所在建筑的最高级别负荷电源供给且能自动投入，使应急照明的供电做到安全、可靠、有效。

8.4.4 设有照明管理系统的场所，系统的设计应符合下列规定：

1 宜采用分布式照明控制系统、模块化结构、分散式布置；

2 每个控制器宜带有 CPU，系统出现故障时，可独立地完成各种控制功能；

3 系统应具有事故断电自锁功能；

4 现场控制器宜具备实时负载反馈功能，监控工作站宜能读取每个回路或每个模块的实时电流值；

5 火灾时，消防控制室应能联动强制开启相关区域的火灾应急照明，并应符合国家现行有关防火标准的规定；

6 现场控制器应能对每个照明回路的开启时间和次数进行计时或计次；

7 安装在现场的智能面板应具有防误操作功能。

【条文解析】

照明管理系统是随着建筑智能化技术的发展，在建筑物中日益普及应用的一种智能化系统，其功能主要是针对建筑物照明的节能和管理。大型交通建筑的照明控制复杂多变，且随着旅客人流及航班的变化而变化，仅靠人工难以达到很好的控制效果。因此，宜采用智能照明控制系统对照明系统进行有效的监控，起到节能、高效管理、提升建筑档次的功效，而且随着照明控制技术的发展，产品性价比也在不断提高，且技术成熟可靠，具有较高的投资回报率。

4.5 防雷与接地

4.5.1 建筑物防雷分类与措施

《民用建筑电气设计规范》JGJ 16—2008

11.2.3 符合下列情况之一的建筑物，应划为第二类防雷建筑物：

1 高度超过100m 的建筑物；

2 国家级重点文物保护建筑物；

3 国家级的会堂、办公建筑物、档案馆、大型博展建筑物；特大型、大型铁路旅客站；国际性的航空港、通信枢纽；国宾馆、大型旅游建筑物；国际港口客运站；

4 国家级计算中心、国家级通信枢纽等对国民经济有重要意义且装有大量电子设备的建筑物；

5 年预计雷击次数大于 0.06 的部、省级办公建筑物及其他重要或人员密集的公共建筑物；

6 年预计雷击次数大于 0.3 的住宅、办公楼等一般民用建筑物。

11.2.4 符合下列情况之一的建筑物，应划为第三类防雷建筑物：

1 省级重点文物保护建筑物及省级档案馆；

2 省级大型计算中心和装有重要电子设备的建筑物；

3 19 层及以上的住宅建筑和高度超过 50m 的其他民用建筑物；

4 年预计雷击次数大于或等于 0.012 且小于或等于 0.06 的部、省级办公建筑物及其他重要或人员密集的公共建筑物；

5 年预计雷击次数大于或等于 0.06 且小于或等于 0.3 的住宅、办公楼等一般民用建筑物；

6 建筑群中最高的建筑物或位于建筑群边缘高度超过 20m 的建筑物；

7 通过调查确认当地遭受过雷击灾害的类似建筑物；历史上雷害事故严重地区或雷害事故较多地区的较重要建筑物；

8 在平均雷暴日大于 15d/a 的地区，高度大于或等于 15m 的烟囱、水塔等孤立的高耸构筑物；在平均雷暴日小于或等于 15d/a 的地区，高度大于或等于 20m 的烟囱、水塔等孤立的高耸构筑物。

【条文解析】

建筑物应根据其重要性、使用性质、发生雷电事故的可能性及后果，按防雷要求进行分类。在雷电活动频繁或强雷区，可适当提高建筑物的防雷保护措施。

11.3.2 防直击雷的措施应符合下列规定：

1 接闪器宜采用避雷带（网）、避雷针或由其混合组成。避雷带应装设在建筑物易受雷击的屋角、屋脊、女儿墙及屋檐等部位，并应在整个屋面上装设不大于 10m×10m 或 12m×8m 的网格。

2 所有避雷针应采用避雷带或等效的环形导体相互连接。

3 引出屋面的金属物体可不装接闪器，但应和屋面防雷装置相连。

4 在屋面接闪器保护范围之外的非金属物体应装设接闪器，并应和屋面防雷装置相连。

5 当利用金属物体或金属屋面作为接闪器时，应符合《建筑物防雷设计规范》GB 50057 第 11.6.4 条的要求。

6 防直击雷的引下线应优先利用建筑物钢筋混凝土中的钢筋或钢结构柱，当利用建筑物钢筋混凝土中的钢筋作为引下线时，应符合《建筑物防雷设计规范》GB 50057

第11.7.7 条的要求。

7 防直击雷装置的引下线的数量和间距应符合下列规定：

1）专设引下线时，其根数不应少于2根，间距不应大于18m，每根引下线的冲击接地电阻不应大于10Ω；

2）当利用建筑物钢筋混凝土中的钢筋或钢结构柱作为防雷装置的引下线时，其根数可不限，间距不应大于18m，但建筑外廓易受雷击的各个角上的柱子的钢筋或钢柱应被利用，每根引下线的冲击接地电阻可不作规定。

【条文解析】

本条规定了防直击雷的措施。

第1款 防直接雷击的接闪器应采用装设在屋角、屋脊、女儿墙及屋檐上的避雷带，并在屋面装设不大于10m×10m 或12m×8m 的网格，突出屋面的物体应沿其顶部四周装设避雷带，在屋面接闪器保护范围之外的物体应装接闪器，并和屋面防雷装置相连。

第7款 利用钢筋混凝土中的钢筋作为防雷装置的引下线时，其引下线的数量不作规定，但强调四个角易受雷击部位应被利用。间距不应大于18m 的规定，完全是加大安全系数，目的是尽量将分流途径增多，使每根柱子分流减至最小，使其结构不易由于雷电流的通过而造成任何损坏。另外，引下线多了，雷电流通过柱子传到每根梁内钢筋，又由梁内传到板内的钢筋，使整个楼板形成一个电位面，人和设备在同一个电位面上，因此都是安全的。

11.3.3 当建筑物高度超过45m 时，应采取下列防侧击措施：

1 建筑物内钢构架和钢筋混凝土的钢筋应相互连接。

2 应利用钢柱或钢筋混凝土柱子内钢筋作为防雷装置引下线。结构圈梁中的钢筋应每三层连成闭合回路，并应同防雷装置引下线连接。

3 应将45m 及以上外墙上的栏杆、门窗等较大金属物直接或通过预埋件与防雷装置相连。

4 垂直敷设的金属管道及类似金属物除应满足本规范第11.3.6 条的规定外，尚应在顶端和底端与防雷装置连接。

【条文解析】

由于塔式避雷针和高层建筑物在其顶点以下的侧面有遭到雷击的记载，因此，希望考虑高层建筑物上部侧面的保护。有下列三点理由认为这种雷击事故是轻的：

1）侧击具有短的极限半径（吸引半径），即小的滚球半径，其相应的雷电流也是较小的；

2）高层建筑物的结构能耐受这些小电流的雷击；

3）建筑物遭受侧击损坏的记载尚不多，这一点证实了前两点理由的真实性。

因此，对高层建筑物上部侧面雷击的保护不须另设专门接闪器，而利用建筑物本身的钢构架、钢筋体及其他金属物。

将外墙上的金属栏杆、金属门窗等较大金属物连到建筑物的防雷装置上是首先应采取的防侧击措施。

塑钢门窗在工程中广泛应用，但工程界对塑钢门窗如何用作防雷暂无定论，相关部门当前也正在做一些工作，但近期都还未有结论。塑钢门窗的外包塑料层是绝缘的，但塑钢门窗的制造标准也并不要求其耐压值能满足防直击过电压；塑钢门窗的内骨料是金属的，但塑钢门窗的制造标准也并不要求其内骨料有较好的连通导电性。而各个塑钢门窗厂的制造标准也不尽相同，有的厂家的产品能满足外包塑料层能耐受直击雷冲击过电压的要求，有的厂家的产品能满足内骨料连通导电性的要求，因此均需要设计人员根据工程实际情况采取相应的防雷措施。

11.3.4 防雷电波侵入的措施应符合下列规定：

1 为防止雷电波的侵入，进入建筑物的各种线路及金属管道宜采用全线埋地引入，并应在入户端将电缆的金属外皮、钢导管及金属管道与接地网连接。当采用全线埋地电缆确有困难而无法实现时，可采用一段长度不小于 $2\sqrt{\rho}$（m）的铠装电缆或穿钢导管的全塑电缆直接埋地引入，电缆埋地长度不应小于 15m，其入户端电缆的金属外皮或钢导管应与接地网连通。

注：ρ 为埋地电缆处的土壤电阻率（$\Omega \cdot m$）。

2 在电缆与架空线连接处，还应装设避雷器，并应与电缆的金属外皮或钢导管及绝缘子铁脚、金具连在一起接地，其冲击接地电阻不应大于 10Ω。

3 年平均雷暴日在 30d/a 及以下地区的建筑物，可采用低压架空线直接引入建筑物，并应符合下列要求：

1）入户端应装设避雷器，并应与绝缘子铁脚、金具连在一起接到防雷接地网上，冲击接地电阻不应大于 5Ω；

2）入户端的三基电杆绝缘子铁脚、金具应接地，靠近建筑物的电杆的冲击接地电阻不应大于 10Ω，其余两基电杆不应大于 20Ω。

4 进出建筑物的架空和直接埋地的各种金属管道应在进出建筑物处与防雷接地网连接。

5 当低压电源采用全长电缆或架空线换电缆引入时，应在电源引入处的总配电箱装设浪涌保护器。

6 设在建筑物内、外的配电变压器，宜在高、低压侧的各相装设避雷器。

【条文解析】

为了防止雷击周围高大树木或建、构筑物跳击到线路上的高电位或雷直击线路时的高电位侵入建筑物内而造成人身伤亡或设备损坏，低压线路宜全线采用电缆埋地或穿金属导管埋地引入。当难以全线埋设电缆或穿金属导管敷设时，允许从架空线上换接一段有金属铠装的电缆或全塑电缆穿金属导管埋地引入。

但须强调，电缆与架空线交接处必须装设避雷器并与铁横担、绝缘子铁脚、电缆外皮连在一起共同接地，入户端的电缆外皮必须接到防雷和电气保护接地网上才能起到应有的保护作用。

规定埋地电缆长度不小于 $2\sqrt{\rho}$（m）是考虑电缆金属外皮、铠装、钢导管等起散流接地体的作用。接地导体在冲击电流下其有效长度为 $2\sqrt{\rho}$（m）。又限制埋地电缆长度不应小于15m，是考虑架空线距爆炸危险环境至少为杆高的1.5倍，杆高一般为10m，即15m。英国防雷法规针对爆炸和火灾危险场所时，电缆长度不小于15m，对民用建筑来说，这一距离更是可靠的。

由于防雷装置直接装在建、构筑物上，要保持防雷装置与各种金属物体之间的安全距离已经很难做到。因此，只能将屋内的各种金属管道和金属物体与防雷装置就近接在一起，并进行多处连接，首先是在进出建、构筑物处连接，使防雷装置和邻近的金属物体电位相等或降低其间的电位差，以防雷击危险。

《建筑物防雷设计规范》GB 50057—2010

3.0.2 在可能发生对地闪击的地区，遇下列情况之一时，应划为第一类防雷建筑物：

1 凡制造、使用或贮存火炸药及其制品的危险建筑物，因电火花而引起爆炸、爆轰，会造成巨大破坏和人身伤亡者。

2 具有0区或20区爆炸危险场所的建筑物。

3 具有1区或21区爆炸危险场所的建筑物，因电火花而引起爆炸，会造成巨大破坏和人身伤亡者。

【条文解析】

第1款 火炸药及其制品包括火药（含发射药和推进剂）、炸药、弹药、引信和火工品等。

爆轰——爆炸物中一小部分受到引发或激励后爆炸物整体瞬时爆炸。

第2、3款 爆炸性粉尘环境区域的划分和代号采用现行国家标准《可燃性粉尘环境用电设备 第3部分：存在或可能存在可燃性粉尘的场所分类》GB 12476.3—2007中的规定。

0区：连续出现或长期出现或频繁出现爆炸性气体混合物的场所。

1区：在正常运行时可能偶然出现爆炸性气体混合物的场所。

2区：在正常运行时不可能出现爆炸性气体混合物的场所，或即使出现也仅是短时存在的爆炸性气体混合物的场所。

20区：以空气中可燃性粉尘云形式持续地或长期地或频繁地短时存在于爆炸性环境中的场所。

21区：正常运行时，很可能偶然地以空气中可燃性粉尘云形式存在于爆炸性环境中的场所。

22区：正常运行时，不太可能以空气中可燃性粉尘云形式存在于爆炸性环境中的场所，如果存在仅是短暂的。

1区、21区的建筑物可能划为第一类防雷建筑物，也可能划为第二类防雷建筑物。其区别在于是否会造成巨大破坏和人身伤亡。例如，易燃液体泵房，当布置在地面上时，其爆炸危险场所一般为2区，则该泵房可划为第二类防雷建筑物。但当工艺要求布置在地下或半地下时，在易燃液体的蒸气与空气混合物的密度大于空气，又无可靠的机械通风设施的情况下，爆炸性混合物就不易扩散，该泵房就要划为1区危险场所。如该泵房系大型石油化工联合企业的原油泵房，当泵房遭雷击就可能会使工厂停产，造成巨大经济损失和人员伤亡，那么这类泵房应划为第一类防雷建筑物；如该泵房系石油库的卸油泵房，平时间断操作，虽可能因雷电火花引发爆炸造成经济损失和人身伤亡，但相对而言其概率要小得多，则这类泵房可划为第二类防雷建筑物。

3.0.3 在可能发生对地闪击的地区，遇下列情况之一时，应划为第二类防雷建筑物：

1 国家级重点文物保护的建筑物。

2 国家级的会堂、办公建筑物、大型展览和博览建筑物、大型火车站和飞机场、国宾馆，国家级档案馆、大型城市的重要给水泵房等特别重要的建筑物。

注：飞机场不含停放飞机的露天场所和跑道。

3 国家级计算中心、国际通信枢纽等对国民经济有重要意义的建筑物。

4 国家特级和甲级大型体育馆。

5 制造、使用或贮存火炸药及其制品的危险建筑物，且电火花不易引起爆炸或不致造成巨大破坏和人身伤亡者。

6 具有 1 区或 21 区爆炸危险场所的建筑物，且电火花不易引起爆炸或不致造成巨大破坏和人身伤亡者。

7 具有 2 区或 22 区爆炸危险场所的建筑物。

8 有爆炸危险的露天钢质封闭气罐。

9 预计雷击次数大于 0.05 次/a 的部、省级办公建筑物和其他重要或人员密集的公共建筑物以及火灾危险场所。

10 预计雷击次数大于 0.25 次/a 的住宅、办公楼等一般性民用建筑物或一般性工业建筑物。

【条文解析】

本条规定了划分为第二类防雷的建筑物。

3.0.4 在可能发生对地闪击的地区，遇下列情况之一时，应划为第三类防雷建筑物：

1 省级重点文物保护的建筑物及省级档案馆。

2 预计雷击次数大于或等于 0.01 次/a，且小于或等于 0.05 次/a 的部、省级办公建筑物和其他重要或人员密集的公共建筑物，以及火灾危险场所。

3 预计雷击次数大于或等于 0.05 次/a，且小于或等于 0.25 次/a 的住宅、办公楼等一般性民用建筑物或一般性工业建筑物。

4 在平均雷暴日大于 15d/a 的地区，高度在 15m 及以上的烟囱、水塔等孤立的高耸建筑物；在平均雷暴日小于或等于 15d/a 的地区，高度在 20m 及以上的烟囱、水塔等孤立的高耸建筑物。

【条文解析】

本条规定了划分为第三类防雷的建筑物。

《住宅建筑电气设计规范》JGJ 242—2011

10.1.1 建筑高度为 100m 或 35 层及以上的住宅建筑和年预计雷击次数大于 0.25 的住宅建筑，应按第二类防雷建筑物采取相应的防雷措施。

10.1.2 建筑高度为 50m~100m 或 19 层~34 层的住宅建筑和年预计雷击次数大于或等于 0.05 且小于或等于 0.25 的住宅建筑，应按不低于第三类防雷建筑物采取相应的防雷措施。

【条文解析】

上述两条在《建筑物防雷设计规范》GB 50057—2010 的基础上，根据住宅建筑的特性对住宅建筑的高度及层数作出了规定，目的是保障居民的人身安全。

4.5.2　防雷装置与接地

《民用建筑电气设计规范》JGJ 16—2008

11.7.7　利用建筑钢筋混凝土中的钢筋作为防雷引下线时，其上部应与接闪器焊接，下部在室外地坪下 0.8~1m 处宜焊出一根直径为 12mm 或 40mm×4mm 镀锌钢导体，此导体伸出外墙的长度不宜小于 1m，作为防雷引下线的钢筋应符合下列要求：

1　当钢筋直径大于或等于 16mm 时，应将两根钢筋绑扎或焊接在一起，作为一组引下线；

2　当钢筋直径大于或等于 10mm 且小于 16mm 时，应利用四根钢筋绑扎或焊接作为一组引下线。

【条文解析】

本条要求当钢筋直径为 16mm 及以上时，应将两根钢筋并在一起使用，此时的截面积为 402mm^2；当钢筋直径为 10mm 及以上时，要求将四根钢筋并在一起使用，此时的截面积为 314mm^2，比国外规定最严的日本的 300mm^2 截面还大，所以是安全可靠的。

利用建筑物钢筋混凝土中的钢筋作为引下线，不仅是节约钢材问题，更重要的是比较安全。因为框架结构本身就将梁和柱内的钢筋连成一体，形成一个法拉第笼，这对平衡室内的电位和防止侧击都起到了良好的作用。

12.4.1　交流电气装置的接地应符合下列规定：

1　当配电变压器高压侧工作于小电阻接地系统时，保护接地网的接地电阻应符合下式要求：

$$R \leqslant 2000/I \tag{12.4.1-1}$$

式中　R——考虑到季节变化的最大接地电阻（Ω）；

I——计算用的流经接地网的入地短路电流（A）。

2　当配电变压器高压侧工作于不接地系统时，电气装置的接地电阻应符合下列要求：

1）高压与低压电气装置共用的接地网的接地电阻应符合下式要求，且不宜超过 4Ω：

$$R \leqslant 120/I \tag{12.4.1-2}$$

2）仅用于高压电气装置的接地网的接地电阻应符合下式要求，且不宜超过 10Ω：

$$R \leqslant 250/I \qquad (12.4.1-3)$$

式中　R——考虑到季节变化的最大接地电阻（Ω）；

I——计算用的接地故障电流（A）。

3　在中性点经消弧线圈接地的电力网中，当接地网的接地电阻按本规范公式（12.4.1-2）、（12.4.1-3）计算时，接地故障电流应按下列规定取值：

1）对装有消弧线圈的变电所或电气装置的接地网，其计算电流应为接在同一接地网中同一电力网各消弧线圈额定电流总和的 1.25 倍；

2）对不装消弧线圈的变电所或电气装置，计算电流应为电力网中断开最大一台消弧线圈时最大可能残余电流，并不得小于 30A。

4　在高土壤电阻率地区，当接地网的接地电阻达到上述规定值，技术经济不合理时，电气装置的接地电阻可提高到 30Ω，变电所接地网的接地电阻可提高到 15Ω，但应符合《民用建筑电气设计规范》JGJ 16—2008 的要求。

【条文解析】

根据 10kV 供配电系统的常用接地形式，可分为以下接地形式：

1）小电阻接地系统。

2）不接地。

3）经消弧线圈接地。

由于接地形式不一样，接地电阻的要求是不一样的。

变电所的高压侧发生故障，此故障电流经过与变电所外露导体连接的接地体，造成了低压系统的对地电压普遍升高，往往会导致低压系统的绝缘击穿或伤及触及外露导体的人员。

12.4.3　配电装置的接地电阻应符合下列规定：

1　当向建筑物供电的配电变压器安装在该建筑物外时，应符合下列规定：

1）对于配电变压器高压侧工作于不接地、消弧线圈接地和高电阻接地系统，当该变压器的保护接地接地网的接地电阻符合公式（12.4.3）要求且不超过 4Ω 时，低压系统电源接地点可与该变压器保护接地共用接地网。电气装置的接地电阻，应符合下式要求：

$$R \leqslant 50/I \qquad (12.4.3)$$

式中　R——考虑到季节变化时接地网的最大接地电阻（Ω）；

I——单相接地故障电流；消弧线圈接地系统为故障点残余电流。

2）低压电缆和架空线路在引入建筑物处，对于 TN-S 或 TN-C-S 系统，保护导体（PE）或保护接地中性导体（PEN）应重复接地，接地电阻不宜超过 10Ω；对于 TT 系统，保护导体（PE）单独接地，接地电阻不宜超过 4Ω；

3）向低压系统供电的配电变压器的高压侧工作于小电阻接地系统时，低压系统不得与电源配电变压器的保护接地共用接地网，低压系统电源接地点应在距该配电变压器适当的地点设置专用接地网，其接地电阻不宜超过 4Ω。

2　向建筑物供电的配电变压器安装在该建筑物内时，应符合下列规定：

1）对于配电变压器高压侧工作于不接地、消弧线圈接地和高电阻接地系统，当该变压器保护接地的接地网的接地电阻不大于 4Ω 时，低压系统电源接地点可与该变压器保护接地共用接地网；

2）配电变压器高压侧工作于小电阻接地系统，当该变压器的保护接地网的接地电阻符合本规范公式（12.4.1-1）的要求且建筑物内采用总等电位联结时，低压系统电源接地点可与该变压器保护接地共用接地网。

【条文解析】

有关配电装置的接地电阻，条文中对不同的高压接地电阻作了分述，而且对接地方式即高压接地网与低压接地网是否共网作了规定。如果在高、低压共用接地网的系统中，高压产生的接地故障电流在接地网上会有危险的电压产生进入低压系统，此时就应将高、低压接地分网设置。

《人民防空地下室设计规范》GB 50038—2005

7.6.1　防空地下室的接地型式宜采用 TN-S、TN-C-S 接地保护系统。

【条文解析】

采用 TN-S、TN-C-S 接地保护系统，在防空地下室内部配电系统中，电源中性线（N）和保护线（PE）是分开的。保护线在正常情况下无电流通过，能使电气设备金属外壳近于零电位。对于潮湿环境的防空地下室，这种接地方式是适宜的。大多数防空地下室也是这样做的。

内部电源设有柴油发电机组应采用 TN-S 系统，引接区域电源宜采用 TN-C-S 系统。

考虑到各地区供电系统采用的接地型式不同，当电力系统电源和内部电源接地型式不一致时，应采取转换措施。

7.6.3　防空地下室室内应将下列导电部分做等电位连接：

1　保护接地干线；

2 电气装置人工接地极的接地干线或总接地端子；

3 室内的公用金属管道，如通风管、给水管、排水管、电缆或电线的穿线管；

4 建筑物结构中的金属构件，如防护密闭门、密闭门、防爆波活门的金属门框等；

5 室内的电气设备金属外壳；

6 电缆金属外护层。

【条文解析】

总等电位连接是接地故障保护的一项基本措施，它可以在发生接地故障时显著降低电气装置外露导电部分的预期接触电压，减少保护电器动作不可靠的危险性，消除或降低从建筑物窜入电气装置外露导电部分上的危险电压的影响。

7.6.9 电源插座和潮湿场所的电气设备，应加设剩余电流保护器。医疗用电设备装设剩余电流保护器时，应只报警，不切断电源。

【条文解析】

由于防空地下室室内较为潮湿、空间小等原因，为保证人身安全和电气设备的正常工作，所以本条规定照明插座和潮湿场所的电气设备宜加设剩余电流保护器。

《建筑物电子信息系统防雷技术规范》GB 50343—2012

5.1.2 需要保护的电子信息系统必须采取等电位连接与接地保护措施。

【条文解析】

建筑物上装设的外部防雷装置能将雷击电流安全泄放入地，保护建筑物不被雷电直接击坏，但不能防止建筑物内的电气、电子信息系统设备被雷电冲击过电压、雷电感应产生的瞬态过电压击坏。为了避免电子信息设备之间及设备内部出现危险的电位差，采用等电位连接，降低其电位差是十分有效的防范措施。接地是分流和泄放直接雷击电流和雷电电磁脉冲能量最有效的手段之一。

为了确保电子信息系统的正常工作及工作人员的人身安全、抑制电磁干扰，建筑物内电子信息系统必须采取等电位连接与接地保护措施。

5.2.5 防雷接地与交流工作接地、直流工作接地、安全保护接地共用一组接地装置时，接地装置的接地电阻值必须按接入设备中要求的最小值确定。

【条文解析】

防雷接地指建筑物防直击雷系统接闪装置、引下线的接地（装置）；内部系统的电源线路、信号线路（包括天馈线路）SPD接地。

交流工作接地指供电系统中电力变压器低压侧三相绕组中性点的接地。

直流工作接地指电子信息设备信号接地、逻辑接地，又称功能性接地。

安全保护接地指配电线路防电击（PE线）接地、电气和电子设备金属外壳接地、屏蔽接地、防静电接地等。

这些接地在一栋建筑物中应共用一组接地装置，在钢筋混凝土结构的建筑物中通常是采用基础钢筋网（自然接地极）作为共用接地装置。

对于电子信息系统直流工作接地（信号接地或功能性接地）的电阻值，从我国各行业的实际情况来看，电子信息设备的种类很多，用途各不相同，它们对接地装置的电阻值要求不相同。

因此，当建筑物电子信息系统防雷接地与交流工作接地、直流工作接地、安全保护接地共用一组接地装置时，接地装置的接地电阻值必须按接入设备中要求的最小值确定，以确保人身安全和电气、电子信息设备正常工作。

5.2.6 接地装置应优先利用建筑物的自然接地体，当自然接地体的接地电阻达不到要求时应增加人工接地体。

【条文解析】

1）当基础采用硅酸盐水泥和周围土壤的含水量不低于4%，基础外表面无防水层时，应优先利用基础内的钢筋作为接地装置。但如果基础被塑料、橡胶、油毡等防水材料包裹或涂有沥青质的防水层时，不宜利用基础内的钢筋作为接地装置。

2）当有防水油毡、防水橡胶或防水沥青层的情况下，宜在建筑物外面四周敷设闭合状的人工水平接地体。该接地体可埋设在建筑物散水坡及灰土基础外约1m处的基础槽边。人工水平接地体应与建筑物基础内的钢筋多处相连接。

3）在设有多种电子信息系统的建筑物内，增加人工接地体采用环形接地极比较理想。建筑物周围或者在建筑物地基周围混凝土中的环形接地极，应与建筑物下方和周围的网格形接地网相连接，网格的典型宽度为5m。这将大大改善接地装置的性能。如果建筑物地下室/地面中的钢筋混凝土构成了相互连接的网格，也应每隔5m和接地装置相连接。

4）当建筑物基础接地体的接地电阻值满足接地要求时，不须另设人工接地体。

5.2.7 机房设备接地线不应从接闪带、铁塔、防雷引下线直接引入。

【条文解析】

机房设备接地引入线不能从接闪带、铁塔脚和防雷装置引下线上直接引入。直接引入将导致雷电流进入室内电子设备，造成严重损害。

5.2.9 电子信息系统涉及多个相邻建筑物时，宜采用两根水平接地体将各建筑物的接地装置相互连通。

【条文解析】

将相邻建筑物接地装置相互连通是为了减小各建筑物内部系统间的电位差。采用两根水平接地体是考虑到一根导体发生断裂时，另一根还可以起到连接作用。如果相邻建筑物间的线缆敷设在密封金属管道内，也可利用金属管道互连。使用屏蔽电缆屏蔽层互联时，屏蔽层截面积应足够大。

5.2.10　新建建筑物的电子信息系统在设计、施工时，宜在各楼层、机房内墙结构柱主钢筋处引出和预留等电位接地端子。

【条文解析】

当新建的建筑物中含有大量电气、电子信息设备时，在设计和施工阶段，应考虑在施工时按现行国家有关标准的规定将混凝土中的主钢筋、框架及其他金属部件在外部及内部实现良好电气连通，以确保金属部件的电气连续性。满足此条件时，应在各楼层及机房内墙结构柱主钢筋上引出和预留数个等电位连接的接地端子，可为建筑物内的电源系统、电子信息系统提供等电位连接点，以实现内部系统的等电位连接，既方便又可靠，几乎不付出额外投资即可实现。

5.4.2　电子信息系统设备由 TN 交流配电系统供电时，从建筑物内总配电柜（箱）开始引出的配电线路必须采用 TN-S 系统的接地形式。

【条文解析】

根据《低压电气装置　第 4-44 部分：安全防护　电压骚扰和电磁骚扰防护》GB/T 16895.10—2010 第 444.4.3.1 条："装有或可能装有大量信息技术设备的现有的建筑物内，建议不宜采用 TN-C 系统。装有或可能装有大量信息技术设备的新建的建筑物内不应采用 TN-C 系统。"第 444.4.3.2 条："由公共低压电网供电且装有或可能装有大量信息技术设备的现有建筑物内，在装置的电源进线点之后宜采用 TN-S 系统。在新建的建筑物内，在装置的电源进线点之后应采用 TN-S 系统。"

在 TN-S 系统中中性线电流仅在专用的中性导体（N）中流动，而在 TN-C 系统中，中性线电流将通过信号电缆中的屏蔽或参考地导体、外露可导电部分和装置外可导电部分（如建筑物的金属构件）流动。

对于敏感电子信息系统的每栋建筑物，因 TN-C 系统在全系统内 N 线和 PE 线是合一的，存在不安全因素，一般不宜采用。当 220/380V 低压交流电源为 TN-C 系统时，应在入户总配电箱处将 N 线重复接地一次，在总配电箱之后采用 TN-S 系统，N 线不能再次接地，以避免工频 50Hz 基波及其谐波的干扰。设置 UPS 电源时，在负荷侧起点将中性点或中性线做一次接地，其后就不能接地了。

5.5.1 通信接入网和电话交换系统的防雷与接地应符合下列规定：

1 有线电话通信用户交换机设备金属芯信号线路，应根据总配线架所连接的中继线及用户线的接口形式选择适配的信号线路浪涌保护器；

2 浪涌保护器的接地端应与配线架接地端相连，配线架的接地线应采用截面积不小于16mm²的多股铜线接至等电位接地端子板上；

3 通信设备机柜、机房电源配电箱等的接地线应就近接至机房的局部等电位接地端子板上；

4 引入建筑物的室外铜缆宜穿钢管敷设，钢管两端应接地。

【条文解析】

在总配线架信号线路输入端及交换机（PABX）的信号线路输出端，分别安装信号线路SPD。

5.5.2 信息网络系统的防雷与接地应符合下列规定：

1 进、出建筑物的传输线路上，在LPZ0$_A$或LPZ0$_B$与LPZ1的边界处应设置适配的信号线路浪涌保护器。被保护设备的端口处宜设置适配的信号浪涌保护器。网络交换机、集线器、光电端机的配电箱内，应加装电源浪涌保护器。

2 入户处浪涌保护器的接地线应就近接至等电位接地端子板；设备处信号浪涌保护器的接地线宜采用截面积不小于1.5mm²的多股绝缘铜导线连接到机架或机房等电位连接网络上。计算机网络的安全保护接地、信号工作接地、屏蔽接地、防静电接地和浪涌保护器的接地等均应与局部等电位连接网络连接。

【条文解析】

适配是指安装浪涌保护器的性能参数，例如，工作频率、工作电平、传输速率、特性阻抗、传播介质及接口形式等应符合传输线路的性质和要求。

5.5.4 火灾自动报警及消防联动控制系统的防雷与接地应符合下列规定：

1 火灾报警控制系统的报警主机、联动控制盘、火警广播、对讲通信等系统的信号传输线缆宜在线路进出建筑物LPZ0$_A$或LPZ0$_B$与LPZ1边界处设置适配的信号线路浪涌保护器。

2 消防控制中心与本地区或城市"119"报警指挥中心之间联网的进出线路端口应装设适配的信号线路浪涌保护器。

3 消防控制室内所有的机架（壳）、金属线槽、安全保护接地、浪涌保护器接地端均应就近接至等电位连接网络。

4 区域报警控制器的金属机架（壳）、金属线槽（或钢管）、电气竖井内的接地干线、接地箱的保护接地端等，应就近接至等电位接地端子板。

5 火灾自动报警及联动控制系统的接地应采用共用接地系统。接地干线应采用铜芯绝缘线，并宜穿管敷设接至本楼层或就近的等电位接地端子板。

【条文解析】

火灾自动报警及消防联动控制系统的信号电缆、电源线、控制线均应在设备侧装设适配的 SPD。

5.5.6 有线电视系统的防雷与接地应符合下列规定：

1 进、出有线电视系统前端机房的金属芯信号传输线宜在入、出口处安装适配的浪涌保护器。

2 有线电视网络前端机房内应设置局部等电位接地端子板，并采用截面积不小于 $25mm^2$ 的铜芯导线与楼层接地端子板相连。机房内电子设备的金属外壳、线缆金属屏蔽层、浪涌保护器的接地以及 PE 线都应接至局部等电位接地端子板上。

3 有线电视信号传输线路宜根据其干线放大器的工作频率范围、接口形式以及是否需要供电电源等要求，选用电压驻波比和插入损耗小的适配的浪涌保护器。地处多雷区、强雷区的用户端的终端放大器应设置浪涌保护器。

4 有线电视信号传输网络的光缆、同轴电缆的承重钢绞线在建筑物入户处应进行等电位连接并接地。光缆内的金属加强芯及金属护层均应良好接地。

【条文解析】

有线电视系统室外的 SPD 应采用截面积不小于 $16mm^2$ 的多股铜线接地。信号电缆吊线的钢绞绳分段敷设时，在分段处将前、后段连接起来，接头处应作防腐处理，吊线钢绞绳两端均应接地。

《住宅建筑电气设计规范》JGJ 242—2011

10.3.2 住宅建筑套内下列电气装置的外露可导电部分均应可靠接地：

1 固定家用电器、手持式及移动式家用电器的金属外壳；

2 家居配电箱、家居配线箱、家居控制器的金属外壳；

3 线缆的金属保护导管、接线盒及终端盒；

4 I 类照明灯具的金属外壳。

【条文解析】

家用电器外露可导电部分均可靠接地是为了保障人身安全。目前家用电器，如空调器、冰箱、洗衣机、微波炉等，产品的电源插头均带保护极，将带保护极的电源插头插入带保护极的电源插座里，家用电器外露可导电部分视为可靠接地。

采用安全电源供电的家用电器其外露可导电部分可不接地，如笔记本电脑、电动剃须刀等，因产品自带变压器，将电压已经转换成了安全电压，对人身不会造成伤害。

《交通建筑电气设计规范》JGJ 243—2011

9.2.1 交通建筑外部防雷设计，应根据其使用性质和重要性、发生雷电事故的可能性及造成后果的严重性，分别按第二类防雷建筑和第三类防雷建筑进行设计，并应符合下列规定。

1 符合下列情况之一的建筑物，应按第二类防雷建筑进行设计：

1）特大型、大型铁路旅客车站、国境站；Ⅲ类及以上民用机场航站楼；国际性港口客运站；

2）年预计雷击次数大于 0.05 的国家、省、直辖市级交通建筑及其他重要或人员密集的公共交通建筑。

2 年预计雷击次数大于或等于 0.01 且小于或等于 0.05 的交通建筑物，应按不低于第三类防雷建筑进行设计。

3 历史上雷害事故严重的地区或通过调查确认雷电活动频繁的地区，国家、省、直辖市级较重要的交通建筑物，设计时可适当提高其防雷保护类别。

【条文解析】

交通建筑物防雷分类，参照民用建筑物进行防雷分类，按照国家标准规定，民用建筑物的防雷应划分为第二类或第三类防雷，交通建筑物也划分为第二类或第三类防雷。

9.2.3 对于具有永久性金属屋面的交通建筑，当金属屋面板符合防雷相关要求时，应利用其屋面作为接闪器。

【条文解析】

交通建筑往往体量很大，且大型屋面通常选用金属屋面，因此常会碰到如何选用金属屋面进行防雷的问题。通常具有永久性金属屋面的交通建筑物符合下列要求时，应利用其屋面作为接闪器：

1）屋面金属板之间应具有永久的贯通连接。

2）当屋面金属板需要防雷击穿孔时，钢板厚度不应小于 4mm，铜板厚度不应小于 5mm，铝板厚度不应小于 7mm。

3）当屋面金属板不需要防雷击穿孔而且金属板下面无易燃物品时，钢板厚度不应小于 0.5mm，铜板厚度不应小于 0.5mm，铝板厚度不应小于 0.65mm。

4）金属板应无绝缘包覆层。

9.2.4 为减少雷击电磁脉冲的干扰，在交通建筑和被保护房间的外部宜采取机房屏蔽、线路屏蔽及合理选择敷设线路路径和接地等措施，并应符合国家现行有关标准的规定。

【条文解析】

建筑物及结构的自然屏蔽、机房屏蔽、线路屏蔽、线路路径的合理选择及敷设都是电子信息系统防雷击电磁脉冲的最有效的措施。

为了改善电子信息系统的电磁环境，减少间接雷击及建筑物本身遭受的直接雷击造成的电磁感应侵害，电子信息系统的设备主机房应避免设在建筑物的高层，并应尽量远离建筑物外墙结构柱，因为建筑物易受雷击的部位主要是屋角，而且建筑外墙结构柱内的主钢筋多会被利用作为防雷引下线；根据电子信息设备的重要程度，电子信息系统设备机房宜设置在 LPZ2 和 LPZ3 区域。

另外，屏蔽是减少电磁干扰的基本措施，合理的屏蔽和布线路径能使线路中预期的最大感应电压和能量的计算结果趋于零，达到较好的防雷击电磁脉冲的效果。

为了降低线路受到的感应过电压和电磁干扰的影响，应注意采取合理的布线和接地措施。电子信息系统线缆与电力系统线缆及电气设备间，应避免过近或采取适当隔离（保持间距或采取屏蔽措施），应避免电子信息系统的电源线和信号线受电力系统设备电源线的工频电流或谐波电流电磁辐射的干扰，并在交叉点采取直角交叉跨越。

9.2.5 交通建筑内部电子信息系统的雷电防护等级，应根据建筑物内设置的防雷装置对雷电电磁脉冲的拦截效率，依次划分为 A、B、C、D 四个等级，并应符合现行国家标准《建筑物电子信息系统防雷技术规范》GB 50343 的有关规定。

【条文解析】

确定雷电防护等级是电子信息系统防雷电电磁脉冲工程设计的重要依据，雷电防护等级是依据对工程所处地区的雷电环境进行风险评估或按信息系统的重要性和使用性质确定的。为了使电子信息系统的雷电电磁脉冲防护做到安全、经济和适用，确定电子信息系统的雷电防护等级非常重要。

9.2.6 交通建筑应根据自身特点设置相应的等电位联结措施，并应符合国家现行有关标准的规定。

【条文解析】

等电位联结是保护操作及维修人员人身安全的重要措施之一，也是减少设备与设备间、不同系统间危险电位差的重要措施。

4.6 电气工程施工质量

4.6.1 供电系统

《建筑电气工程施工质量验收规范（2012版）》GB 50303—2002

3.1.7 接地（PE）或接零（PEN）支线必须单独与接地（PE）或接零（PEN）干线相连接，不得串联连接。

【条文解析】

电气设备或导管等可接近裸露导体的接地（PE）或接零（PEN）可靠是防止电击伤害的主要手段。关于干线与支线的区别如图4-1所示。

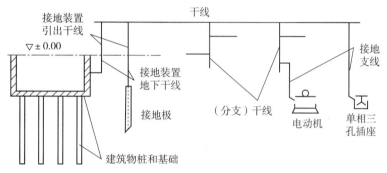

图4-1　干线与支线的区别

从图4-1可知，干线是在施工设计时，依据整个单位工程使用寿命和功能来布置选择的，它的连接通常具有不可拆卸性，如熔焊连接，只有在整个供电系统进行技术改造时，干线包括分支干线才有可能更换敷设位置和相互连接处的位置，所以说干线本身始终处于良好的电气导通状态。而支线是指由干线引向某个电气设备、器具（如电动机、单机三孔插座等）及其他须接地或接零单独个体的接地线，通常用可拆卸的螺栓连接；这些设备、器具及其他须接地或接零的单独个体在使用中往往由于维修、更换等种种原因须临时或永久地拆除，若它们的接地支线彼此间是相互串联连接，只要拆除中间一件，则与干线相连方向相反的另一侧所有电气设备、器具及其他须接地或接零的单独个体全部失去电击保护，这显然不允许，是严禁发生的，所以支线不能串联连接。

3.1.8 高压的电气设备和布线系统及继电保护系统的交接试验，必须符合现行国家标准《电气装置安装工程电气设备交接试验标准》GB 50150的规定。

【条文解析】

高压的电气设备和布线系统及继电保护系统，在建筑电气工程中，是电网电力供应的高压终端，在投入运行前必须做交接试验，试验标准统一按现行国家标准《电气装置安装工程电气设备交接试验标准》GB 50150 执行。

4.1.3 变压器中性点应与接地装置引出干线直接连接，接地装置的接地电阻值必须符合设计要求。

【条文解析】

变压器的中性点即变压器低压侧三相四线输出的中性点（N 端子）。为了用电安全，建筑电气设计选用中性点（N）接地的系统，并规定与其相连的接地装置接地电阻最大值，施工后实测值不允许超过规定值。由接地装置引出的干线以最近距离直接与变压器中性点（N 端子）可靠连接，以确保低压供电系统可靠、安全地运行。

24.1.2 测试接地装置的接地电阻值必须符合设计要求。

【条文解析】

由于建筑物性质不同，建筑物内的建筑设备种类不同，对接地装置的设置和接地电阻值的要求也不同，所以施工设计要给出接地电阻值数据，施工结束要检测。检测结果必须符合要求，若不符合应由原设计单位提出措施，进行完善后再经检测，直至符合要求为止。

4.6.2 发电机组与自备电源安装

《建筑电气工程施工质量验收规范（2012 版）》GB 50303—2002

8.1.3 柴油发电机馈电线路连接后，两端的相序必须与原供电系统的相序一致。

【条文解析】

核相是两个电源向同一供电系统供电的必经手续，虽然不出现并列运行，但相序一致才能确保用电设备的性能和安全。

9.1.4 不间断电源输出端的中性线（N 极），必须与由接地装置直接引来的接地干线相连接，做重复接地。

【条文解析】

不间断电源输出端的中性线（N 极）通过接地装置引入干线做重复接地，有利于遏制中心点漂移，使三相电压均衡度提高。同时，当引向不间断电源供电侧的中性线意外断开时，可确保不间断电源输出端不会引起电压升高而损坏由其供电的重要用电设备，以保证整幢建筑物的安全使用。

4.6.3 配电系统

《建筑电气工程施工质量验收规范（2012版）》GB 50303—2002

11.1.1 绝缘子的底座、套管的法兰、保护网（罩）及母线支架等可接近裸露导体应接地（PE）或接零（PEN）可靠。不应作为接地（PE）或接零（PEN）的接续导体。

【条文解析】

母线是供电主干线，凡与其相关的可接近的裸露导体要接地或接零的理由主要是：发生漏电可导入接地装置，确保接触电压不危及人身安全，同时也给具有保护或信号的控制回路正确发出信号提供可能。为防止接地或接零支线线间的串联连接，规定不能作为接地或接零的中间导体。

12.1.1 金属电缆桥架及其支架和引入或引出的金属电缆导管必须接地（PE）或接零（PEN）可靠，且必须符合下列规定：

1　金属电缆桥架及其支架全长应不少于2处与接地（PE）或接零（PEN）干线相连接；

2　非镀锌电缆桥架间连接板的两端跨接铜芯接地线，接地线最小允许截面积不小于4mm²；

3　镀锌电缆桥架间连接板的两端不跨接接地线，但连接板两端不少于2个有防松螺帽或防松垫圈的连接固定螺栓。

【条文解析】

建筑电气工程中的电缆桥架均为钢制产品，较少采用在工业工程中为了防腐蚀而使用的非金属桥架或铝合金桥架。所以，其接地或接零至关重要，目的是保证供电干线电路的使用安全。有的施工设计在桥架内底部全线敷设一根铜或镀锌扁钢制成的保护地线（PE），且与桥架每段有数个电气连通点，则桥架的接地或接零保护十分可靠，因而验收时可不做本条2、3款的检查。

13.1.1 金属电缆支架、电缆导管必须接地（PE）或接零（PEN）可靠。

【条文解析】

本条是根据电气装置的可接近的裸露导体均应接地或接零这一原则提出的，目的是保护人身安全和供电安全，如整个建筑物要求等电位联结，更毋庸置疑，要接地或接零。

14.1.2 金属导管严禁对口熔焊连接；镀锌和壁厚小于等于2mm的钢导管不得套管熔焊连接。

【条文解析】

熔焊连接在技术上会产生导管烧穿，内壁结瘤形成毛刺或刀口，使穿入电线电缆时损坏电线电缆的绝缘护层。管壁烧穿现象易产生小孔，使埋入现浇混凝土中的钢导管渗入水泥浆水而堵塞。

熔焊连接在经济上也不可取，若要确保熔焊连接后焊缝符合焊接规范要求内壁光滑平整，则要使用高素质焊工采用气体保护焊方法，并进行焊缝破坏性抽验，这样，费工费时不可取。

设计采用镀锌钢导管保护电线电缆，目的是抗锈蚀性能好、使用寿命长，施工中不应破坏导管壁内、外表面的锌保护层。

15.1.1 三相或单相的交流单芯电缆，不得单独穿于钢导管内。

【条文解析】

本条是为了防止产生涡流效应必须遵守的规定。

4.6.4 用电设备与灯具

《建筑电气工程施工质量验收规范（2012 版）》GB 50303—2002

7.1.1 电动机、电加热器及电动执行机构的可接近裸露导体必须接地（PE）或接零（PEN）。

【条文解析】

建筑电气的低压动力工程采用何种供电系统，由设计选定，但可接近的裸露导体必须接地或接零，以确保使用安全。

19.1.2 花灯吊钩圆钢直径不应小于灯具挂销直径，且不应小于 6mm。大型花灯的固定及悬吊装置，应按灯具重量的 2 倍做过载试验。

【条文解析】

固定灯具的吊钩与灯具一致，是等强度概念。若直径小于 6mm，吊钩易受意外拉力而变直、发生灯具坠落现象，故规定此下限。大型灯具的固定及悬吊装置由施工设计经计算后出图预埋安装，为检验其牢固程度是否符合图纸要求，应做过载试验，同样是为了使用安全。

19.1.6 当灯具距地面高度小于 2.4m 时，灯具的可接近裸露导体必须接地（PE）或接零（PEN）可靠，并应有专用接地螺栓，且有标识。

【条文解析】

据统计，人站立时平均伸臂范围最高处约可达 2.4m，也即可能碰到可接近的裸露导体的高限，故而当灯具安装高度距地面小于 2.4m 时，其可接近的裸露导体必须接地或接零，以确保人身安全。

21.1.3 建筑物景观照明灯具安装应符合下列规定：

1 每套灯具的导电部分对地绝缘电阻值大于 2MΩ；

2 在人行道等人员来往密集场所安装的落地式灯具，无围栏防护，安装高度距地面 2.5m 以上；

3 金属构架和灯具的可接近裸露导体及金属软管的接地（PE）或接零（PEN）可靠，且有标识。

【条文解析】

随着城市美化，建筑物立面反射灯应用众多，有的由于位置关系，灯架安装在人员来往密集的场所或易被人接触的位置，因而要有严格的防灼伤和防触电的措施。

22.1.2 插座接线应符合下列规定：

1 单相两孔插座，面对插座的右孔或上孔与相线连接，左孔或下孔与零线连接；单相三孔插座，面对插座的右孔与相线连接，左孔与零线连接；

2 单相三孔、三相四孔及三相五孔插座的接地（PE）或接零（PEN）线接在上孔。插座的接地端子不与零线端子连接，同一场所的三相插座，接线的相序一致。

3 接地（PE）或接零（PEN）线在插座间不串联连接。

【条文解析】

为了统一接线位置，确保用电安全，尤其三相五线制在建筑电气工程中较普遍地得到推广应用，零线和保护地线不能混同，除在变压器中性点可互连外，其余各处均不能相互连通，在插座的接线位置要严格区分，否则有可能导致线路工作不正常和危及人身安全。

5 卫浴设备

5.1 一般要求

《民用建筑设计通则》GB 50352—2005

6.5.1 厕所、盥洗室、浴室应符合下列规定:

1 建筑物的厕所、盥洗室、浴室不应直接布置在餐厅、食品加工、食品贮存、医药、医疗、变配电等有严格卫生要求或防水、防潮要求用房的上层;除本套住宅外,住宅卫生间不应直接布置在下层的卧室、起居室、厨房和餐厅的上层;

2 卫生设备配置的数量应符合专用建筑设计规范的规定,在公用厕所男女厕位的比例中,应适当加大女厕位比例;

3 卫生用房宜有天然采光和不向邻室对流的自然通风,无直接自然通风和严寒及寒冷地区用房宜设自然通风道;当自然通风不能满足通风换气要求时,应采用机械通风;

4 楼地面、楼地面沟槽、管道穿楼板及楼板接墙面处应严密防水、防渗漏;

5 楼地面、墙面或墙裙的面层应采用不吸水、不吸污、耐腐蚀、易清洗的材料;

6 楼地面应防滑,楼地面标高宜略低于走道标高,并应有坡度坡向地漏或水沟;

7 室内上下水管和浴室顶棚应防冷凝水下滴,浴室热水管应防止烫人;

8 公用男女厕所宜分设前室,或有遮挡措施;

9 公用厕所宜设置独立的清洁间。

【条文解析】

本条是对建筑物的公用厕所、盥洗室、浴室及住宅卫生间作出的规定。卫生用房的地面防水层,因施工质量差而发生漏水的现象十分普遍,这些规定对于保证其使用功能和卫生条件是必要的。

6.5.2 厕所和浴室隔间的平面尺寸不应小于表 6.5.2 的规定。

表 6.5.2 厕所和浴室隔间平面尺寸

类别	平面尺寸（宽度 m×深度 m）
外开门的厕所隔间	0.90×1.20
内开门的厕所隔间	0.90×1.40
医院患者专用厕所隔间	1.10×1.40
无障碍厕所隔间	1.40×1.80（改建用 1.00×2.00）
外开门淋浴隔间	1.00×1.20
内设更衣凳的淋浴隔间	1.00×（1.00+0.60）
无障碍专用浴室隔间	盆浴（门扇向外开启）2.00×2.25 淋浴（门扇向外开启）1.50×2.35

【条文解析】

本条规定了厕所和浴室隔间的低限尺寸，关于浴厕隔间的平面尺寸，在各地设计实践和标准设计中，一般厕所隔间为 0.9m×1.20（1.40）m，淋浴隔间为 1.00（1.10）m×1.20m。根据选用和建立通用产品标准的原则，表 6.5.2 规定了隔间平面尺寸，考虑了人的使用空间及卫生设备的安装、维护。

6.5.3 卫生设备间距应符合下列规定：

1 洗脸盆或盥洗槽水嘴中心与侧墙面净距不宜小于 0.55m；

2 并列洗脸盆或盥洗槽水嘴中心间距不应小于 0.70m；

3 单侧并列洗脸盆或盥洗槽外沿至对面墙的净距不应小于 1.25m；

4 双侧并列洗脸盆或盥洗槽外沿之间的净距不应小于 1.80m；

5 浴盆长边至对面墙面的净距不应小于 0.65m；无障碍盆浴间短边净宽度不应小于 2m；

6 并列小便器的中心距离不应小于 0.65m；

7 单侧厕所隔间至对面墙面的净距：当采用内开门时，不应小于 1.10m；当采用外开门时不应小于 1.30m；双侧厕所隔间之间的净距：当采用内开门时，不应小于 1.10m；当采用外开门时不应小于 1.30m；

8 单侧厕所隔间至对面小便器或小便槽外沿的净距：当采用内开门时，不应小于 1.10m；当采用外开门时，不应小于 1.30m。

【条文解析】

各款规定依据如下：

第1款 考虑靠侧墙的洗脸盆旁留有下水管位置或靠墙活动无障碍距离；

第2款 弯腰洗脸左右尺寸所需；

第3款 一人弯腰洗脸，一人捧洗脸盆通过所需；

第4款 二人弯腰洗脸，一人捧洗脸盆通过所需；

第7款 门内开时两人可同时通过；门外开时，一边开门另一人通过，或两边门同时外开，均留有安全间隙；双侧内开门隔间在4.20m开间中能布置，外开门在3.90m开间中能布置；

第8款 此外沿指小便器的外边缘或小便槽踏步的外边缘。内开门时两人可同时通过，均能在3.60m开间中布置。

《城市公共厕所设计标准》CJJ 14—2005

3.1.8 公共厕所应适当增加女厕的建筑面积和厕位数量。厕所男蹲（坐、站）位与女蹲（坐）位的比例宜为1∶1~2∶3。独立式公共厕所宜为1∶1，商业区域内公共厕所宜为2∶3。

【条文解析】

根据女性上厕时间长、占用空间大的特点，增加了女厕的建筑面积和蹲（坐）位数。厕所男蹲（坐、站）位与女蹲（坐）位的比例以1∶1~2∶3为宜。独立式公共厕所以1∶1为宜，商业区以2∶3为宜。

3.4.2 公共厕所卫生洁具的使用空间应符合表3.4.2的规定。

表3.4.2 常用卫生洁具平面尺寸和使用空间

洁具	平面尺寸（mm）	使用空间（宽×进深 mm）
洗手盆	500×400	800×600
坐便器（低位、整体水箱）	700×500	800×600
蹲便器	800×500	800×600
卫生间便盆（靠墙式或悬挂式）	600×400	800×600
碗型小便器	400×400	700×500
水槽（桶/清洁工用）	500×400	800×800
擦手器（电动或毛巾）	400×300	650×600

注：使用空间是指除了洁具占用的空间，使用者在使用时所需空间及日常清洁和维护所需空间。使用空间与洁具尺寸是相互联系的。洁具的尺寸将决定使用空间的位置。

【条文解析】

表 3.4.2 中列出了有代表性的卫生洁具的平面尺寸和使用空间。洁具平面尺寸应根据设计实际使用的洁具的尺寸进行调整。洁具的使用空间应按表 3.4.2 的规定执行。

5.2　设置要求

5.2.1　办公建筑

《办公建筑设计规范》JGJ 67—2006

4.3.6　公用厕所应符合下列要求：

1　对外的公用厕所应设供残疾人使用的专用设施；

2　距离最远工作点不应大于 50m；

3　应设前室；公用厕所的门不宜直接开向办公用房、门厅、电梯厅等主要公共空间；

4　宜有天然采光、通风；条件不允许时，应有机械通风措施；

5　卫生洁具数量应符合现行行业标准《城市公共厕所设计标准》CJJ 14—2005 的规定。

注：1. 每间厕所大便器三具以上者，其中一具宜设坐式大便器；

　　2. 设有大会议室（厅）的楼层应相应增加厕位。

【条文解析】

第 3 款　公用厕所应设前室，除设置洗手盆供盥洗外，还能使厕所不致直接暴露在外，阻挡视线和臭气外溢。有些男女厕所在入口处有一缓冲间（与走道等有一个过渡小间），在此情况下，也可以不设前室而把洗手盆与厕所合设一间。

第 5 款　根据一些单位反映，年龄大的职工上厕所使用蹲坑较为困难，所以提出三只大便器以上者，其中一只宜设为坐式大便器（或按适当比例配备）。如有些地区不习惯使用坐式大便器也可不设。

《城市公共厕所设计标准》CJJ 14—2005

3.2.7　办公、商场、工厂和其他公用建筑为职工配置的卫生设施数量的确定应符合表 3.2.7 的规定。

表3.2.7　办公、商场、工厂和其他公用建筑为职工配置的卫生设施

适合任何种类职工使用的卫生设施：

数量（人）	大便器数量	洗手盆数量
1~5	1	1
6~25	2	2
26~50	3	3
51~75	4	4
76~100	5	5
＞100	增建卫生间的数量或按每25人的比例增加设施	

其中男职工的卫生设施

男性人数	大便器	小便器
1~15	1	1
16~30	2	1
31~45	2	2
46~60	3	2
61~75	3	3
76~90	4	3
91~100	4	4
＞100	增建卫生间的数量或按每50人的比例增加设施	

注：1. 洗手盆设置：50人以下，每10人配1个，50人以上每增加20人增配1个；

　　2. 男女性别的厕所必需各设1个；

　　3. 无障碍厕所应符合本标准第7章的规定；

　　4. 该表卫生设施的配置适合任何种类职工使用；

　　5. 该表如考虑外部人员使用，应按多少人可能使用一次的概率来计算。

【条文解析】

对内外共用的附属厕所应按照内外不同的人数分别计算对卫生设施的需求量，不能按同一方法进行计算。这是因为内部职工按一天使用多次来计算，而外部人员按多少人可能使用一次的概率来计算。二者的参数有极大的差异。

5.2.2 住宅建筑

《住宅建筑规范》GB 50368—2005

5.1.3　卫生间不应直接布置在下层住户的卧室、起居室（厅）、厨房、餐厅的上层。卫生间地面和局部墙面应有防水构造。

【条文解析】

在近年房地产开发建设期间，开发单位常常要求设计者进行局部平面调整，此时如果忽视本规定，常会引起住户的不满和投诉。本条要求进一步严格区别套内外的界限。

5.1.4　卫生间应设置便器、洗浴器、洗面器等设施或预留位置；布置便器的卫生间的门不应直接开在厨房内。

【条文解析】

要求卫生间应设置相应的设施或预留位置。当设置设施或预留位置时，应保证其位置和尺寸准确，并与给水排水系统可靠连接。为了保证家庭饮食卫生，要求布置便器的卫生间的门不直接开在厨房内。

《住宅设计规范》GB 50096—2011

5.4.1　每套住宅应设卫生间，至少应配置便器、洗浴器、洗面器三件卫生设备或为其预留位置。三件卫生设备集中配置的卫生间的使用面积不应小于2.50m²。

【条文解析】

本条仅规定了每套住宅应配置的卫生设备的种类和件数，强调至少应配置便器、洗浴器、洗面器三件卫生设备或为其预留设置位置及条件，以保证基本生活需求。

5.4.2　卫生间可根据使用功能要求组合不同的设备。不同组合的空间使用面积不应小于下列规定：

1　设便器、洗面器的为1.80m²；

2　设便器、洗浴器的为2.00m²；

3　设洗面器、洗浴器的为2.00m²；

4　设洗面器、洗衣机的为1.80m²；

5　单设便器的为1.10m²。

【条文解析】

本条规定了卫生设备分室设置时几种典型设备组合的最小使用面积。卫生间设计时除应符合本条规定外，还应符合本规范5.4.1条对每套住宅卫生设备种类和件数的规定。

5.4.3　无前室的卫生间的门不应直接开向起居室（厅）或厨房。

【条文解析】

无前室的卫生间，其门直接开向厅或厨房的这种布置方法问题突出，诸如"交通干扰""视线干扰""不卫生"等，本条规定要求杜绝出现这种设计。

5.4.4　卫生间不应直接布置在下层住户的卧室、起居室（厅）、厨房和餐厅的上层。

【条文解析】

本条执行重点在建筑套型设计时应严格区别套内外的界限。在建设工程中，开发单位常常要求局部调整平面，此时设计者如果忽视本规定，将造成违规现象，引起住户的不满和投诉。

5.4.5 当卫生间布置在本套内的卧室、起居室（厅）、厨房和餐厅的上层时，均应有防水和便于检修的措施。

【条文解析】

在跃层住宅设计中允许将卫生间布置在本套内的卧室、起居室（厅）、厨房或餐厅的上层，尽管在使用上无可非议，对其他套型也毫无影响，但因布置了多种设备和管线，容易损坏或漏水，所以本条要求采取防水和便于检修的措施，减少或消除对下层功能空间的不良影响。

5.4.6 套内应设置洗衣机的位置。

【条文解析】

洗衣为基本生活需求，洗衣机是普遍使用的家用设备，属于卫生设备，通常设置在卫生间内。但是在实际使用中，有时设置在阳台、厨房、过道等位置。本条文强调，在住宅设计时，应明确设计出洗衣机的位置及专用给水排水接口和电源插座等。

5.2.3 体育建筑

《体育建筑设计规范》JGJ 31—2003

4.4.4 竞赛管理用房应符合下列要求：

2 竞赛管理用房最低标准应符合表4.4.4-1和表4.4.4-2的规定。

表 4.4.4-1 竞赛管理用房标准（一）

等级	组委会	管理人员办公	会议	仲裁录放	编辑打字	复印
特级	不少于10间，约20m²/间	不少于10间，约15m²/间	3~4间，约20~40m²/间	20~30m²	20~30m²	20~30m²
甲级	不少于5间，约20m²/间	不少于5间，约15m²/间	2间，大40m²，小20m²			
乙级	不少于5间，约15m²/间		30~40m²	15m²	15m²	15m²
丙级	不少于5间，约15m²/间		20~30m²		15m²	

表 4.4.4-2　竞赛管理用房标准（二）

等级	数据处理			竞赛指挥室	裁判员休息室			赛后控制中心	
	电脑室	前室	更衣		更衣室	厕所	淋浴	男	女
特级	140m²	8m²	10m²	20m²	2套，每套不少于40m²			20m²	20m²
甲级	100m²	8m²	10m²		2套，每套不少于40m²				
乙级	60m²	5m²	8m²	10m²	2套，每套不少于40m²			20m²	
丙级	临时设置				2间，每间10m²		无	无	

【条文解析】

本条规定了作为比赛设施时，在竞赛管理用房方面的基本要求，由于比赛的规模和特点不同，在面积和内容上也会有所差别。

5.8.6　室内田径练习馆还应符合以下要求：

6　训练馆应附有厕所、更衣、淋浴、库房等附属设施。

【条文解析】

本条规定练习馆在建筑设计中一些需要注意的问题。

6.4.3　训练房除应根据设施级别、使用对象、训练项目等合理决定场地大小、高度、地面材料和使用方式，并应符合下列要求：

5　训练房应附有必需的厕所、更衣、淋浴、库房等附属设施，根据需要设置按摩室等。

【条文解析】

本条提出训练房在建筑设计中应注意的一些细节问题。

7.3.1　辅助用房与设施应符合以下要求：

1　应设有淋浴、更衣和厕所用房，其设置应满足比赛时和平时的综合利用，淋浴数目不应小于表 7.3.1 的规定。

表 7.3.1　淋浴数目

使用人数	性别	淋浴数目
100 人以下	男	1 个/20 人
	女	1 个/15 人
100～300 人	男	1 个/25 人
	女	1 个/20 人
300 人以上	男	1 个/30 人
	女	1 个/25 人

【条文解析】

本条提出游泳设施在辅助设施方面的基本要求，在使用中应结合设施的等级、规模进行相应的调整。

10.1.10 体育场馆运动员和贵宾的卫生间以及场馆内的浴室应设热水供应装置或系统。淋浴热水的加热设备，当采用燃气加热器时，不得设于淋浴室内（平衡式燃气热水器除外），并应设置可靠的通风排气设备。根据需要可以适当设置水按摩池或浴盆。

【条文解析】

热水供应主要解决运动员淋浴等用水，水按摩池和浴盆是为了满足运动员训练后的恢复需要。

5.2.4 中小学校

《中小学校设计规范》GB 50099—2011

6.2.15 中小学校应采用水冲式卫生间。当设置旱厕时，应按学校专用无害化卫生厕所设计。

【条文解析】

无害化卫生厕所的设置技术进步很快，有的和沼气的利用相结合，有的采用大小便分离便器并烘干大便的措施，本规范不对其作出技术性规定，详见相关标准的规定。

作为中小学校，科学课、实验课等许多必修课程必须有给水排水系统的保证，有些学校因缺少必要的市政条件而无法提供水冲式卫生间的情况应该是暂时现象。

5.2.5 电影院、剧场

《电影院建筑设计规范》JGJ 58—2008

4.5.5 员工用房应符合下列规定：

1 员工用房宜包括行政办公、会议、职工食堂、更衣室、厕所等用房，应根据电影院的实际需要设置。

【条文解析】

员工用房是电影院除了业务用房外，与其他部门联系最为频繁的房间。除了值班、保卫工作用房外，都不宜设置在观众活动的交通线上。为了联系方便，行政用房宜设置在底层或占电影院一角，单独设门，方便管理人员出入。

《城市公共厕所设计标准》CJJ 14—2005

3.2.4 体育场馆、展览馆、影剧院、音乐厅等公共文体活动场所公共厕所卫生设施数量的确定应符合表 3.2.4 的规定。

表 3.2.4 公共文体活动场所配置的卫生设施

设施	男	女
大便器	影院、剧场、音乐厅和相似活动的附属场所，250 人以下设 1 个，每增加 1~500 人增设 1 个	影院、剧场、音乐厅和相似活动的附属场所： 不超过 40 人的设 1 个 41~70 人设 3 个 71~100 人设 4 个 每增 1~40 人增设 1 个
小便器	影院、剧场、音乐厅和相似活动的附属场所，100 人以下设 2 个，每增加 1~80 人增设 1 个	无
洗手盆	每 1 个大便器 1 个，每 1~5 个小便器增设 1 个	每 1 个大便器 1 个，每增 2 个大便器增设 1 个
清洁池	不少于 1 个，用于保洁	

注：1. 上述设置按男女各为 50%计算，若男女比例有变化应进行调整；

2. 若附有其他服务设施内容（如餐饮等），应按相应内容增加配置；

3. 公共娱乐建筑、体育场馆和展览馆无障碍卫生设施配置应符合本标准第 7 章的规定；

4. 有人员聚集场所的广场内，应增建馆外人员使用的附属或独立厕所。

【条文解析】

体育场馆、展览馆、影剧院、音乐厅等公共文体活动场所公共厕所卫生设施数量配置也是按照服务人数来进行的。

《剧场建筑设计规范》JGJ 57—2000

4.0.6 剧场应设观众使用的厕所，厕所应设前室。厕所门不得开向观众厅。男女厕所厕位数比率为 1:1，卫生器具应符合下列规定：

1 男厕：应按每 100 座设一个大便器，每 40 座设一个小便器或 0.60m 长小便槽，每 150 座设一个洗手盆；

2 女厕：应按每 25 座设一个大便器，每 150 座设一个洗手盆；

3 男女厕均应设残疾人专用蹲位。

【条文解析】

各等剧场都应设置厕所。设在主体建筑内时一般放在观众厅的两侧。为避免污秽气息逸入观众厅，规定厕所门不得开向观众厅。新建的较大型剧场往往将厕所设置在前厅下面。

7.1.6 盥洗室、浴室、厕所不应靠近主台，并应符合下列规定：

1 盥洗室洗脸盆应按每6~10人设一个；

2 淋浴室喷头应按每6~10人设一个；

3 后台每层均应设男、女厕所。男大便器每10~15人设一个，男小便器每7~15人设一个，女大便器每10~12人设一个。

【条文解析】

本条规定是为了避免上下水阀门、水箱器械发出的噪声对舞台演出造成干扰。

5.2.6 铁路旅客车站

《铁路旅客车站建筑设计规范（2011年版）》GB 50226—2007

5.7.1 旅客站房应设厕所和盥洗间。

5.7.2 旅客站房厕所和盥洗间的设计应符合下列规定：

1 设置位置明显，标志易于识别。

2 厕位数宜按最高聚集人数或高峰小时发送量2个/100人确定，男女人数比例应按1：1、厕位按1：1.5确定，且男、女厕所大便器数量均不应少于2个，男厕应布置与大便器数量相同的小便器。

3 厕位间应设隔板和挂钩。

4 男女厕所宜分设盥洗间，盥洗间应设面镜，水龙头应采用卫生、节水型，数量宜按最高聚集人数或高峰小时发送量1个/150人设置，并不得少于2个。

5 候车室内最远地点距厕所距离不宜大于50m。

6 厕所应有采光和良好通风。

7 厕所或盥洗间应设污水池。

【条文解析】

厕所、盥洗间设计。

根据对部分已建成车站厕所的调查，有的车站厕所的设置数量不足，男女厕位比例不当。本次修订将旅客男女人数比例修改为1：1，厕位比例修改为1：1.5，当按最高聚集人数或高峰小时发送量设置厕所时，2个/100人可以满足使用要求。

5.7.3 特大型、大型站的厕所应分散布置。

【条文解析】

大型站使用面积较大，旅客分散，流线复杂，如果集中设置过大的厕所，因服务半径不合理，达不到方便旅客的要求，而且在卫生、管理等方面都有所不便。所以，特大型、大型旅客车站的厕所应酌情合理分散设置。

《城市公共厕所设计标准》CJJ 14—2005

3.2.6 机场、火车站、公共汽（电）车和长途汽车始末站、地下铁道的车站、城市轻轨车站、交通枢纽站、高速路休息区、综合性服务楼和服务性单位公共厕所卫生设施数量的确定应符合表 3.2.6 的规定。

表 3.2.6 机场、（火）车站、综合性服务楼和服务性单位为顾客配置的卫生设施

设施	男	女
大便器	每 1~150 人配 1 个	1~12 人配 1 个；13~30 人配 2 个；30 人以上，每增加 1~25 人增设 1 个
小便器	75 人以下配 2 个；75 人以上每增加 1~75 人增设 1 个	无
洗手盆	每个大便器配 1 个，每 1~5 个小便器增设 1 个	每 2 个大便器配 1 个
清洁池	至少配 1 个，用于清洗设施和地面	

注：1. 为职工提供的卫生间设施应按本标准第 3.2.7 条的规定取值；

2. 机场、（火）车站、综合性服务楼和服务性单位无障碍卫生间要求应符合本标准第 7 章的规定；

3. 综合性服务楼设饭馆的，饭馆的卫生设施应按本标准第 3.2.3 条的规定取值；

4. 综合性服务楼设音乐、歌舞厅的，音乐、歌舞厅内部卫生设施应按本标准第 3.2.4 条的规定取值。

【条文解析】

机场、火车站、公汽和长途汽车始末站、地下铁道的车站、城市轻轨车站、交通枢纽站、高速路休息区、综合性服务楼和服务性单位公共厕所卫生设施数量配置应根据服务人数来进行。

5.2.7 旅馆建筑

《城市公共厕所设计标准》CJJ 14—2005

3.2.5 饭店（宾馆）公共厕所卫生设施数量的确定应符合表 3.2.5 的规定。

表 3.2.5　饭店（宾馆）为顾客配置的卫生设施

招待类型	设备（设施）	数量	要求
附有整套卫生 设施的饭店	整套卫生设施	每套客房1套	含澡盆（淋浴），坐便器和洗手盆
	公用卫生间	男女各1套	设置底层大厅附近
	职工洗澡间	每9名职员配1个	
	清洁池	每30个客房1个	每层至少1个
不带卫生套间 的饭店和客房	大便器	每9人1个	
	公用卫生间	男女各1套	设置底层大厅附近
	洗澡间	每9位客人1个	含浴盆（淋浴）、洗手盆和大便器
	清洁池	每层1个	

【条文解析】

饭店、宾馆公共厕所卫生设施数量配置应按客房数量来进行。

5.2.8　商业建筑

《城市公共厕所设计标准》CJJ 14—2005

3.2.2　商场、超市和商业街公共厕所卫生设施数量的确定应符合表3.2.2的规定。

表 3.2.2　商场、超市和商业街为顾客服务的卫生设施

商店购物面积（m²）	设施	男	女
1000~2000	大便器	1	2
	小便器	1	—
	洗手盆	1	1
	无障碍卫生间	1	
2001~4000	大便器	1	4
	小便器	2	—
	洗手盆	2	4
	无障碍卫生间	1	
≥4000	按照购物场所面积成比例增加		

注：1. 该表推荐顾客使用的卫生设施是对净购物面积1000m²以上的商场；

　　2. 该表假设男、女顾客各为50%，当接纳性别比例不同时应进行调整；

　　3. 商业街应按各商店的面积合并计算后，按上表比例配置；

　　4. 商场和商业街卫生设施的设置应符合本标准第5章的规定；

　　5. 商场和商业街无障碍卫生间的设置应符合本标准第7章的规定；

　　6. 商店带饭馆的设施配置应按本标准表3.2.3的规定取值。

【条文解析】

商场、超市和商业街公共厕所卫生设施应有一定的配置。根据国内外的经验，按面积进行卫生洁具的配置是一种有效的方法。

3.2.3 饭馆、咖啡店、小吃店、快餐店和茶艺馆公共厕所卫生设施的确定应符合表3.2.3的规定。

表3.2.3 饭馆、咖啡店、小吃店、茶艺馆、快餐店为顾客配置的卫生设施

设施	男	女
大便器	400人以下，每100人配1个；超过400人每增加250人增设1个	200人以下，每50人配1个，超过200人每增加250人增设1个
小便器	每50人1个	无
洗手盆	每个大便器配1个，每5个小便器增设1个	每个大便器配1个
清洗池	至少配1个	

注：1. 一般情况下，男、女顾客按各为50%考虑；

　　2. 有关无障碍卫生间的设置应符合本标准第7章的规定。

【条文解析】

饭馆、咖啡店、小吃店、快餐店公共厕所卫生设施的数量配置是按照服务人数来确定的。

5.2.9 图书馆

《图书馆建筑设计规范》JGJ 38—1999

4.2.7 书库库区可设工作人员更衣室、清洁室和专用厕所，但不得设在书库内。

【条文解析】

书库与出纳台之间可设置更衣室、厕所和清洁卫生间。有人担心会因此加长出纳台和书库之间的距离，认为基本书库与出纳台之间越近越好，但是基于出纳工作的特点，从关心人的角度出发，考虑上述要求还是非常必要的。

以开架阅览为主的馆舍，在开架阅览室的管理台附近设置工作室，既可做业务工作之用，又可兼顾工作人员更衣、存包和休息之用，很受欢迎。

书库内要求防水，除消火栓外，应避免设有生活、工作水源。为防止暖气漏水，有条件的馆舍可改为暖风采暖。

综上所述，厕所及卫生间不应设于库内，也不应面向库内开门。为了防止书库进

水，厕所及卫生间的地面应比同层书库地面降低 0.02~0.03m。

4.5.5 报告厅应符合下列规定：

1 300 座位以上规模的报告厅应与阅览区隔离，独立设置。建筑设计应符合有关厅堂设计规范的有关规定；

2 报告厅，宜设专用的休息处、接待处及厕所；

3 与阅览区毗邻独立设置时，应单独设出入口，避免人流对阅览区的干扰；

4 报告厅应满足幻灯、录像、电影、投影和扩声等使用功能的要求；

5 300 座以下规模的报告厅，厅堂使用面积每座位不应小于 $0.80m^2$，放映室的进深和面积应根据采用的机型确定。

【条文解析】

1）图书馆所设报告厅主要为了进行图书宣传、阅览辅导、举办各类学术活动之用。这类场所由于人员集中，电气线路多，不仅干扰大，而且安全条件也差。如设于馆舍内部，应和阅览区有一定的距离或进行分隔。设在楼层时，更应符合安全疏散的要求。经验证明，300 座的报告厅进行学术报告较为适用，使用、管理也灵活。另外，由于建筑空间不大，容易组织到馆舍当中。如果超过 300 座时，报告厅应和馆舍分开设置，避免给阅览区带来干扰。为了联系方便，可采用连廊相通，单设出入口和专用卫生间，便于单独对外开放。

2）报告厅的使用上应尽可能满足多种视听功能的演播要求，如扩音、放幻灯和书写投影、放映电影、电视和录像，必要时还应装设同声翻译设备。建筑设计应采取相应的设施和技术处理，从各方面满足声、像播放的质量要求。其中，放映室部分应符合放映工艺及《电影院建筑设计规范》JGJ 58 中有关规定。

3）300 座以下报告厅的厅堂使用面积参照《电影院建筑设计规范》JGJ 58 之规定每座不应小于 $0.80m^2$，放映室使用面积包括其机修间及专用厕所在内，建议不小于 $55.00m^2$。大于 300 座且单独设置的报告厅，每座平均使用面积建议不小于 $1.80m^2$。

4.5.7 公用和专用厕所宜分别设置。公共厕所卫生洁具按使用人数男女各半计算，并应符合下列规定：

1 成人男厕按每 60 人设大便器一具，每 30 人设小便斗一具；

2 成人女厕按每 30 人设大便器一具；

3 儿童男厕按每 50 人设大便器一具，小便器两具；

4 儿童女厕按每 25 人设大便器一具；

5 洗手盆按每 60 人设一具；

6 公用厕所内应设污水池一个；

7 公用厕所中应设供残疾人使用的专门设施。

【条文解析】

图书馆的公用厕所及内部工作人员厕所的位置安排和设置数量都很重要。平面布局应按人员活动范围确定厕所位置，确定哪些是读者与工作人员合用，哪些又是某些岗位专用。关于使用人员性别比例，读者按男女各半考虑，工作人员按实际人数计算，符合我国各地实际情况；卫生用具计算指标按男、女，成人及儿童分别加以规定。公厕同时应考虑残疾人读者，设专用厕所男女各一个。

5.2.10 老年人建筑

《老年人建筑设计规范》 JGJ 122—1999

4.1.3 老年人公共建筑，其出入口、老年人所经由的水平通道和垂直交通设施，以及卫生间和休息室等部位，应为老年人提供方便设施和服务条件。

【条文解析】

老年人由于体能衰退表现出与常人不同的特征，主要表现在水平与垂直交通行为上。而建筑物各个层面的高差是不可避免的，如何为老年人提供方便的设施则是设计者必须解决的课题。公共建筑都应为老年人提供方便进出的出入口、水平通道和楼梯间，还要为各种老年人使用卫生间提供便利。由于老年人体力衰弱，持续的站立行走都有困难，在公共建筑提供休息空间是必要的。

4.7.1 老年住宅、老年公寓、老人院应设紧邻卧室的独用卫生间，配置三件卫生洁具，其面积不宜小于 $5.00m^2$。

【条文解析】

老年人身患泌尿系统病症较普遍，卫生间位置离卧室越近越方便。

4.7.2 老人院、托老所应分别设公用卫生间、公用浴室和公用洗衣间。托老所备有全托时，全托者卧室宜设紧邻的卫生间。

【条文解析】

托老所的公用卫生间应设置于老人居住活动区中心部位，使周边的老人都能方便地利用。

4.7.6 公用卫生间厕位间平面尺寸不宜小于 1.20m×2.00m，内设 0.40m 高的坐便器。

【条文解析】

公用卫生间厕位间平面尺寸在考虑坐轮椅老人进出的同时，还要考虑可能有护理者协助操作，因此空间应加大到 1.20m×2.00m。

4.7.7 卫生间内与坐便器相邻墙面应设水平高 0.70m 的 "L" 形安全扶手或 "Ⅱ" 形落地式安全扶手。贴墙浴盆的墙面应设水平高度 0.60m 的 "L" 形安全扶手，入盆一侧贴墙设安全扶手。

【条文解析】

卫生间是老年事故多发地，设置尺度合适、安装牢靠的安全扶手十分必要。安全扶手是否牢固可靠，关键在于扶手基座是否坚固，必须先在墙内或地面预埋坚固的基座再装扶手。

4.7.8 卫生间宜选用白色卫生洁具，平底防滑式浅浴盆。冷、热水混合式龙头宜选用杠杆式或掀压式开关。

【条文解析】

卫生间卫生洁具用白色最佳，不宜用黄色或红色。白色不仅感觉清洁而且易于随时发现老年人的某些病变，黄色或红色还会产生不愉快的联想。

条件允许时安装温水净身风干式坐便器，对自理操作困难的老人比较方便。

杠杆式或掀压式龙头开关比较适用于老年人，一般老年人手的握力降低，圆形旋拧式开关使用不便。

《老年人居住建筑设计标准》GB/T 50340—2003

4.8.1 卫生间与老人卧室宜近邻布置。

【条文解析】

老年人去卫生间的次数较一般人频繁，因此，卫生间应设置在距离老年人卧室近的地方。

4.8.3 卫生间入口的有效宽度不应小于 0.80m。

【条文解析】

轮椅的最小通过宽度为 0.80m。

4.8.6 卫生洁具的选用和安装位置应便于老年人使用。便器安装高度不应低于 0.40m；浴盆外缘距地高度宜小于 0.45m。浴盆一端宜设坐台。

【条文解析】

由于老年人腰腿及腕力功能下降，应选用高度适当的便器和浴缸。浴缸边缘应加宽，并设洗浴坐台。洗浴坐台可以固定设置，也可以使用活动装置，当老年人无法独自入浴时，可以较容易地在他人的帮助下洗浴。

4.9.1 公用卫生间和公用浴室入口的有效宽度不应小于 0.90m，地面应平整并选用防滑材料。

【条文解析】

老年人身体机能下降，行动不灵活，公用浴室门口出入的人较多，如有高差和积水等情况，易发生摔倒等事故，因此门洞应适当加宽并选用平整防滑的地面材料。

4.9.2 公用卫生间中应至少有一个为轮椅使用者设置的厕位。公用浴室应设轮椅使用者专用的淋浴间或盆浴间。

【条文解析】

现在使用轮椅的老年人越来越多，因此在公用浴室和卫生间中应设置供轮椅使用者使用的设施。

4.9.3 坐便器安装高度不应低于 0.40m，坐便器两侧应安装扶手。

【条文解析】

由于老年人的腰腿功能下降，因此老年人使用的公用卫生间不应设蹲便器。坐便器的高度应适当，并在坐便器两侧靠前位置设置易于抓握的扶手。

4.9.4 厕位内宜设高 1.20m 的挂衣物钩。

【条文解析】

设置较低的挂衣钩适于坐姿的人和轮椅使用者取挂物品。

4.9.5 宜设置适合轮椅坐姿的洗面器，洗面器高度 0.80m，侧面宜安装扶手。

【条文解析】

洗面器下部应留有足够的腿部空间，便于轮椅使用者使用。侧面安装扶手既可以帮助老年人行动，又可以挂放物品。

4.9.6 淋浴间内应设高 0.45m 的洗浴座椅，周边应设扶手。

【条文解析】

老年人在洗浴时易摔倒，设置座椅和扶手可以使老年人安全舒适地洗浴。浴盆旁应设扶手，方便老年人跨越出入浴盆。

5.2.11 城市公共场所

《城市公共厕所设计标准》 CJJ 14—2005

3.2.1 公共场所公共厕所卫生设施数量的确定应符合表 3.2.1 的规定。

表 3.2.1 公共场所公共厕所每一卫生器具服务人数设置标准

卫生器具 设置位置	大便器		小便器
	男	女	
广场、街道	1000	700	1000
车站、码头	300	200	300

续表

卫生器具 设置位置	大便器		小便器
	男	女	
公园	400	300	400
体育场外	300	200	300
海滨活动场所	70	50	60

注：1. 洗手盆应按本标准第 3.3.15 的规定采用；

2. 无障碍厕所卫生器具的设置应符合本标准第 7 章的规定。

【条文解析】

公共厕所单个便器的服务人数在不同公共场所是不同的。这主要取决于人员在该场所的平均停留时间。街道的单个便器服务的人数远大于海滨活动场所。

参考文献

[1] 国家标准.GB 50015—2003 建筑给水排水设计规范(2009 年版)[S].北京:中国计划出版社,2010.

[2] 国家标准.GB 50028—2006 城镇燃气设计规范[S].北京:中国建筑工业出版社,2006.

[3] 国家标准.GB 50034—2013 建筑照明设计标准[S].北京:中国建筑工业出版社,2013.

[4] 国家标准.GB 50052—2009 供配电系统设计规范[S].北京:中国计划出版社,2010.

[5] 国家标准.GB 50053—2013 20kV 及以下变电所设计规范[S].北京:中国计划出版社,2014.

[6] 国家标准.GB 50054—2011 低压配电设计规范[S].北京:中国计划出版社,2012.

[7] 国家标准.GB 50057—2010 建筑物防雷设计规范[S].北京:中国计划出版社,2011.

[8] 国家标准.GB 50096—2011 住宅设计规范[S].北京:中国计划出版社,2012.

[9] 国家标准.GB 50099—2011 中小学校设计规范[S].北京:中国建筑工业出版社,2012.

[10] 国家标准.GB 50368—2005 住宅建筑规范[S].北京:中国建筑工业出版社,2006.

[11] 国家标准.GB 50736—2012 民用建筑供暖通风与空气调节设计规范[S].北京:中国建筑工业出版
社,2012.

[12] 行业标准.JGJ 16—2008 民用建筑电气设计规范[S].北京:中国建筑工业出版社,2008.

[13] 行业标准.JGJ 58—2008 电影院建筑设计规范[S].北京:中国建筑工业出版社,2008.

[14] 行业标准.JGJ 67—2006 办公建筑设计规范[S].北京:中国建筑工业出版社,2007.

[15] 行业标准.JGJ 242—2011 住宅建筑电气设计规范[S].北京:中国建筑工业出版社,2012.

[16] 行业标准.JGJ 243—2011 交通建筑电气设计规范[S].北京:中国建筑工业出版社,2012.